Die 100 des Jahrhunderts: Ideen und Taten, die das 20. Jahrhundert geprägt haben, vorgestellt in 100 präzisen biographischen Porträts.

Die Naturwissenschaftler: Physiker, Chemiker, Biologen und Mediziner haben in unserem Jahrhundert ein neues Bild der Welt und des Menschen geschaffen. Ihre Forschungen und Erkenntnisse haben aber nicht nur unser Wissen vertieft, sie haben zugleich unsere Lebensbedingungen verändert. Zu ihnen gehören Adolf Friedrich Butenandt, Marie Curie, Albert Einstein, Enrico Fermi, Werner Forßmann, Otto Hahn, Werner Heisenberg, Max von Laue, Konrad Lorenz, Robert J. Oppenheimer und 90 weitere prominente Wissenschaftler.

DIE 100 DES JAHRHUNDERTS

▸ NATURWISSEN-SCHAFTLER

rororo
ROWOHLT

Idee, Konzeption und Herausgeber: Jordan/Lenz
TARGET DATA, Dortmund
Autoren: Volker Buchmakowsky, Ulrich Gerling-Goedert,
Christoph Merschhemke, Dr. Andreas Müller
Redaktion im Verlag: Wolfgang Müller
Umschlaggestaltung: Helmut Egerer
Fotos: dpa, mit Ausnahme der Seiten 7, 9, 11, 21, 33, 35, 43, 47,
65, 69, 71, 73, 89, 93, 97, 105, 111, 127, 141, 143, 153, 157, 163, 175,
181, 183, 193, 195, 201 (alle Deutsches Museum, München);
27, 75 (Archiv der Autoren); 77 (Süddeutscher Verlag, München);
87, 99, 137 (Ullstein-Bilderdienst, Berlin);
101, 131, 135 (Keystone Pressedienst, Hamburg);
117 (Bundesarchiv, Koblenz);
145 (Archiv der Universität Göttingen)

Originalausgabe
Veröffentlicht im Rowohlt Taschenbuch Verlag GmbH,
Reinbek bei Hamburg, Oktober 1994

Layout und Herstellung Christina Modi
Satz Times und Frutiger PostScript Linotype Library,
Quark XPress 3.2
Gesamtherstellung Clausen & Bosse, Leck
Printed in Germany
1690-ISBN 3 499 16451 5

Vorbemerkung

Der Zusammenstellung der 100 bedeutendsten Naturwissenschaftler des 20. Jahrhunderts liegen folgende Kriterien zugrunde:

- ▸ Es wurden nur Naturwissenschaftler aufgenommen, die ihre Hauptleistung im 20. Jahrhundert vollbracht haben.
- ▸ Die Auswahl bemüht sich, möglichst viele naturwissenschaftliche Disziplinen (Physik, Chemie, Medizin, Biologie, Mathematik) einzubeziehen.
- ▸ Der Schwerpunkt der Leistung mußte auf deren Nutzen für die Wissenschaft liegen.

Alle Artikel sind nach einem einheitlichen Prinzip aufgebaut, das einen schnellen Überblick erlaubt:

- ▸ Ein Vorspann würdigt die Bedeutung der Naturwissenschaftler im 20. Jahrhundert.
- ▸ Die ausführliche Biographie folgt chronologisch dem Lebenslauf des Naturwissenschaftlers.
- ▸ Die Zwischenüberschriften nennen Eckdaten in Leben und Leistung.

Das Namenregister auf Seite 206–208 erschließt Zusammenhänge und führt zu Naturwissenschaftlern, die nicht mit einem eigenen Artikel berücksichtigt wurden.

Carl David Anderson

(3.9.1905–11.1.1991)

▸ Entdeckung von Antimaterie in der Nebelkammer ◂

Der amerikanische Physiker entdeckte 1932 das Positron, das erste Antimaterie-Teilchen überhaupt, in Gammastrahlen. In ihnen fand Anderson fünf Jahre später auch erstmals Mesonen. 1936 erhielt der Wissenschaftler den Physik-Nobelpreis.

Der in New York geborene Sohn schwedischer Einwanderer studierte Physik am California Institute of Technology, wo er mit 22 Jahren seinen Abschluß als Physiker und Ingenieur erhielt. Drei Jahre später promovierte er in Physik über das Verhalten von Gasen bei Bestrahlung mit Röntgenlicht. Anderson verbrachte seine gesamte wissenschaftliche Laufbahn in Berkeley/Kalifornien. Hier war er zunächst Mitarbeiter des amerikanischen Physikers Robert Millikan, ab 1939 Professor für Physik.

30er Jahre: Forschung mit Nebelkammer Nach seiner Promotion untersuchte Anderson gemeinsam mit Millikan Gammastrahlen und kosmische Strahlung. Um sie besser analysieren zu können, entwickelte er eine spezielle Nebelkammer, in der die hoch energiereichen Partikel durch eine Bleiplatte abgebremst wurden. Mit dieser Apparatur konnte Anderson die Energie von kosmischen Strahlen in starken Magnetfeldern messen. 1932 identifizierte er bei der Auswertung von Fotografien Teilchen, deren Spuren mit denen von Elektronen übereinstimmten. Einziger Unterschied: Die sichtbaren Kurven waren genau andersherum gekrümmt. Folglich mußten diese Teilchen eine positive Ladung aufweisen. Die naheliegende Vermutung, daß es sich bei diesen Partikeln um die bereits bekannten Protonen handelte, verwarf Anderson, denn die Massen der von ihm entdeckten Teilchen entsprachen genau der von Elektronen.

Anfang der 30er Jahre hatte der englische Physiker Paul Dirac aufgrund theoretischer Überlegungen die Existenz von «Anti-Elektronen» hergeleitet. Auf genau diese Teilchen war Anderson nunmehr gestoßen. Er nannte die positiv geladenen Elektronen «Positronen», eine Bezeichnung, die sich bald durchsetzte. Sein Vorschlag, das Elektron entsprechend in «Negatron» umzubenennen, fand jedoch keine Befürworter. 1932/33 wurden Andersons Ergebnisse durch Arbeiten von James Chadwick sowie Frédéric und Irène Joliot-Curie bestätigt.

1935: Entdeckung des Mesotrons Bei seinen Studien fand Anderson noch weitere Partikel: 1935 entdeckte er Kurven, deren Krümmung zwischen denen von Elektronen und Protonen lag. Da die Krümmung der Flugbahn ein Maß für die Masse eines Partikels ist, berechnete Anderson, daß das neu entdeckte Teilchen ein Viertel der Masse eines Protons aufweist. Er nannte es «Mesotron», eine Bezeichnung, die bald in «Meson» verkürzt wurde. Auch die Existenz der Mesonen war bereits von einem Theoretiker vorhergesagt worden. Der japanische Physiker Hideki Jukawa hatte kurz zuvor eine Hypothese veröffentlicht, nach der die Protonen und Neutronen eines Atomkerns dadurch zusammengehalten werden, daß sie untereinander Partikel austauschen, die etwa ein Neuntel der Masse eines Protons aufweisen. Zwar erwiesen sich die von Anderson entdeckten sog. μ-Mesonen nicht als die von Jukawa vorhergesagten Teilchen, doch hatte er die Existenz von subatomaren Partikeln mit einer Masse zwischen der von Elektronen und Protonen bewiesen. Tatsächlich entdeckte der englische Physiker Cecil Powell 1947 ein anderes Meson, das Yukawas Theorie entsprach.

1936: Physik-Nobelpreis Ein Jahr nach der Entdeckung des Mesotrons wurde Anderson für seine Arbeiten der Nobelpreis für Physik verliehen. Er teilte sich die Auszeichnung mit dem österreichischen Physiker Victor Franz Hess, der 1911 die Existenz kosmischer Strahlung bei Ballonaufstiegen entdeckt hatte.
Nach dem 2. Weltkrieg, in dem Anderson sich mit militärischer Forschung beschäftigt hatte, konzentrierte er sich weitgehend auf seine Lehrtätigkeit an der Universität in Berkeley, der er bis zu seiner Emeritierung 1976 treu blieb. Im Alter von 85 Jahren starb Anderson 1991 in San Marino/Kalifornien.

Carl David Anderson

Positronen und Mesonen

Sowohl Positronen als auch Mesonen sind extrem kurzlebige Teilchen. Innerhalb einer Millionstelsekunde zerfällt ein positiv geladenes Meson in Positronen und in die von dem österreichischen Physiker Wolfgang Pauli bereits 1931 vorhergesagten Neutrinos, während ein negativ geladenes Meson in Elektronen und Neutrinos zerfällt. Positronen reagieren ihrerseits mit Elektronen unter Entstehung von Gammastrahlen. Diese «Materie-Antimaterie-Reaktion» ist somit eine praktische Bestätigung für die von Albert Einstein in seiner Relativitätstheorie formulierte berühmte Masse-Energie-Äquivalenz $E = mc^2$. Darüber hinaus gelang dem britischen Physiker Patrick Blackett 1935 der Nachweis, daß auch der umgekehrte Prozeß, also die Bildung von Positronen und Elektronen aus Gammastrahlen, möglich ist.

Francis William Aston

▸ Entdecker der Isotopen ◂

(1.9.1877–20.11.1945)

Der britische Chemiker und Physiker erfand den Massenspektrographen, mit dem er zahlreiche Isotope der chemischen Elemente entdeckte. Aston, der zudem das Gesetz der ganzen Zahlen bei Isotopenmassen aufstellte, gilt als einer der Wegbereiter der Kernforschung.

Der in Harborne bei Birmingham geborene Sohn eines Farmers und Inhabers eines Metallgeschäfts beendete mit 16 Jahren die Oberschule als Klassenbester in Mathematik und Naturwissenschaften. An der Universität Birmingham begann er anschließend ein Chemiestudium (Schwerpunkt Stereochemie). Nach einem kurzen Intermezzo als Brauereichemiker begann er 1903 mit seinen physikalischen Forschungen.

Ab 1907: Erste Entdeckungen 1907 fand Aston den innerhalb des Crookeschen Dunkelraums gelegenen – nach ihm benannten – Astonschen Dunkelraum. Dieses Phänomen tritt als dünne, lichtlose Schicht bei Gasentladungen an der Kathode auf. 1909 ging er von Birmingham nach Cambridge, wo er bis 1919 als Assistent von Joseph John Thomson, dem «Entdecker des Elektrons», arbeitete. Thomson hatte gezeigt, daß die negativen Strahlen einer Gaskathode aus einzelnen subatomaren Teilchen bestehen, indem er das Verhältnis ihrer Ladung zu ihrer Masse bestimmte. Er stellte fest, daß dieser Quotient erheblich kleiner als bei Atomen ist. 1906 war Thomson für diese Arbeiten der Physik-Nobelpreis verliehen worden. Nach seinen bahnbrechenden Untersuchungen über die Natur der Elektronen wurde Aston sein Mitarbeiter.
In einer von Thomson entwickelten Apparatur wurden unter Leitung Astons positiv geladene Ionen je nach dem Verhältnis ihrer Ladung zu ihrer Masse unterschiedlich stark abgelenkt und erzeugten so verschieden starke Schwärzungen auf einer Fotoplatte. Als Folgerung deutete sich an, daß die Atome eines Elements nicht alle das gleiche Gewicht aufwiesen, was im Widerspruch zur allgemein vorherrschenden Daltonschen Atomtheorie stand.

Ab 1919: Entwicklung des Massenspektrographen Der 1. Weltkrieg unterbrach die gemeinsame Forschungsarbeit von Aston und Thomson. Nach einigen Jahren Dienst als Flugingenieur kehrte Aston nach Cambridge zurück. Um die von ihm und Thomson erzielten Resultate zu überprüfen, verbesserte er die von seinem Lehrer entwickelte Methode der Ablenkung positiver Strahlen: Alle Ionen einer bestimmten Masse trafen nun gebündelt als feine Linie auf einem lichtempfindlichen Film auf. Seine Untersuchungen des Edelgases Neon zeigten, daß dieses Element aus zwei Atomtypen mit den

Massen 20 und 22 besteht. Indem er die Intensitäten der Schwärzungen auf dem Film verglich, wies er die leichteren Atome zehnmal häufiger als die schwereren nach.
Aston nannte sein Gerät «Massenspektrograph», weil er mit ihm einen Strahl von Teilchen entsprechend ihrer Masse in unterschiedliche Linien zerlegen konnte, ganz so, wie ein Prisma das Spektrum des weißen Lichts als Vielfalt verschiedenfarbiger Linien erzeugt. Mit dem Massenspektrographen untersuchte Aston weitere Elemente und analysierte dabei alle Atommassen als annähernd ganzzahlige Vielfache der Masse des Wasserstoffs. Die registrierten scheinbaren Abweichungen resultierten lediglich aus der Tatsache, daß die jeweiligen Elemente, wie z. B. das Neon, aus Gemischen unterschiedlicher Atomtypen mit gleichen chemischen Eigenschaften, aber mit unterschiedlicher Masse, sog. Isotopen, bestanden. Damit war eine schon 1815 aufgestellte Hypothese des britischen Chemikers William Prout bestätigt worden.

Francis W. Aston

Ab 1920: Isotopenforschung Astons Massenspektrograph erwies sich als wichtiges Hilfsmittel bei der Suche nach Isotopen. Es gelang Aston, 212 der 287 stabilen Isotope auszumachen und die meisten stabilen Elemente als Gemische verschiedener Isotope zu erklären. Aston bestätigte damit das Isotopie-Konzept eines Zeitgenossen, des Oxforder Chemikers Frederick Soddy. 1921 wurde Aston zum Mitglied der Royal Society gewählt, 1922 erhielt er den Chemie-Nobelpreis für seine Grundlagenforschung in der Kernphysik und wurde in die Akademie der Wissenschaften in Moskau aufgenommen.
Mit einem verbesserten Massenspektrographen, den er 1925 baute, wies Aston nach, daß die Massenzahlen der verschiedenen Isotope ein wenig von ganzen Zahlen abweichen. Diese Abweichungen, als Massendefekt bekannt, resultierten aus der Bindung der Kernbausteine. Wird eine Atomsorte durch eine Kernreaktion in eine andere umgewandelt, so wird die Differenz zwischen den jeweiligen Bindungsenergien als Atomenergie freigesetzt. Aston warnte bereits in seiner Rede anläßlich der Verleihung des Nobelpreises vor den Gefahren einer Nutzung der Kernenergie. Kurz vor seinem Tod 1945 in Cambridge wurden die Befürchtungen des begeisterten Musikers und Freizeitsportlers durch die Bomben auf Hiroshima und Nagasaki bestätigt.

Frederick Grant Banting

(14.11.1891–21.2.1941)

Der kanadische Mediziner isolierte 1921 gemeinsam mit dem Physiologiestudenten Charles H. Best das Insulin. Damit fand er das für Diabetiker wichtige Hormon zur Bekämpfung der Zuckerkrankheit.

Banting wurde als Sohn einer Farmerfamilie in Alliston/Ontario geboren. Nach dem College-Besuch studierte er in Toronto zunächst Theologie und wechselte dann zur Medizin. 1916 machte er seinen Abschluß in Medizin und nahm anschließend als Militärchirurg der kanadischen Truppen in Frankreich am 1. Weltkrieg teil. Bei den Kämpfen um Cambrai wurde Banting schwer verwundet und kehrte – ausgezeichnet mit der Tapferkeitsmedaille – in die Heimat zurück.

1918–20: Tätigkeit als Arzt Ab 1918 arbeitete Banting an der Universitätsklinik in Toronto. Zwei Jahre später eröffnete er eine orthopädische Praxis in London/Ontario. Da die erhofften Einnahmen ausblieben, verdiente er den Lebensunterhalt als Repetitor für Studenten der Physiologie. Diese Tätigkeit weckte sein Interesse an den bisherigen Forschungen über Diabetes mellitus (Zuckerkrankheit). Die Krankheit führt zu einem hohen Glukosespiegel im Blut und bedeutete den langsamen, sicheren Tod.

1921: Isolierung von Insulin 1920 kam Banting, der seine Kenntnisse über den Diabetes-Forschungsstand

Erforschung der Zuckerkrankheit 1880–1920

Bereits 1889 führten Experimente des Pharmakologen Joseph von Mering und des Internisten Oskar Minkowski zu der Vermutung, daß die Bauchspeicheldrüse (Pankreas) eine wesentliche Rolle bei der Entstehung der Zuckerkrankheit spielt: Hunde, denen die Bauchspeicheldrüse vollständig entfernt worden war, zeigten Diabetes-Symptome. Im Gegenzug beseitigte die Transplantation von Pankreasstückchen unter die Haut die Krankheit wieder.
In der Folgezeit konzentrierte sich die Forschung auf die Bauchspeicheldrüse und insbesondere auf die Inselzellen (nach ihrem Entdecker, dem deutschen Mediziner Paul Langerhans, auch Langerhans-Inseln und Langerhans-Zellen genannt), die sich vom übrigen Drüsengewebe unterscheiden. Man nahm an, daß der Mangel an einem Hormon, gebildet von den Inselzellen, Ursache von Diabetes ist. Zahlreiche Forscher bemühten sich um die Gewinnung dieses Hormons, das der Belgier Jean de Meyer 1909 als «Insulin» bezeichnet hatte. Doch alle Versuche scheiterten, da das gesuchte Proteinmolekül von den Verdauungssäften sofort gespalten wurde.

aus Fachzeitschriften zusammengetragen hatte, die Idee, die Langerhans-Inseln vom übrigen Pankreasgewebe zu trennen. Da es ihm an einem Forschungsplatz mangelte, überredete er den Direktor des Physiologischen Instituts in Toronto, John R. Macleod, ihm während der Urlaubszeit ein Laboratorium und einen Helfer zur Verfügung zu stellen. Gemeinsam mit dem Studenten Charles H. Best band Banting 1921 zehn Versuchshunden den Ausführungsgang des Pankreas ab. Resultat: Die Bauchspeicheldrüse schrumpfte, und die Verdauungsenzyme degenerierten, aber die Langerhans-Inseln blieben intakt. Aus ihnen isolierten die beiden Forscher eine Hormonsubstanz, die bei Verabreichung die Diabetes-Symptome sofort behob. Banting nannte das Hormon zunächst «Isletin», doch Macleod bestand auf Übernahme der alten Bezeichnung «Insulin».

1922: Erster Einsatz am Menschen Nachdem Banting und Best die Verträglichkeit der Substanz im Selbstversuch getestet hatten, behandelten sie Anfang 1922 erfolgreich den ersten Patienten, einen 14jährigen Jungen. 1923 konnte das für Diabetiker lebenserhaltende Insulin erstmals in größeren Mengen aus der Bauchspeicheldrüse des Hausschweins hergestellt werden.
Im gleichen Jahr wurde Banting mit dem Medizin-Nobelpreis ausgezeichnet. Zunächst wollte er die Ehrung ablehnen, da sein Helfer Best leer ausgegangen war und statt dessen Macleod mit geehrt wurde, der sich an den Forschungen nicht beteiligt hatte. Schließlich nahm Banting

Frederick Grant Banting

den Preis doch an und teilte das Preisgeld mit seinem ehemaligen Studenten.

Ab 1923: Nationalheld In seinem Heimatland avancierte Banting zum Nationalhelden. Das Parlament Kanadas sprach ihm ein jährliches Gehalt aus Staatsgeldern zu. Banting und Best erhielten Professuren an der Universität Toronto. 1930 wurde er Direktor des dort eigens für ihn eingerichteten Banting-Instituts, vier Jahre später wurde er in den Adelsstand erhoben.
Im 2. Weltkrieg diente Banting wiederum als Militärarzt. Im Alter von 49 Jahren starb er beim Absturz seines Flugzeugs über Neufundland.
Die weiteren medizinischen Forschungen zeigten, daß die Zuckerkrankheit nur zum Teil auf Funktionsstörungen der Langerhans-Inseln beruht. Diabetes erwies sich als sehr viel komplizierter, als Banting zunächst vermutet hatte.

John Bardeen

(23.5.1908–30.1.1991)

▸ Erklärung der Supraleitung ◂

Der amerikanische Physiker gehört zu den wenigen Wissenschaftlern, die zweimal den Nobelpreis erhielten: 1956 für die Entdeckung des Transistoreffekts und 1972 für die Theorie der Supraleitung.

Der in Madison/Wisconsin geborene Sohn eines Anatomieprofessors studierte Elektrotechnik, Physik und Mathematik an der Universität von Wisconsin (Abschluß 1928/29). Er blieb als Forschungsassistent an der Hochschule und befaßte sich mit mathematischen Problemen der Angewandten Geologie. 1930 fand er eine Stelle als Elektroingenieur in den Forschungslaboratorien des Ölkonzerns Gulf Oil.

1938: Professur 1933 ging Bardeen an die Princeton University und spezialisierte sich auf quantentheoretische Fragestellungen der Festkörperphysik, 1936 promovierte er. Gerade 30 Jahre alt, wurde er zwei Jahre später Professor für Physik an der Universität von Minnesota. Im gleichen Jahr heiratete er Jane Maxwell (drei Kinder).

1947: Transistoreffekt Nach dem 2. Weltkrieg, in dem er in einem Forschungslabor der Navy tätig gewesen war, arbeitete Bardeen in den Bell Telephone Laboratories. Mit seinen amerikanischen Kollegen Walter H. Brattain und William B. Shockley entdeckte er 1947 den Transistoreffekt, der elektrische Ströme gleichrichtet und verstärkt. Die theoretischen Überlegungen, vorwiegend von Bardeen vorangetrieben, ermöglichten den drei Wissenschaftlern 1948/49 die Konstruktion der ersten Transistoren. Diese Kristallverstärker lösten die bisher in Radiogeräten verwendeten Elektronenröhren ab, denn sie waren kleiner, hatten einen höheren Wirkungsgrad und verbrauchten weniger elektrische Energie. Die Weiterentwicklung der Transistoren führte zum Mikroschaltkreis, unverzichtbarer Bestandteil von Computern. 1956 erhielten Bardeen, Brattain und Shockley den Physik-Nobelpreis.

1955–57: Theorie der Supraleitung 1951 verließ Bardeen die Bell Telephone Laboratories, um eine Professur für Physik und Elektrotechnik an der Universität von Illinois in Urbana anzutreten. Dort widmete er sich vorwiegend Forschungen zur Supraleitung. Bereits 1911 hatte der niederländische Physiker Heike Kamerlingh Onnes ein rätselhaftes Phänomen entdeckt: Metalle verlieren bei Temperaturen nahe dem absoluten Nullpunkt (–273 °C) den elektrischen Widerstand.
Diese Beobachtung entzog sich fast 50 Jahre dem theoretischen Verständnis. 1955–57 formulierte Bardeen gemeinsam mit Leon N. Cooper und John R. Schrieffer eine

quantenmechanische Deutung der Supraleitung, nach den Initialen ihrer Schöpfer BCS-Theorie genannt: Supraleitfähigkeit entsteht, weil bei Temperaturen nahe dem absoluten Nullpunkt durch Schwingungen des Kristallgitters eine Anziehungskraft zwischen den Elektronen entsteht. Jeweils zwei Elektronen mit entgegengesetztem Eigendrehimpuls (sog. Spin), die sich unter normalen Bedingungen abstoßen würden, binden sich nun paarweise aneinander. Die Gesetze der Quantenmechanik erlauben es diesen Elektronenpaaren («Cooper-Paare») gleichsam durch das Metall zu «laufen», ohne einen Widerstand «zu spüren».
Auf der Basis der BCS-Theorie konnten supraleitende Legierungen gezielt hergestellt werden, z. B. supraleitende Magneten, die für die Energiegewinnung über die kontrollierte Kernschmelze in einem Fusionsreaktor unabdingbar sind.

Heike Kamerlingh Onnes (21. 9. 1853–21. 2. 1926)

Dem niederländischen Physiker gelang 1906 erstmals die Verflüssigung von Wasserstoff, zwei Jahre später von Helium (bei –268 °C). In seinem Kältelabor (Kammerlingh-Onnes-Laboratorien, gegründet 1894) untersuchte er die Materialeigenschaften von Metallen bei extrem niedrigen Temperaturen. 1911 entdeckte er die Supraleitfähigkeit von Quecksilber und Blei in der Nähe des absoluten Temperatur-Nullpunkts.

1972: Zweiter Nobelpreis 1961 stellte Bardeen ein Modell zum sog. Tunnel-Effekt vor, wonach der Strom in

John Bardeen, 1962

Supraleitern auch dann noch fließt, wenn der Stromkreis durch dünne Isolationsschichten unterbrochen ist. Der britische Physiker Brian Josephson entwickelte das Modell in den folgenden Jahren weiter und bestätigte es 1963 experimentell: Unter bestimmten Bedingungen können Elektronen isolierende Grenzschichten widerstandslos «durchtunneln». Diese Erkenntnisse – bekannt geworden als Josephson-Effekt – hatten große Bedeutung für die Konstruktion schneller Schalt- und Speicherelemente in Computern.
1972 erhielten Bardeen, Cooper und Schrieffer für ihre Theorie der Supraleitung, mit der im Laufe der Zeit die verschiedensten Phänomene erklärt werden konnten, den Physik-Nobelpreis. Drei Jahre später ließ sich Bardeen emeritieren. 1991 starb er im Alter von 82 Jahren in Boston.

Felix Bloch

(23.10.1905–10.9.1983)

▸ Entwicklung der magnetischen Kernresonanz ◂

Der in der Schweiz geborene Physiker entwickelte die Kernresonanzmethode (1961), die für die Untersuchung der Strukturen chemischer Verbindungen unerläßlich wurde. Neben den magnetischen Eigenschaften der Atomkerne galt sein Forschungsinteresse der modernen Festkörperphysik.

Der Sohn eines Kaufmanns wollte eigentlich Ingenieur werden. Nach dem Abitur in seiner Geburtsstadt Zürich änderte er jedoch seine Meinung und studierte ab 1924 an der dortigen Eidgenössischen Technischen Hochschule Mathematik und Physik. 1927 wechselte er an die Universität Leipzig und promovierte ein Jahr später bei Werner Heisenberg.

1928: Erste aufsehenerregende Arbeit Ebenfalls 1928 veröffentlichte Bloch seine Arbeiten über das Verhalten von Elektronen in Kristallgittern. Ausgangspunkt für seine sehr speziellen Untersuchungen war die Quantenmechanik, auf deren Grundlage er das Verhalten von Elektronen unter Einfluß eines periodischen Gitterpotentials studierte. Aus seinen Beobachtungen leitete er die Eigenfunktion der Elektronen ab.

Ab 1930: Ferromagnetismus Nachdem er mit seinen Analysen für Aufsehen gesorgt hatte, führten ihn Stipendien nach Zürich zu Wolfgang Pauli (1928), nach Kopenhagen zu Niels Bohr (1931) und in die UdSSR zu Lew D. Landau (1931). Schließlich kehrte er nach Leipzig zurück und habilitierte bei Heisenberg.

Ab 1930 befaßte sich Bloch mit der Erklärung des Ferromagnetismus. Der französische Physiker Pierre Curie hatte 1895 entdeckt, daß dieser ab einer bestimmten Temperatur bei kristallinen Stoffen aufgehoben ist. Bloch formulierte 1930 eine Theorie für Stoffe, die ihre ferromagnetischen Eigenschaften bereits deutlich unter dem sog. Curie-Punkt, der für jeden eisenhaltigen Stoff verschieden ist, verlieren.
Kurz darauf analysierte er die von dem Franzosen Pierre Weiss postulierten Bereiche des Atoms, in denen eine spontane Magnetisierung stattfinden soll. Bloch erkannte, daß diese Weissschen Bezirke von Wänden (Bloch-Wand) getrennt werden, in denen die Magnetisierungsrichtung der Atome (beeinflußt von äußeren Magnetfeldern) kontinuierlich von der des einen in die des anderen Bezirks übergeht.

1934: Emigration in die USA Nach der nationalsozialistischen Machtübernahme verließ Bloch, der jüdischen Glaubens war, Deutschland. Über Frankreich und Italien kam er 1934 in die USA. 1936 übernahm er den Lehrstuhl für Theoretische Physik an der Stanford University im kalifornischen Palo Alto. Im selben

Jahr entdeckte er die sog. Neutronenpolarisation, die Ausrichtung des Neutronenspins (Eigendrehimpuls des Neutrons) in eine bestimmte Richtung, und konnte diese Beobachtung auch theoretisch untermauern.
Ab 1941 gehörte Bloch, inzwischen mit Lore Misch verheiratet (vier Kinder), zu den Mitarbeitern des sog. Manhattan-Projekts zur Entwicklung der Atombombe.

1946: Kernresonanzmethode Nach dem Krieg entwickelte Bloch präzise Meßmethoden zur Bestimmung magnetischer Eigenschaften in Atomen flüssiger und fester Körper. Seine sog. Kernresonanzmethode baute auf der Molekularstrahlmethode des US-Physikers Isidor Isaac Rabi aus den Jahren 1933–38 auf: Durch Resonanz mit magnetischen Wechselfeldern wird eine Bewegung hervorgerufen, die meßbar ist. Bloch bestimmte mit seiner Weiterentwicklung die Stärke magnetischer Felder und wies das Vorhandensein selbst kleinster Feldstörungen im Experiment nach. 1952 erhielt er gemeinsam mit seinem amerikanischen Kollegen Edward M. Purcell, der unabhängig von ihm und auf anderem Weg gleichfalls die magnetische Kernresonanz beschrieben hatte, den Physik-Nobelpreis.

Felix Bloch

1955/56: CERN-Direktor Ab Ende der 40er Jahre widmete sich Bloch vornehmlich der Hochenergiephysik. 1954 wurde er zum ersten Direktor des Europäischen Rats für Kernforschung (CERN) ernannt. Die internationale Organisation zur Zusammenarbeit auf den Gebieten der Kern-, Hochenergie- und Teilchenphysik war 1952 mit Sitz in Genf gegründet worden. 1966/67 war Bloch Präsident der American Physical Society, eine Auszeichnung für sein wissenschaftliches Wirken. 1971 ließ er sich emeritieren. Ein Schlaganfall setzte seinem Leben 1983 im Alter von 77 Jahren in Zürich ein Ende.

Nach Bloch benannte Größen und Eigenschaften

Bloch-Funktion: Eigenfunktion der Elektronen im Kristallgitter.
Blochsche Gleichungen: Theoretische Beschreibung des Resonanzeffekts in der magnetischen Kernresonanz und in der paramagnetischen Elektronenresonanz.
Bloch-Tunnel: Lineare Kombination von Atomumlaufbahnen zur Berechnung von Bandstruktur und Energiespektren eines Elektrons im idealen Kristall.
Bloch-Wand: Grenzschicht in ferromagnetischen Kristallen.

Niels Bohr

(7. 10. 1885 – 18. 11. 1962)

▸ Vom Schalenaufbau der Atome ◂

Der dänische Physiker gehört zu den Wegbereitern der Atom- und Kernphysik. Mit seinem 1913 vorgestellten Atommodell schuf er die Grundlage der modernen Atomtheorie. In der Emigration wirkte Bohr am Atombombenprojekt der USA mit, entwickelte sich jedoch zu einem vehementen Gegner von Nuklearwaffen.

Bohr wurde in Kopenhagen geboren und wuchs in einer begüterten Familie auf. Sein Vater war der bekannte Physiologe Christian Bohr, seine Mutter Ellen Adler entstammte einer jüdischen Bankiersfamilie. Der mittelmäßige Schüler studierte in seiner Heimatstadt Physik.

1906: Frühe Erfolge Schon für seine erste Forschungsarbeit – eine Präzisionsmessung der Oberflächenspannung von Wasser – erhielt Bohr die Goldmedaille der Königlich Dänischen Akademie der Wissenschaften (1906). In den Folgejahren wandte er sich jedoch von der Experimentalphysik ab und widmete sich zunehmend der Theorie: Seine Promotion (1911) befaßte sich mit der Elektronentheorie von Metallen.

1916: Bohrsches Atommodell Während eines Stipendiums in Cambridge (USA), finanziert von der Carlsberg-Brauerei, lernte Bohr 1912 den Briten Ernest Rutherford kennen, dessen radioaktive Messungen ihn faszinierten. Das 1911 von Rutherford vorgestellte Atommodell, nach dem die Elektronen beliebig um den Atomkern kreisen, entwickelte Bohr weiter. Er bezog die Quantentheorie von Max Planck in seine Überlegungen ein und wies den Elektronen ganz bestimmte Kreisbahnen zu, die von der Aufnahme oder Abgabe von Energiequanten abhängig sind. 1916 kehrte Bohr als Professor nach Kopenhagen zurück, 1920 wurde er Leiter des für ihn eingerichteten Instituts für Theoretische Physik.

1918: Korrespondenzprinzip Bei seinen weiteren Überlegungen wandte Bohr einen «Kunstgriff» an: Seine Annahme, die Stabilität der Atome werde dadurch gesichert, daß sich die Elektronen auf ihren Kreisbahnen ohne Energieverlust bewegen, stand im Gegensatz zur klassischen Physik. Bohr führte nun das Korrespondenzprinzip ein, das eine mathematische Ähnlichkeit zwischen den Gesetzen der klassischen Mechanik und denen der Quantenmechanik behauptet. So konnte er z. B. den Gleichgewichtszustand der Atome mit Hilfe der klassischen Physik erklären, während er den Übergang zwischen unterschiedlichen stationären Zuständen (den Elektronenbahnen) mit dem Planckschen Wirkungsquantum (also der Quantenmechanik) erläuterte.

1922: Schalenaufbau der Atome Bohrs frühe wissenschaftlichen Erfolge basierten auf der Erforschung des Wasserstoffatoms, das nur über ein Elektron verfügte. Anfang der 20er Jahre intensivierte er seine Arbeiten über Atome mit mehreren Elektronen. Die mathematischen Grundlagen schuf der deutsche Physiker Arnold Sommerfeld, der 1916 das Bohr-Sommerfeld-Atommodell formuliert hatte, in dem er zusätzlich elliptische Umlaufbahnen der Elektronen einführte. 1922 kam Bohr zu dem Schluß, daß Elektronen in Schalen angeordnet sind und die äußeren Schalen die Eigenschaften der Atome bestimmen. Damit hatte er eine Erklärung für das Periodensystem der chemischen Elemente gefunden – die Elektronen eines Atoms sind auf sieben Elektronenschalen verteilt, folglich gibt es sieben Perioden. Für diese Arbeit erhielt Bohr im selben Jahr den Physik-Nobelpreis.

1927: Kopenhagener Deutung Wissenschaftler aus aller Welt reisten zu Bohrs unkonventionellen Vorlesungen, in denen er laut nachdenkend seine Ideen entwickelte. Seine Zusammenarbeit mit dem deutschen Physiker Werner Heisenberg führte 1927 zur sog. Kopenhagener Deutung, nach der ein Elektron sowohl einen Teilchen- wie einen Wellenaspekt haben muß, obwohl diese sich nach der klassischen Physik gegenseitig ausschließen. Mit dieser sog. Komplementarität konnte die Entwicklung der Quantenmechanik vorläufig abgeschlossen werden.

Ab 1945: Kampf gegen Atomrüstung 1940 marschierten deutsche

Niels Bohr, 1938

Truppen in Dänemark ein. Als sie drei Jahre später den Ausnahmezustand verhängten, floh Bohr mit dem Segelboot nach Schweden und wurde dort vom britischen Geheimdienst nach England ausgeflogen. Noch im selben Jahr ging er in die USA, wo er in Los Alamos am US-Atombombenprojekt mitwirkte. Zutiefst besorgt über die möglichen Folgen der atomaren Bewaffnung, forderte er die amerikanische Regierung auf, den Russen das Projekt zu enthüllen – ohne Erfolg. 1950 warnte Bohr, seit Kriegsende wieder in Kopenhagen, in einem Brief an die Vereinten Nationen vor den Gefahren des atomaren Wettrüstens. 1962 starb er im Alter von 77 Jahren in Kopenhagen auf dem Carlsberg-Ehrenwohnsitz, den er seit 1931 bewohnt hatte.

Max Born

(11. 12. 1882–5. 1. 1970)

▸ Begründer der Quantenmechanik ◂

Der deutsch-britische Physiker gilt als Pionier der Quantenmechanik und der Festkörperphysik. 1954 erhielt Born den Nobelpreis für Physik.

Der Sohn eines Anatomieprofessors aus Breslau verlor früh seine Eltern, konnte aber dennoch Mathematik und Physik studieren, da er finanziell durch Verwandte – seine Mutter stammte aus einer schlesischen Industriellenfamilie – abgesichert war. Nach Studienaufenthalten in Breslau, Heidelberg und Zürich kam Born schließlich nach Göttingen, wo er bei den Mathematikern David Hilbert, Felix Klein und Hermann Minkowski lernte. 1907 promovierte er in Göttingen und ging im Anschluß für einige Monate nach Cambridge. Nach seiner Rückkehr arbeitete der 25jährige als Assistent bei Minkowski (1909 Habilitation) und erhielt schließlich eine Anstellung als Privatdozent. 1915, zwei Jahre nach seiner Hochzeit mit Hedwig Ehrenberg, wurde Born als Professor nach Berlin berufen. Schon bald darauf leistete Born seinen Militärdienst in einem Wehrforschungsinstitut ab.

Ab 1918: Festkörperphysik Nach dem 1. Weltkrieg trat Born eine Professur für Physik in Frankfurt a. M. an, wo er sich intensiv mit Kristallphysik beschäftigte. Aufgrund einer Anregung des deutschen Physikers Fritz Haber untersuchte er die energetischen Verhältnisse bei der Bildung von Kristallgittern der Alkalichloride und legte durch seine Arbeiten den Grundstein für die Festkörperphysik. Ein wichtiges «Abfallprodukt» dieser Forschung war die Formulierung des heute als Born-Haberscher Kreisprozeß bekannten Kalküls, mit welchem die Energetik (Lehre von der Energie) chemischer Reaktionen in einzelne Teilschritte zerlegt werden kann, so daß experimentell schwer bestimmbare Größen – wie z. B. die Gitterenergie – fortan berechnet werden konnten.

Ab 1924: Quantenmechanik 1920 erhielt Born einen Ruf nach Göttingen, wo er sich wieder der theoretischen Physik zuwandte. Durch Born avancierte Göttingen zum Zentrum der Quantenmechanik, eine Bezeichnung, die er 1924 geprägt hatte. Zusammen mit seinen Studenten, u. a. Wolfgang Pauli und Werner Heisenberg, arbeitete Born an einer mathematischen Formulierung der Atomtheorie von Niels Bohr und Arnold Sommerfeld. Zunächst gelang es ihm zu zeigen, daß das Bohr-Sommerfeld-Atommodell ausschließlich für Wasserstoffatome und nicht mehr für größere Atome gilt. Somit mußte Born einen Weg finden, mit dem er die Elektronenstruktur aller Atome mathematisch beschreiben konnte, was ihm mit der sog. Matrizenme-

chanik auch gelang. Während die Herleitung der Matrizenmechanik im wesentlichen Heisenberg zugeschrieben wird, war es Pauli, der nachwies, daß dieser Ansatz tatsächlich physikalisch korrekte Ergebnisse lieferte.
Nur kurze Zeit später veröffentlichte der österreichische Physiker Erwin Schrödinger eine alternative Beschreibung der Atome, die sog. Wellenmechanik. Sie lieferte die gleichen Ergebnisse wie die Matrizenmechanik, war jedoch anschaulicher und kam dem Denken der experimentell arbeitenden Physiker entgegen. Auch Born benutzte Schrödingers Methode, um Intensitäten und räumliche Verteilungen von Teilchenstrahlen zu berechnen.

Max Born

1926: Statistische Berechnung der Quantenmechanik Borns wichtigster Beitrag zur Quantenmechanik, für den er erst 1954 den Physik-Nobelpreis erhielt, war jedoch die physikalische Interpretation der schwierigen mathematischen Formeln der Quantentheorie. In der mathematischen Gleichung wird der Zustand eines Atoms durch einen abstrakten Vektor von unendlicher Dimension beschrieben. Born interpretierte die einzelnen Koordinaten dieses Vektors als Amplituden von Wellenfunktionen. Ihr Quadrat entspricht der Wahrscheinlichkeit, ein Elektron an einem ganz bestimmten Punkt des Raumes vorzufinden. Mit diesem Ansatz, der zunächst von Borns Zeitgenossen Schrödinger, Planck, Albert Einstein und Louis de Broglie abgelehnt wurde, legte er den Grundstein für das heutige Verständnis der Quantenprozesse. Die Unbestimmtheit solcher Vorgänge, die lediglich mit einer berechenbaren Wahrscheinlichkeit stattfinden, ist mittlerweile allgemein akzeptiert.

Ab 1939: Britischer Staatsbürger Wie viele bedeutende Wissenschaftler jüdischen Glaubens emigrierte Born nach Hitlers Machtergreifung aus Deutschland. Ab 1933 lebte er in Cambridge und wurde drei Jahre später Professor für Philosophie in Edinburgh. Nachdem ihm 1938 die deutsche Staatsangehörigkeit aberkannt worden war, nahm er 1939 die britische an, die er auch nach seiner Rückkehr in die Heimat (1953 – gleichzeitig Emeritierung) behielt. Gemeinsam mit anderen Nobelpreisträgern – u. a. Einstein und Hahn – verfaßte er den Göttinger Appell (1957), der sich gegen die atomare Aufrüstung der Bundeswehr richtete. Born starb mit 87 Jahren in Göttingen, der Stadt, deren Ehrenbürger er 1953 geworden war.

Carl Bosch

(27.8.1874–26.4.1940)

▸ Düngemittel und Sprengstoff aus Luft und Wasserstoff ◂

Der deutsche Chemiker zählte zu den Begründern der Hochdrucktechnik. Er hatte entscheidenden Anteil am Aufbau des weltgrößten Chemiekonzerns der 30er Jahre (I. G. Farbenindustrie AG). Durch die großtechnische Herstellung von Ammoniak aus dem Stickstoff der Luft und aus Wasserstoff (Haber-Bosch-Verfahren) revolutionierte Bosch die landwirtschaftlichen Anbaumöglichkeiten, denn nun konnten Düngemittel in unbegrenzten Mengen produziert werden.

Bosch, in Köln geboren, war der Sohn eines schwäbischen Unternehmers aus der Installationsbranche. Nach dem Besuch der Oberrealschule und einer Ausbildung als Maschinenschlosser studierte er Chemie in Leipzig (1894–98). Im Anschluß an die Promotion arbeitete der Chemiker für die Badische Anilin- und Soda-Fabrik (BASF) in Ludwigshafen.

Ab 1902: In der Stickstoff-Forschung
Bosch war ebenso ein praktisch begabter Industrieller wie ein vielseitig interessierter Naturwissenschaftler. Als die Reichsregierung zu Beginn des 20. Jahrhunderts die Industrie aufforderte, umgehend nach Möglichkeiten zu suchen, die hohen Kosten des weiten Seetransports des landwirtschaftlichen Düngemittels Chile-Salpeter durch die Entwicklung alternativer Stoffe zu senken, machte sich Bosch an die Arbeit: Er hatte Mängel bei der Vorgehensweise des Nobelpreisträgers Wilhelm Ostwald zur Stickstoffsynthese ausgemacht. Die BASF gab ihm freie Hand, ein neues Verfahren zu entwickeln.

An den Ergebnissen, die der deutsche Chemiker Fritz Haber 1909 über die Synthese von Ammoniak vorgelegt hatte, orientierte sich Bosch bei dem Versuch, eine Massenproduktion zu realisieren. Doch die Suche nach einem geeigneten Katalysator gestaltete sich schwieriger als erwartet. Nach unzähligen Anläufen mischte er Eisen- und Aluminiumoxid mit Calcium- und Kaliumoxid. Die Synthese wurde unter hohem Druck (mehr als 200 Atmosphären) und bei 500 °C durchgeführt. Das Produktionsproblem war gelöst, das Haber-Bosch-Verfahren – Inbegriff für die industrielle Erzeugung von Stickstoffverbindungen – geboren.
Dank des Erfolgs und seiner organisatorischen Fähigkeiten stieg Bosch 1911 zum Prokuristen der BASF auf, drei Jahre später gehörte er als Direktor zum Vorstand (ab 1916 ordentliches Vorstandsmitglied).

Ab 1914: Sprengstoff für den Krieg
Mit Beginn des 1. Weltkriegs wurde die Produktion (zunächst ca. 30 t pro Tag) zusätzlich intensiviert, da aus Ammoniak auch Sprengstoff herge-

stellt werden konnte und der Bedarf an Munition nahezu grenzenlos war. Bei Kriegsende produzierten die Werke Leuna und Oppau zusammen 75000 t. Boschs Hochdruckverfahren ermöglichte zudem die massenhafte Produktion von synthetischem Treibstoff durch Kohleverflüssigung sowie die Synthese von Kautschuk.

Ab 1919: Aufstieg zum Firmenchef
Als Vorstandsvorsitzender (ab 1919) der BASF nahm er an den Versailler Friedensverhandlungen nach dem 1. Weltkrieg teil, wo er sich für eine Zusammenarbeit mit französischen Chemieunternehmen einsetzte. Der begeisterte Kunstsammler, der sich in seiner Heidelberger Villa eine Sternwarte eingerichtet hatte, erhielt 1931 für die großtechnische Produktion von Düngemitteln den Chemie-Nobelpreis (zusammen mit seinem Landsmann Friedrich Bergius; Verfahren zur Kohleverflüssigung). Vier Jahre später wurde Bosch Vorsitzender des Verwaltungs- und Aufsichtsrats der I. G. Farben, die durch Fusion der sechs größten deutschen Chemiefirmen mit insgesamt 50 größeren Betrieben zu einem Wirtschaftsgiganten aufstieg, der in Europa bis dahin nicht gekannte wirtschaftliche und finanzielle Dimensionen erreichte.

Der autoritäre Unternehmenschef spielte für Hitlers Rüstungspläne bei der Versorgung der deutschen Industrie mit chemischen Produkten eine entscheidende Rolle. 1937 trat Bosch die Nachfolge von Max Planck als Präsident der Kaiser-Wilhelm-Gesellschaft an. Sieben Monate nach Ausbruch des 2. Weltkriegs starb der deutsche Chemiker im Alter von 65 Jahren in Heidelberg.

Carl Bosch

Fritz Jacob Haber
(9. 12. 1868–29. 1. 1934)

Der in Breslau geborene Chemiker übernahm 1911 die Leitung des Kaiser-Wilhelm-Institutes für Physik und Elektrochemie in Berlin-Dahlem. Im 1. Weltkrieg wurde das Institut in eine Militäreinrichtung zur Entwicklung hochgiftiger Kampfstoffe umgewandelt. 1915 gelang hier die Synthese des Chlorgases, zwei Jahre später die des Senfgases. Seitdem gilt Haber als Wegbereiter des Gaskriegs. Wegen seiner Mitarbeit an der Herstellung von Giftgas wurde er nach dem Krieg als Kriegsverbrecher angeklagt. 1919 erhielt er für die Entwicklung des Hochdruckverfahrens zur künstlichen Herstellung von Ammoniak den Chemie-Nobelpreis.

Walter Bothe

(8. 1. 1891 – 8. 2. 1957)

▸ Entdecker der künstlichen Kernanregung ◂

Der deutsche Physiker entdeckte Ende der 20er Jahre, daß Atomkerne künstlich angeregt bzw. umgewandelt werden können. 1944 konstruierte Bothe den ersten Teilchenbeschleuniger in Deutschland.

Bothe wurde als Sohn eines Kaufmanns in Oranienburg geboren. Die Interessen des eigenbrötlerischen Kindes galten neben den Naturwissenschaften der Musik. 1908 nahm Bothe in Berlin das Studium der Mathematik, Physik und Chemie auf, das er 1914 mit der Promotion (Thema: Theoretische Optik) bei Max Planck abschloß. Im 1. Weltkrieg geriet Bothe in russische Kriegsgefangenschaft (1915). Auf dem Weg zurück in die Heimat heiratete er in Moskau Barbara Belowa, die er in Berlin während des Studiums kennengelernt hatte (zwei Töchter).

1924: Die Koinzidenzmethode Nach dem Krieg fand Bothe eine Anstellung an der Physikalisch-Technischen Reichsanstalt in Berlin, wo er sich mit dem Phänomen der Radioaktivität experimentell auseinandersetzte. Gemeinsam mit dem Institutsleiter, Hans Geiger, entwickelte Bothe 1924 die Methode der Koinzidenzen (Koinzidenz = Zusammenfall zweier Ereignisse). Mit Hilfe von zwei kombinierten Geigerzählern untersuchten sie einzelne Stöße beim sog. Compton-Effekt. Der amerikanische Physiker hatte 1923 die mit einer Änderung der Wellenlänge verbundene Streuung elektromagnetische Strahlung an Elektronen oder Atomkernen entdeckt. Die Bestätigung einzelner Stöße war ein Beleg für die quantenhafte Natur dieser Strahlung.

1928/29: Teilchennatur der kosmischen Strahlung Seit ihrer Entdeckung durch den österreichischen Physiker Victor Franz Hess 1912 war die Natur der kosmischen Strahlung umstritten. Gemeinsam mit dem deutschen Physiker Werner Kolhörster zeigte Bothe 1928/29 die Teilchennatur dieser Strahlung. Der Nachweis gelang mit Hilfe einer Weiterentwicklung der Koinzidenzmethode: Die Registrierung in zwei aufeinanderfolgenden Zählrohren ergab, daß es sich nicht um die vermutete Gammastrahlung (wellenförmige Strahlung), sondern um eine Teilchenstrahlung handelte.

1930: Kernstrahlung Bereits ab Mitte der 20er Jahre hatte sich Bothe immer wieder mit dem radioaktiven Zerfall befaßt. Er war einer der ersten Forscher, die mit elektrischen Zählmethoden die bei Kernumwandlungen auftretenden Protonen nachwiesen. Die Untersuchungsergebnisse führten ihn darüber hinaus zu der Vermutung, eine bislang nicht bekannte Strahlung müsse die Umwandlung des Kerns begleiten. In

zahllosen Experimenten versuchte er, diese Strahlung zu finden.
1930 wies er nach, daß der Beschuß des Leichtmetalls Beryllium mit Alphateilchen eine Strahlung auslöste, die genauso lange andauerte wie der Beschuß und stark durchdringend war. Bothe glaubte, es handele sich um Gammastrahlen, da nur von ihnen eine ähnlich hohe Durchdringungsfähigkeit bekannt war. Zwei Jahre später erkannte der britische Physiker James Chadwick, daß Bothe das elektrisch ungeladene Elementarteilchen Neutron freigesetzt hatte, und identifizierte die Strahlung entsprechend als Neutronenstrahlung.

Walter Bothe, 1949

Ab 1939: Atombombenprojekt 1934 wurde Bothe Direktor des Instituts für Physik am Kaiser-Wilhelm-Institut für medizinische Forschung in Heidelberg. Gemeinsam mit Werner Heisenberg übernahm er 1939 die Leitung des deutschen Atombombenprojekts. Die Konstruktion eines Kernreaktors zur Plutoniumproduktion scheiterte jedoch. Die von Bothe durchgeführten Meßreihen an Graphit ergaben fälschlicherweise, daß dieses Material nicht als Moderator (Stoff, der Neutronen hoher Energie abbremst) zu gebrauchen war. Angeblich soll Bothe die Messungen in diesem Sinne manipuliert haben, um den Bau der Bombe zu verhindern.

1944: Zyklotron Seit Ende der 30er Jahre befaßte sich Bothe zudem mit der Konstruktion eines Zyklotrons (Teilchenbeschleuniger), das einen Neutronenstrahl erzeugt, mit dem verschiedene Materialien zu Versuchszwecken beschossen werden können. Der Einmarsch der deutschen Wehrmacht in Paris ermöglichte ihm Studien am Zyklotron des französischen Physikers Frédéric Joliot-Curie. 1944 beendete Bothe in Heidelberg seine Arbeiten: Der erste deutsche Teilchenbeschleuniger wurde in Betrieb genommen.

1954: Nobelpreis Für die «Entwicklung der Koinzidenzmethode und seine mit deren Hilfe gemachten Entdeckungen» erhielt Bothe 1954 den Nobelpreis für Physik (gemeinsam mit Max Born). Die Ehrung konnte er selbst nicht mehr entgegennehmen, da er nach einer schweren Operation ans Bett gefesselt war, das er bis zu seinem Tod drei Jahre später in Heidelberg nicht mehr verlassen konnte.

Louis Victor Prince de Broglie

(15.8.1892–19.3.1987)

Der französische Physiker entdeckte die Wellennatur der Materie und entwickelte die Theorie über den Welle-Teilchen-Dualismus. Der von ihm geprägte Begriff der Materiewellen führte zur Begründung der Wellenmechanik durch Erwin Schrödinger (1926).

Der Nachkomme einer Adelsfamilie wurde in Dieppe/Normandie geboren. Seine Vorfahren hatten den französischen Königen als Offiziere oder Diplomaten gedient; Broglies Ururgroßvater starb während der Französischen Revolution durch die Guillotine. Aufgrund dieser Tradition wurde vom jungen Prinz de Broglie eine glänzende militärische oder diplomatische Karriere erwartet. Daher begann er 1909 ein Geschichtsstudium an der Sorbonne, das er 1913 abschloß. Durch den Einfluß seines älteren Bruders Maurice, der entgegen den Wünschen seiner Familie eine wissenschaftliche Karriere eingeschlagen hatte und sich mit Röntgenspektroskopie beschäftigte, wuchs auch in Broglie das Interesse an der Physik. Nachdem er im 1. Weltkrieg als Nachrichtenoffizier in Paris gedient hatte, wählte er nach dem Krieg ein physikalisches Thema für seine Dissertation.

1923/24: Welle-Teilchen-Dualismus Anfang der 20er Jahre hatte Broglie begonnen, sich mit den damals aktuellen Fragen der Quantentheorie zu befassen. 1922/23 war es ihm gelungen, Max Plancks Strahlungsformel aus der Teilchentheorie des Lichts herzuleiten. Somit erschien es nur konsequent, daß auch eine Umkehrung dieser Hypothese möglich war. In seiner Dissertation «Recherches sur la Théorie de la Quante» (1924) verknüpfte Broglie die Strahlungsformel, die den Zusammenhang zwischen Energie und Frequenz beschreibt, mit der Masse-Energie-Beziehung Albert Einsteins. Die bisherigen Forschungen hatten gezeigt, daß Strahlungsquanten eine bestimmte Energie besitzen, die von der Wellenlänge (Frequenz) der Strahlung abhängt. Broglie schloß auf eine ähnliche Gesetzmäßigkeit, die die Teilchen der festen Materie beherrscht. Er wies nach, daß eine einfache Beziehung zwischen dem Impuls eines Teilchens und einer Wellenlänge besteht. Diese Gleichung, welche die Proportionalität zwischen diesen beiden Größen beschreibt, wurde nach dem französischen Physiker bald als «de-Broglie-Beziehung» bekannt.

1924: Materiewellen In der Folgezeit setzte Broglie seine Ergebnisse zur Atomtheorie des dänischen Physikers Niels Bohr in Beziehung. Jedem Materieteilchen ordnete er eine Wellenerscheinung zu, die sog. Materiewelle. Auf den von Bohr postulierten festen Umlaufbahnen der Elektronen um den Atomkern breitet sich eine Welle aus. Die Bahnen werden laut Broglie eingehalten, weil ihr Umfang ein ganzzahliges Vielfaches der Länge der Materiewelle beträgt. Anderenfalls würden sich die Wellen durch Interferenz (Überlagerung), einem aus der Optik lange bekannten Phänomen, selbst auslöschen. Broglie legte seine Gedanken in der Schrift «Ondes et Mouvements» (1924) nieder, mit der er die Überlegungen Bohrs stützen konnte, obwohl er sie aus einem gänzlich anderen Blickwinkel betrachtete.

Louis de Broglie

1926: Vorarbeiten zur Wellengleichung Nach seiner Promotion verbrachte Broglie noch einige Jahre an der Sorbonne und beschäftigte sich mit der Weiterentwicklung seiner Theorie. Wenn es möglich war, Teilchen als Wellen zu beschreiben, mußte es auch eine Differentialgleichung geben, mit der das Verhalten der Teilchen beschrieben werden konnte, gerade so, wie es auch bei den klassischen Wellenphänomenen der Fall war. 1926 entwickelte Broglie eine entsprechende Gleichung, allerdings in einer solchen Struktur, daß ihre Lösung keine weiteren nützlichen Informationen lieferte. Ausgehend von Broglies Vorstellungen über die Materiewellen formulierte der österreichische Physiker Erwin Schrödinger noch im selben Jahr seine Wellengleichung, eine grundlegende Bewegungsgleichung für atomare Teilchen.
1927 wiesen die amerikanischen Experimentalphysiker Clinton J. Davisson, Lester H. Germer und Joseph J. Thomson den von Broglie theoretisch postulierten Welle-Teilchen-Dualismus erstmals experimentell nach: Beim Durchgang gebündelter Elektronenstrahlen durch Kristallgitter zeigten sich Beugungserscheinungen wie bei einer Wellenstrahlung, obwohl es sich um atomare Teilchen handelte.

1929: Physik-Nobelpreis «Für die Entdeckung der Wellennatur der Elektronen» wurde Broglie 1929 der Nobelpreis für Physik verliehen. Drei Jahre später trat er eine Professur am Institut Henri Poincaré für Theoretische Physik an der Pariser Sorbonne an. Einen Schwerpunkt seiner weiteren Arbeiten bildete die Beschäftigung mit den philosophischen Konsequenzen der Quantentheorie; er veröffentlichte zahlreiche Bücher zu diesem Thema. Nach dem 2. Weltkrieg arbeitete Broglie als Berater der französischen Atomenergieforschung. 1962 wurde er emeritiert; 1987 starb er 94jährig in Louveciennes bei Paris.

Johannes Nicolaus Brønsted

(22.2.1879–17.12.1947)

▸ Säuren und Basen verändern Chemie ◂

Durch die theoretische Begründung von Säure-Base-Reaktionen (Reaktionen, bei denen Protonen ausgetauscht werden), brachte der dänische Chemiker die Grundlagenforschung entscheidend voran.

Der als Sohn eines Bauingenieurs in Varde/Jütland geborene Brønsted strebte zunächst den gleichen Beruf wie sein Vater an. Aufgrund seines großen Interesses für Chemie studierte er ab 1897 jedoch chemisches Ingenieurwesen an der Technischen Universität Dänemarks. Nach zwei Jahren machte er dort seinen Abschluß und wechselte an die naturwissenschaftliche Fakultät der Universität Kopenhagen, wo er 1902 mit dem Magistertitel abschloß. Nachdem Brønsted einige Zeit außerhalb der Chemie geforscht hatte, wurde er 1905 zum Angestellten des chemischen Laboratoriums der Hochschule berufen.

Ab 1905: Einstieg mit Thermochemie Nach den Arbeiten von Julius Thomsen auf dem Gebiet der Thermochemie Mitte des 19. Jahrhunderts war die physikalische Chemie in Dänemark eher vernachlässigt worden. Brønsted nahm sich dieses Teilgebiets an, insbesondere der chemischen Thermodynamik und der Reaktionskinetik. Zunächst befaßte er sich mit Untersuchungen zur chemischen Affinität (angestrebte Vereinigung von Atomen und Atomgruppen), einem Konzept, welches auf Thomsen zurückging. Doch während dieser kalorimetrische Messungen durchgeführt hatte, bediente sich Brønsted elektrochemischer Methoden. Er konnte so auch bei Raumtemperatur korrekte Ergebnisse erhalten, ohne daß die während der Reaktion auftretenden Änderungen der Entropie – einer nicht direkt meßbaren Größe – mitberücksichtigt werden mußten, wie es bei kalorimetrischen Messungen der Fall ist. Von 1906 bis 1921 veröffentlichte Brønsted 13 Monographien über die chemische Affinität, 1908 wurde er nach seiner dritten Publikation zum Doktor der Chemie promoviert und erhielt eine Professur für Physikalische Chemie an der Universität Kopenhagen.

Ab 1908: Professor für Physikalische Chemie In der Folge beschäftigte sich Brønsted mit der Löslichkeit von Stoffen und der Wechselwirkung von Ionen in Lösungen. Die Arbeiten weckten das Interesse britischer und amerikanischer Forscher, so daß zwischen 1921 und 1935 häufig Gastwissenschaftler in seinem Kopenhagener Labor arbeiteten. In den 20er Jahren begann Brønsted mit der Untersuchung von chemischen Reaktionen, die durch Säuren oder Basen katalysiert werden. Um zu begreifen, wie diese Stoffgruppen chemische Reaktionen beschleunigen konnten, versuchte er zunächst zu verstehen, was Säuren und Basen eigentlich sind. Dies führte zu einem der grundlegenden Konzepte der modernen Chemie, der Brønstedschen Säure-Base-Theorie: Da Säuren und Basen viele entgegengesetzte Eigenschaften aufweisen, versuchte er eine Definition zu formulieren, die diesen Antagonismus widerspiegelte. So schlug er 1923 vor, Säuren als Protonen liefernde (Protonendonatoren) und Basen als Protonen aufnehmende (Protonenakzeptoren) Stoffe zu bezeichnen. Denn er argumentierte, daß die Abgabe eines Hydroxidions an das Lösungsmittel (z. B. Wasser) vom Resultat her mit der Aufnahme eines Protons aus dem Lösungsmittel identisch war. Damit konnte das klassische Säure-Base-Konzept auf Substanzen ausgedehnt werden, die nicht in der Lage waren, Hydroxidionen zu bilden.

Doch dieses Konzept hatte noch eine weitere Konsequenz: Eine Säure, die Protonen abgegeben hat, ist wegen der Umkehrbarkeit chemischer Reaktionen in der Lage, wiederum Protonen aufzunehmen, und fungiert somit als Base. Diese abgeleiteten (konjugierten) Basen (oder im umgekehrten Falle: Säuren) bilden das Fundament der Brønstedschen Säure-Base-Theorie, die vielfältige Anwendungen ermöglicht. So läßt sich zum Beispiel aus der bekannten Stärke einer Säure leicht die Stärke der zu ihr konjugierten Base berechnen. Durch die Theorie der konjugierten Säuren und Basen gelang es Brønsted, die bisher unabhängig voneinander beschriebenen Stoffgruppen in einen direkten Zusammenhang zu bringen: Je stärker eine Säure, desto schwächer ist ihre konjugierte Base.

Johannes Brønsted

Auch wenn die von dem Amerikaner Gilbert N. Lewis formulierte Säure-Base-Theorie umfassender ist, so ist das Brønstedsche Konzept populärer.

Der erfolgreiche Chemiker ging 1926 für einige Jahre in die USA, wo er sich u. a. mit der Zusammensetzung von Kunststoffen befaßte. Zurück in Kopenhagen, wurden Brønsteds Arbeitsbedingungen 1930 durch die Errichtung eines neuen Instituts für Physikalische Chemie, dessen Vorsitz er übernahm, verbessert.

Nach 1945: Politiker Nach dem 2. Weltkrieg wurde der erbitterte Gegner des deutschen Nationalsozialismus ins dänische Parlament gewählt. Sein Mandat konnte Brønsted jedoch nicht mehr wahrnehmen: Im Alter von 68 Jahren starb er 1947 in Kopenhagen.

Frank MacFarlane Burnet

(3.9.1899–31.8.1985)

▸ Von der Ausbildung der Immunabwehr ◂

Der australische Mediziner gilt als Begründer der modernen Immunologie. 1949 entwickelte er eine Theorie, wonach die Immunitätsreaktionen der Lebewesen nicht durch Vererbung angeboren sind, sondern sich frühestens im embryonalen Stadium entwickeln. Elf Jahre später wurde Burnets Theorie experimentell bestätigt.

Burnet entstammte einer Akademikerfamilie aus Traralgon/Victoria. In Melbourne begann er ein Medizinstudium und wechselte nach dem Abschluß 1923 nach London, wo er vier Jahre später promovierte. 1928 kehrte er in seine australische Heimat zurück und fand eine Anstellung als Assistent am Institute of Medical Research in Melbourne. Noch im selben Jahr heiratete er Edith Lina Marston Druce.

Ab 1930: Virusforschung Burnets wissenschaftliches Interesse galt der Untersuchung von Virus- und Infektionskrankheiten. 1937 entdeckte er den Erreger des Q-Fiebers, das Lungenentzündungen auslöst. Bei seinen Forschungen stieß er auf die ungeklärte Frage, wie die Immunität des Menschen gegen bestimmte Krankheiten entsteht. Die Immunabwehr verhinderte in vielen Fällen lebenswichtige operative Eingriffe: Werden Hautteile oder Organe von einem Menschen auf den anderen übertragen, produziert der sog. Wirtsorganismus (d.h. der Körper, der das Transplantat erhält) Antikörper. Diese setzen sich an den Zellmembranen des Transplantats fest und verhindern dessen Anwachsen. Grund für diese Abstoßung sind die Mechanismen der Immunabwehr, die auch die Infektion mit bestimmten Krankheiten verhindert: Der Organismus registriert körperfremde Substanzen, bildet Antikörper, die sich mit ihnen verbinden, und wehrt den schädlichen Einfluß ab.

1949: Theorie zur Immunabwehr 1944 wurde Burnet Professor für Experimentelle Medizin an der Universität Melbourne. Gleichzeitig übernahm er die Leitung des Walter-und-Eliza-Hall-Instituts für Medizinische Forschung. Seine Untersuchungen weckten seine Zweifel an der herrschenden Lehrmeinung, die Fähigkeit des Menschen zur Immunabwehr sei genetisch verankert. Burnet hatte festgestellt, daß sich Antikörper gegen bestimmte Krankheiten erst nach überstandener Infektion bildeten. Auch Allergien traten häufig erst nach der Sensibilisierung gegen ein bestimmtes Protein auf.
1949 veröffentlichte Burnet eine Theorie, wonach die Immunitätsreaktion der Lebewesen nicht durch Vererbung übertragen, sondern erst im Mutterleib oder in späteren Jahren erworben wird – nämlich dann, wenn der Organismus das erste Mal

mit körperfremden Proteinen in Berührung kommt. Seine weiteren Überlegungen faßte Burnet 1956 in der Schrift «Enzyme, antigen and virus» zusammen.

1960: Nobelpreis Die experimentelle Bestätigung für Burnets Theorie lieferte 1960 der britische Biologe Peter Medawar: Wenn Organismen im Embryostadium die Fähigkeit zur Immunabwehr fehlte, dann durften sie auch kein fremdes, transplantiertes Gewebe abstoßen. Genau dies bestätigten seine Versuche mit Mäuseembryonen. Noch im selben Jahr wurden Burnet und Medawar mit dem Medizin-Nobelpreis «für ihre grundlegenden Erkenntnisse über die immunologische Toleranzfähigkeit» ausgezeichnet.

Frank MacFarlane Burnet bei der Überreichung des Emil-von-Behring-Preises, 1954

60er Jahre: Medikamente Die Entdeckung von Burnet und Medawar bedeutete den entscheidenden Durchbruch zur Lösung des zentralen Problems bei Organverpflanzungen, der sog. Antigen-Antikörper-Reaktion. Diese Reaktion, die zur Abstoßung des Transplantats führte, konnte nun durch die Entwicklung spezifischer Medikamente bekämpft werden. Burnet, der bereits 1951 vom britischen König Georg VI. geadelt worden war, setzte in der Folgezeit seine Forschungen fort, ohne jedoch zu weiteren spektakulären Erkenntnissen zu gelangen. 1965, im Jahr seiner Emeritierung, wurde Burnet für fünf Jahre zum Präsidenten der Australischen Akademie der Wissenschaften gewählt. 1976 veröffentlichte er ein Resümee seiner Forschungsarbeiten unter dem Titel «Immunology». Burnet starb 1985 im Alter von 85 Jahren in Melbourne.

Peter Brian Medawar (28. 2. 1915–3. 10. 1987)

Der in Brasilien geborene britische Biologe und Immunologe war ab 1947 Professor in Birmingham und wechselte vier Jahre später nach London. Er erforschte die körpereigene Abwehrreaktion der Lebewesen bei der Übertragung fremder Gewebe. Ausgehend von Burnets Theorie, pflanzte er im Jahr 1960 Mäuseembryonen Hautzellen eines anderen Mäusestamms ein. Die Wirtsorganismen bildeten, wie Burnet vermutet hatte, keine Antikörper gegen das Transplantat, sondern entwickelten eine Haut wie der andere Stamm auch. Seine Erkenntnisse faßte er 1962 in der Schrift «Die Zukunft des Menschen» zusammen.

Adolf Friedrich Johann Butenandt

(*24. 3. 1903)

▸ Suche nach den Geschlechtshormonen ◂

Der deutsche Biochemiker isolierte die männlichen und weiblichen Geschlechtshormone (1929–35) und schuf damit die Voraussetzungen für die Entwicklung der Anti-Baby-Pille. Butenandts Entschlüsselung der Lockstoffe des Seidenspinners (1959) war der Grundstein für die biologische Schädlingsbekämpfung.

Der Kaufmannssohn wurde in Lehe, heute ein Stadtteil von Bremerhaven, geboren. Schon in der Schule interessierte er sich leidenschaftlich für Chemie und Biologie. Allerdings störte ihn die einseitige Ausrichtung der Wissenschaften. Ab 1924 studierte er in Göttingen Biologie, 1927 promovierte er. Zwei Jahre später gelang ihm die Isolierung weniger Milligramm des Geschlechtshormons Östron aus dem Harn Schwangerer.

1931: Isolierung des Androsterons
Anfang 1930 erhielt Butenandt einen Beratervertrag bei der Schering AG, deren Forschungslabore an der Isolierung der weiblichen Sexualhormone arbeiteten. 1931 gewann er aus 25000 Litern Harn das männliche Sexualhormon Androsteron, das in den Hoden gebildet wird, in kristalliner Form und erklärte den chemischen Aufbau. Durch Synthesen wies er die Verwandschaft der menschlichen Geschlechtshormone nach: Es handelt sich um chemisch ähnliche, in der biologischen Funktion jedoch unterschiedliche Substanzen (sog. Steroide).

1933: Progesteron und Testosteron
Nach seiner Habilitation 1931 wurde Butenandt Leiter der Organischen und Biochemischen Abteilung des Chemischen Instituts in Göttingen. Im gleichen Jahr heiratete er seine erste Assistentin, Erika von Ziegner,

---

Geschlechtshormone

Androsteron
Männliches Keimdrüsenhormon, das mit dem Harn ausgeschieden wird; verantwortlich für die Ausbildung der sekundären männlichen Geschlechtsmerkmale.
Östron
Weibliches Geschlechtshormon, das für Ausbildung der sekundären weiblichen Geschlechtsmerkmale verantwortlich ist und den Aufbau der Gebärmutterschleimhaut in der ersten Hälfte des Menstruationszyklus regelt.
Progesteron
Weibliches Geschlechtshormon, das die Gebärmutter für die Eiaufnahme nach der Befruchtung vorbereitet und schwangerschaftserhaltend wirkt.
Testosteron
Männliches Keimdrüsenhormon, das in den Hoden gebildet wird.

die großen Anteil an seinen Experimenten hatte. 1933 wechselte Butenandt als ordentlicher Professor für Organische Chemie an die TH Danzig. Dort führte er seine Hormonarbeiten mit Mitteln der Rockefeller-Stiftung weiter. 1935 bestimmte er die Konstitution des Schwangerschaftshormons und des männlichen Sexualhormons Testosteron. Mit der dadurch ermöglichten Synthese der Geschlechtshormone hatte der deutsche Biochemiker die Voraussetzung für die Entwicklung der Anti-Baby-Pille geschaffen.

Adolf Butenandt

1939: Nobelpreis 1936 folgte Butenandt einem Ruf an das Kaiser-Wilhelm-Institut für Biochemie in Berlin. Im November 1939 erhielt er mit dem Schweizer Chemiker Leopold Ruzicka, der das männliche Geschlechtshormon Androsteron synthetisiert hatte, den Chemie-Nobelpreis. Butenandt mußte die Auszeichnung auf Geheiß der Nationalsozialisten ablehnen. Erst 1949 konnte er sie entgegennehmen.
Während des 2. Weltkriegs wurde Butenandts Institut nach Tübingen verlegt. 1948 lehnte er ein Professur-Angebot der Universität Basel ab. Seine Studenten, bei denen er wegen seines demokratischen Geistes beliebt war, feierten die Absage mit einem Fackelzug.

1959: Grundlagen der Schädlingsbekämpfung 1953 wechselte Butenandt nach München, wo er drei Jahre später die Leitung des Max-Planck-Instituts für Biochemie übernahm. In der bayerischen Landeshauptstadt brachte er langjährige Versuchsreihen zum Abschluß: So gewann er das Hormon, das die Verpuppung des Seidenspinners steuert, in kristalliner Form. 1959 stellte er als erster den Sexual-Lockstoff des Seidenspinners in reiner Form dar und erklärte den chemischen Aufbau. Damit hatte er die Basis für die Entwicklung von Methoden der biologischen Schädlingsbekämpfung geschaffen, denn nun konnte Einfluß auf die Vermehrung von Insekten genommen werden.

Ab 1960: Einsatz für die Forschung Als Präsident der Max-Planck-Gesellschaft (1960–72) setzte sich Butenandt vehement für eine qualifizierte Grundlagenforschung ein, um der Abwanderung junger, vielversprechender Wissenschaftler ins Ausland und in die Industrie entgegenzuwirken. 1972 zog er sich aus dem Forschungsleben zurück, behielt aber einen Arbeitsplatz am Münchner Institut.

Melvin Calvin

(*8.4.1911)

▸ Mit Photosynthese zum Ursprung des Lebens ◂

Der amerikanische Biochemiker, der 1961 den Chemie-Nobelpreis erhielt, entdeckte den Ablauf der Dunkelreaktion bei der Photosynthese, den er im nach ihm benannten Calvin-Zyklus beschrieb: Durch Lichteinfluß entstehen energiereiche Verbindungen (ATP), die Kohlendioxid und Wasser in Kohlenhydrate verwandeln.

Geboren in St. Paul/Minnesota, studierte der Sohn russischer Einwanderer Chemie am Michigan College of Mining and Technology. Nach Abschluß des Studiums wechselte er 1931 an die staatliche Universität von Minnesota in Minneapolis und promovierte vier Jahre später in Chemie. Nach einem zweijährigen Aufenthalt an der Universität von Manchester/England arbeitete Calvin als Privatdozent an der Universität von Kalifornien in Berkeley, wo er ab 1941 als außerordentlicher und ab 1947 als ordentlicher Professor für Chemie tätig war.

Ab 1948: Photosynthese-Forschung Kurz nach Beendigung des 2. Weltkriegs wurde Calvin zum Leiter der biochemischen Forschungsgruppe am Lawrence-Strahlungslabor berufen. Aufgrund seines langjährigen Interesses für die Struktur und das Verhalten organischer Moleküle beschäftigte er sich ab 1948 mit der Chemie der Photosynthese, die teilweise bereits erforscht war.
Calvin konzentrierte sich auf den zweiten Teilschritt der Photosynthese, die Dunkelreaktion. Das wesentliche Problem bei deren Erforschung waren fehlende Untersuchungsmethoden: Die Photosynthese konnte nicht im Reagenzglas studiert werden, da sie im Gegensatz zu anderen chemischen Reaktionen nur in lebenden Pflanzen abläuft. Calvins Untersuchungen mußten also am lebenden Objekt durchgeführt werden.
Bei seiner Versuchsanlage machte er sich zwei Dinge zunutze: Nach dem 2. Weltkrieg war das radioaktive Kohlenstoff-Isotop ^{14}C relativ leicht zugänglich geworden. Dieses Isotop konnte anhand seiner Strahlung als sog. Tracer (Indikator) verwendet werden, der Hinweise darüber liefert, in welche Moleküle Kohlenstoff bei der Reaktion eingebaut wird. Außerdem hatten die beiden britischen Biochemiker Archer John Martin und Richard Laurence Synge 1944 die Papierchromatographie entwickelt, für die ihnen 1952 der Chemie-Nobelpreis verliehen wurde. Durch diese Methode konnten Substanzgemische in ihre Komponenten aufgespalten werden.

Ab 1946: Calvin-Zyklus Calvin führte einer Grünpflanze, der einzelligen Alge Chlorella, Kohlendioxid zu, welches das radioaktive Isotop ^{14}C enthielt. Nach kurzer Zeit zerstörte er die Zellen der Pflanze und fand mit Hilfe der Papierchromatographie das von der Pflanze aufgenommene und chemisch umgewandelte Kohlendioxid im Zellbrei. Tatsächlich gelang es Calvin und seinen Mitarbeitern, die erste Hauptkomponente der Dunkelreaktion zu isolieren. Nach weiteren Experimenten, in denen radioaktiv markierte Phosphor-Verbindungen verwendet wurden und Calvin sich die Tatsache zunutze machte, daß unterschiedliche Stoffe verschieden stark an sog. Ionenaustauscher-Harze gebunden werden, konnte die gesuchte Substanz schließlich als Phosphorverbindung der Glyzerinsäure identifiziert werden. Zur Erklärung der Dunkelreaktion entwarf Calvin einen einfachen Reaktionszyklus, den sog. Calvin-Zyklus, bei dem der Energieüberträger ATP (Adenosintriphosphat), der im Verlauf der Lichtreaktion gebildet wird, eine wesentliche Rolle spielte.

1961: Chemie-Nobelpreis Mit 50 Jahren erhielt Calvin den Nobelpreis für Chemie, sechs Jahre später wurde er zum Leiter des 1960 gegründeten Lawrence Berkeley Laboratoriums für chemische Biodynamik berufen. Neben seiner Forschungstätigkeit wirkte Calvin als Autor verschiedener Lehrbücher und Monographien, unter anderem zur theoretischen organischen Chemie. Auch nach seiner Emeritierung (1980) ließ ihn die Chemie nicht los. Besonders interessierte er sich für den Einfluß der organischen Chemie auf die Entstehung des Lebens überhaupt.

Melvin Calvin

Photosynthese-Forschung bis 1948

Die Photosynthese besteht aus zwei großen Teilreaktionen: Im ersten Schritt, der sog. Lichtreaktion, wird von der grünen Pflanze Sonnenlicht absorbiert und in chemisch nutzbare Energie umgewandelt. In der darauffolgenden «Dunkelreaktion», für deren Ablauf keine Lichteinstrahlung erforderlich ist, werden aus Kohlendioxid und Wasser Kohlenhydrate wie Traubenzucker (Glukose) und Stärke aufgebaut, wobei molekularer Sauerstoff als Nebenprodukt entsteht. Dadurch stellt die Photosynthese die wichtigste biochemische Reaktion überhaupt dar. Durch sie können Pflanzen wachsen und schließlich Tieren und Menschen als Nahrung dienen. Außerdem wird durch die Synthese ständig Sauerstoff produziert.

James Chadwick

▸ Entdecker des Neutrons ◂

(20. 10. 1891 – 23. 7. 1974)

Der englische Physiker entdeckte 1932 das elektrisch ungeladene dritte Elementarteilchen des Atomkerns (neben Proton und Elektron). Durch diese Neutronen konnten später atomare Kettenreaktionen eingeleitet werden. Der Physik-Nobelpreisträger (1935) arbeitete im 2. Weltkrieg am Bau der Atombombe mit.

Seine Kindheit verbrachte Chadwick in seinem Geburtsort Bollington bei Manchester. Er studierte Physik an der Universität von Manchester (Abschluß 1912). Danach blieb er weitere zwei Jahre in Manchester, um bei Ernest Rutherford, dem Chemie-Nobelpreisträger von 1908, über die Emission von Gammastrahlen aus radioaktivem Material zu arbeiten.
1913 ging Chadwick an die Universität Berlin zu dem Physiker Hans Geiger – ebenfalls ein ehemaliger Assistent von Rutherford. Geiger hatte gerade einen Detektor für Radioaktivität entwickelt, der heute als Geiger-Müller-Zählrohr bekannt ist. In Berlin untersuchte Chadwick die Natur des elektromagnetischen Spektrums und wandte sich dann den als Betateilchen bekannten radioaktiven Strahlen zu. Mit dem Ausbruch des 1. Weltkriegs wurde er als «feindlicher Ausländer» interniert, durfte jedoch weiterarbeiten und beschäftigte sich mit der photochemischen Reaktion von Kohlenstoff und Chlor.

Ab 1918: Einstieg in die Atomforschung Nach Kriegsende kehrte Chadwick nach Cambridge zurück. Durch die Analyse von Alphastrahlen bestimmte er die Ordnungszahlen verschiedener Elemente. Außerdem führte er gemeinsam mit Rutherford künstliche Atomspaltungen als Folge des Beschusses mit Alphastrahlen durch.

Elementarteilchen-Forschung bis zu den 20er Jahren

Noch während der 20er Jahre waren lediglich zwei subatomare Teilchen bekannt, das Elektron und das Proton. Man wußte, daß die Protonen zum Atomkern gehörten, während die Elektronen den Kern umkreisten. Die Bestimmungen von Atommassen und Kernladungen zeigten aber, daß es neben den Protonen noch mindestens eine weitere Teilchenart im Kern geben mußte. Denn während z. B. der Kern des Heliumatoms zwei positive Ladungen aufwies, also zwei Protonen enthielt, entsprach seine Masse eher vier Protonen. Entgegen der allgemeinen Annahme, daß der Kern tatsächlich vier Protonen enthielt, die aber durch zwei Elektronen im Kern teilweise neutralisiert wurden, behauptete Rutherford, daß im Kern eine andere Teilchenart existieren mußte, die elektrisch neutral und von der gleichen Masse wie das Proton sein mußte.

Anfang der 30er Jahre hatten verschiedene Forscher, wie Walter Bothe in Heidelberg und die Joliot-Curies in Paris, eine neuartige Strahlung entdeckt, konnten sie jedoch nicht interpretieren. Beim Beschuß leichter Elemente wie Beryllium mit Alphastrahlen wurde eine Strahlung freigesetzt, die in gewisser Weise den Gammastrahlen ähnelt, jedoch erheblich durchdringender ist. 1932 wiederholte Chadwick diese Experimente und schloß aus den Ergebnissen, daß es sich bei dem Phänomen nicht etwa um elektromagnetische Strahlung (wie z. B.Gammastrahlen) handelte, sondern um eine neue Teilchenart. Seine Hypothese: Durch die Alphastrahlen werden neutrale Teilchen aus dem Berylliumkern herausgelöst. Mit weiteren Untersuchungen, diesmal durch Beschuß von Boratomen mit Alphastrahlen, konnte Chadwick schließlich die Masse des neuen Teilchens, das mittlerweile Neutron genannt wurde, bestimmen.

Die Entdeckung des Neutrons ermöglichte auch die Erklärung des von Frederick Soddy und Francis Aston gemeinsam entwickelten Isotopiekonzepts. Die unterschiedlichen Isotope eines Elements wiesen die gleiche Protonenzahl auf, unterschieden sich jedoch in der Zahl der Neutronen ihres Kerns. Weiterhin offen blieb jedoch die Frage, wie der große Überschuß an positiver Ladung im Kern auf so engem Raum zusammengehalten wurde. Dieses Rätsel lösten wenige Jahre später der japanische Physiker Hideki Jukawa sowie sein amerikanischer Kollege Carl David Anderson mit der Entdeckung der Mesonen.

James Chadwick

1935: Nobelpreis für Physik Als Professor für Physik an der Universität von Liverpool (ab 1932) untersuchte Chadwick mit einem Teilchenbeschleuniger (dem sogenannten Zyklotron) den radioaktiven Zerfall leichterer Elemente. 1935 erhielt er für seine Entdeckungen den Nobelpreis für Physik.

Während des 2. Weltkriegs arbeitete er zunächst in England, ging dann jedoch in die USA, um bei der Entwicklung der Atombombe mitzuarbeiten. Nach Kriegsende kehrte Chadwick nach England zurück und gründete in Liverpool ein Institut für Nuklearphysik. 1948 folgte er einem Ruf an die Universität nach Cambridge, wo er bis zu seiner Emeritierung 1958 blieb und im Alter von 82 Jahren starb.

John Douglas Cockcroft

(27.5.1897–18.9.1967)

▸ Kernzertrümmerung mit Hochspannung ◂

Dem britischen Physiker gelang 1932 die erste künstliche Kernumwandlung mit beschleunigten Protonen und Alphateilchen. Damit schuf der Physik-Nobelpreisträger (1951) nicht nur eine wesentliche Voraussetzung für die friedliche Nutzung der Kernenergie, sondern auch für den Bau von Atom- und Wasserstoffbomben.

Der Sohn eines Textilfabrikanten aus der englischen Grafschaft Yorkshire begann 1914 ein Studium der Elektrotechnik am Manchester College of Technology, ehe Cockcroft im 1. Weltkrieg in der Artillerie diente. Der Überlebende der Schlacht an der Somme beendete sein Studium (auch Mathematik und Physik) nach dem Krieg in Cambridge. Im Anschluß an seine Promotion (1928) arbeitete er im Labor des britischen Physikers Ernest Rutherford. Zu dieser Zeit forschte dort auch dessen sowjetischer Kollege Pjotr Kapiza, der 1937 durch seine Arbeiten über supraflüssiges Helium international bekannt wurde. Zusammen mit Kapiza untersuchte Cockcroft zunächst das Verhalten magnetischer Felder bei niedrigen Temperaturen, wandte sich aber bald der Kernphysik zu.

30er Jahre: Kernphysikalische Forschungen Noch in den 20er Jahren waren Alphateilchen aus natürlichen Kernumwandlungen die einzigen Partikel, die für den Beschuß von Atomen zur Verfügung standen. Ihre Möglichkeiten waren jedoch ausgereizt, da sie von Cockcrofts Lehrer Rutherford bereits erschöpfend untersucht waren. Cockcroft stand also vor dem Problem, einen Weg zu finden, andere, energiereichere Teilchen zu erzeugen. Es wurde allgemein erwartet, daß mit Hilfe dieser Teilchen die unter Physikern langersehnte künstliche Kernumwandlung herbeigeführt werden konnte. Zusammen mit seinem irischen Kollegen Ernest Walton entwickelte Cockcroft 1929 ein Gerät, mit dem sehr hohe Spannungen aufgebaut werden konnten. Hierbei kam Cockcroft insbesondere seine Ausbildung als Elektroingenieur zugute. Ziel war es, Protonen so stark zu beschleunigen, daß sie eine deutlich höhere Energie aufwiesen als die natürlich ausgesandten Alphateilchen.

1932: Entwicklung eines Linearbeschleunigers Drei Jahre später gelang es Cockcroft und Walton, Lithiumatome mit derartigen hochenergetischen Protonen zu beschießen und Helium in Form von Alphateilchen zu erzeugen. Damit glückte zum erstenmal eine Kernumwandlung allein durch künstliche Beschleunigung von Teilchen, ohne Verwendung natürlicher Radioaktivität. In der praktischen Anwendung wurde der von Cockcroft und Walton entwickelte Spannungsvervielfacher (sog. Kaskadengenerator) bald durch das vom US-Physiker Ernest Lawrence 1930 entwickelte Zyklotron übertrumpft. Dieses Gerät gibt den Partikeln im Unterschied zu Cockcrofts Gerät nicht nur einen großen Beschleunigungsschub. Die zu beschleunigenden Teilchen werden vielmehr durch große Magneten im Kreis geführt und erhalten auf jeder Runde einen leichten Stoß elektrischer Energie, der sie von Runde zu Runde energiereicher werden läßt. Der Radius ihrer Kreisbahn wird größer, bis sie schließlich aus dem Zyklotron austreten.

Ab 1939: Suche nach der Bombe 1939, im gleichen Jahr, in dem Lawrence für sein Zyklotron den Nobelpreis für Physik erhielt, wurde Cockcroft Professor in Cambridge. Von 1941 bis 1944 leitete er die Forschungsabteilung für Luftverteidigung (Radarforschung) im britischen Verteidigungsministerium. Sowohl während des 2. Weltkriegs als auch danach arbeitete er – wie so viele seiner Kollegen – mehr oder weniger direkt an der Entwicklung der Atombombe. Zu diesem Zweck war er bis 1946 Direktor der Abteilung Atomforschung des Nationalen Forschungsrates in Kanada, wo er den Bau von Atomreaktoren überwachte. Anschließend kam Cockcroft als Direktor des Atomforschungszentrums Harwell, wo er bis 1959 angestellt war, zurück nach Großbritannien.

1951: Physik-Nobelpreis 1948 wurde Cockcroft in den Ritterstand erhoben. Drei Jahre später erhielten er und sein Mitarbeiter Walton, der

John Cockcroft, 1957

mittlerweile als Leiter des Physikalischen Instituts der Universität Dublin arbeitete, den Nobelpreis für Physik. Obwohl gerade die erste von ihm und Walton herbeigeführte Kernumwandlung des Lithiums eine wesentliche Grundlage für die spätere Entwicklung der amerikanischen Wasserstoffbombe durch Edward Teller bildete, war Cockcroft bis zu seinem Tod zutiefst von den Chancen einer friedlichen Nutzung der Kernenergie überzeugt. Dies spiegelt sich auch in seinen Werken «Die friedliche Anwendung der Atomenergie» (1956) und «Die wissenschaftlichen und technischen Leistungen von Hochfluß-Forschungsreaktoren» (1964) wider.
1961 wurde Cockcroft für seinen Einsatz der Preis «Atome für den Frieden» verliehen. im Alter von 70 Jahren starb er in seinem Wohnort Cambridge.

Arthur Holly Compton

(10. 9. 1892–15. 3. 1962)

▸ Von der Teilchennatur des Lichts ◂

Der amerikanische Physiker lieferte 1923 den Beweis für die Teilchennatur des Lichts und erhielt dafür 1927 den Nobelpreis. In den 30er Jahren erforschte er weltweit die Höhenstrahlung. Compton befürwortete den Bau der Atombombe und war 1942–45 an ihrer Entwicklung beteiligt.

Das in Wooster/Ohio geborene vierte Kind eines protestantischen Predigers und Professors für Philosophie wuchs in einer religiös geprägten Umgebung auf. In seiner Freizeit widmete sich Compton dem Bau von Fluggeräten und astronomischen Fragestellungen.

Ab 1913: Wissenschaftliche Lehrjahre Der Familientradition folgend, besuchte Compton ab 1913 die Universität von Princeton. Im Jahr seiner Promotion (1916) heiratete er seine ehemalige College-Liebe (zwei Söhne). Nach zweijähriger Arbeit als Industriephysiker ermöglichte ihm ein staatliches Graduiertenstipendium 1919 einen Studienaufenthalt bei Ernest Rutherford in Cambridge (Großbritannien). Im folgenden Jahr kehrte Compton in die USA zurück und wurde Professor an der Universität von St. Louis.

1923: Compton-Effekt Anfang der 20er Jahre intensivierte Compton seine Forschungen über die Streuung von Röntgenstrahlen und über die Ordnung von Elektronen in Atomen. Unter Verwendung der Braggschen Drehkristallmethode (Form der Röntgenstrukturanalyse) zur Messung von Wellenlängen entdeckte der amerikanische Physiker 1923 den nach ihm benannten Effekt und deutete ihn theoretisch. Er beobachtete, daß sich die Wellenlänge von Röntgenstrahlen, die auf Elektronen fallen und gestreut werden, vergrößert. Das Maß der Vergrößerung war abhängig von der Größe des Streuwinkels.
Comptons Erklärung: Bei den Energiequanten der Röntgenstrahlung handelt es sich um Teilchen (von Compton «Photonen» genannt), die mit Elektronen zusammenstoßen und dabei einen Teil ihrer Energie verlieren. Durch diesen Energieverlust verlängern sich die Wellen. Diese Vermutung Comptons machte eine gleichzeitige Beschreibung der elektromagnetischen Strahlung als Welle und Teilchenstrahlung erforderlich. Die Dualität von Wellen- und Teilchencharakter erweiterte der französische Physiker Victor Louis de Broglie 1923/24 auf sämtliche Materie. Obwohl die Theorie in der Fachwelt zunächst auf weitreichende Ablehnung stieß, konnte sie durch Wilsonsche Nebelkammeraufnahmen und die Untermauerung der Wellenmechanik bestätigt werden. 1927 erhielt Compton gemeinsam mit dem Briten Charles T. Wilson den Physik-Nobelpreis.

1938: Die Kosmische Strahlung 1923 übernahm Compton als Nachfolger von Robert Millikan eine Professorenstelle an der Universität von Chicago. Dort setzte er seine Forschungen über die Kollision von Photonen und Elektronen fort und wandte sich Anfang der 30er Jahre der Erforschung der kosmischen Höhenstrahlung zu. Auf zahlreichen Expeditionen in allen Erdteilen untersuchte Compton die Abhängigkeit dieser Strahlung von der geographischen Breite und der Höhe über dem Meeresspiegel. Durch eine vergleichende Zusammenstellung der ermittelten Daten wies er 1938 nach, daß die Höhenstrahlung geladene Partikel enthält und somit Teilchencharakter hat.

Arthur Compton, 1954

1942: Manhattan-Projekt US-Präsident Franklin D. Roosevelt rief 1942 das Manhattan-Projekt zum Bau einer Atombombe ins Leben; zu den beteiligten Physikern gehörte auch Compton. Als Mitglied der nationalen Akademie der Wissenschaften und Vorsitzender des zugehörigen Uran-Komitees hatte er schon 1941 einen Bericht über die militärischen Anwendungsmöglichkeiten der Atomenergie verfaßt. Compton empfand es als persönliche Pflicht, an der Verteidigung der freien Welt mitzuwirken und der drohenden Entwicklung einer Atombombe durch die Nazis zuvorzukommen. 1942 wurde er Direktor des sog. Metallurgischen Labors und war damit zuständig für Entwicklungsarbeiten zur Produktion von spaltbarem Plutonium. Unter seiner Verantwortung entstanden der erste Forschungsreaktor in Chicago (Konstruktion: Enrico Fermi, 1942) und der Produktionsreaktor in Hanford/Washington. Nach dem Abwurf der Atombomben auf Hiroshima und Nagasaki gehörte Compton zu den Befürwortern dieses Angriffs, da seiner Meinung nach nur so ein schnelles Ende des 2. Weltkriegs zu erreichen gewesen war.

1945: Rückzug aus der Forschung Nach Kriegsende übernahm Compton den Posten des Kanzlers der Universität von St. Louis und widmete sich vorwiegend Verwaltungsaufgaben. Daneben setzte er sich mit philosophischen und erkenntnistheoretischen Fragestellungen in den Naturwissenschaften auseinander. 1962 starb er im Alter von 69 Jahren in Berkeley/Kalifornien.

Francis Harry Compton Crick

(*8.6.1916)

▸ Drei Buchstaben entschlüsseln Vererbung ◂

Der britische Biologe und Physiker entwickelte mit dem US-Biologen James Dewey Watson ein Modell über die Struktur der Desoxyribonukleinsäure (DNS; engl.: DNA), der Trägersubstanz für genetische Informationen, das weltweit akzeptiert wurde. Gemeinsam begründeten sie eine neue Ära in der Vererbungsforschung und Molekulargenetik.

Das Kind eines Schuhherstellers aus Northampton beendete mit 18 Jahren die Schule und studierte Physik in London (Abschluß 1937). Ein Bombenvolltreffer in die Laboratorien unterbrach seine Doktorarbeit im 2. Weltkrieg. Crick beteiligte sich fortan bei der britischen Marine an der Entwicklung von Minen.

Ab 1949: Protein- und DNA-Forschung Nach Kriegsende ließ sich Crick von seiner ersten Frau scheiden (Heirat 1940, ein Sohn; zweite Ehe ab 1949, zwei Töchter). In den 50er Jahren wechselten zu Beginn der weitreichenden Entwicklungen in der Molekularbiologie viele Physiker zur Biologie über. So interessierte sich Crick zunehmend für grundlegende Fragestellungen der biologischen Informationsübertragung. Ab 1949 erforschte er im Rahmen seiner Doktorarbeit am Molekularbiologischen Institut in Cambridge die Struktur verschiedener Proteine. Im Herbst 1951 kam der 23jährige amerikanische Molekularbiologe James Dewey Watson nach England. Bald darauf arbeiteten beide gemeinsam an der Strukturaufklärung der Desoxyribonukleinsäure (DNA). Die Erkenntnis, daß die DNA der Träger genetischer Information ist, hatte sich gerade durchgesetzt.

50er Jahre: Weltweite DNA-Untersuchungen Watson und Crick kannten bereits die chemische Zusammensetzung der DNA – Zucker Desoxyribose, Phosphat und je eine der stickstoffhaltigen Basen Adenin, Guanin, Cytosin und Thymin. In den USA hatte Linus Pauling zudem inzwischen die spiralige Raumstruktur (a-Helix) von Proteinen aufgedeckt. Auf der Grundlage dieser Informationen entwarfen Watson und Crick Ende 1951 ein Modell der DNA, bei dem sie von einem schraubenartig gedrehten Einzelstrang für das Molekül ausgingen. Das vorgeschlagene Modell enthielt jedoch offensichtliche Fehler und wurde von der Fachwelt abgelehnt. Nach diesem Fehlschlag erhielten Crick und Watson die Anweisung, die Arbeiten an der Strukturaufklärung der DNA einzustellen, da sie als relativ unbekannte wissenschaftliche Mitarbeiter nicht geeignet schienen, mit den renommierten Fachkollegen Maurice Wilkins und Rosalind Franklin zu konkurrieren, die ebenfalls in Cambridge am selben Problem arbeiteten. Crick kehrte daraufhin zu seiner Doktorarbeit zurück («Röntgenbeugungen in Polypeptiden und Proteinen»), Watson erforschte die Genetik von Viren.

Ab 1951: Erfolg nach Fehlschlag Als keiner der Experten, die sich mit der Struktur der DNA beschäftigten, weiterkam, erhielten Watson und Crick endlich grünes Licht. Röntgenaufnahmen von der DNA, die Rosalind Franklin aufgenommen hatte, offenbarten ihnen die Doppelhelixstruktur der DNA. Zuvor hatte Erwin Chargaff gezeigt, daß der Mengenanteil der Base Adenin im DNA-Molekül gleich groß ist wie der von Thymin (analog bei Guanin und Cytosin). Aus diesen Daten bauten Watson und Crick ihr Modell auf: zwei baugleiche, spiralig gedrehte, aus Nukleotiden aufgebaute Doppelstränge, die in jeweils umgekehrter Richtung verlaufend umeinandergewickelt sind. Die Adeninbase eines Nukleotids ist immer mit der Thyminbase eines komplementären Stranges verbunden und umgekehrt. Das gleiche gilt für die Basen Cytosin und Guanin. Watson und Crick beschrieben die DNA-Struktur in dem berühmtgewordenen Artikel «Molekulare Struktur der Nukleinsäure: Die Struktur der Desoxyribonukleinsäure», der am 25.4.1954 in der Zeitschrift «Nature» erschien. Das logisch einwandfreie Watson-Crick-Modell wurde sofort allgemein akzeptiert.

1962: Medizin-Nobelpreis 1954 bekam Crick doch noch seinen Doktortitel und kümmerte sich fortan um die Aufklärung des genetischen Codes. 1962 erhielten Watson, Crick und Wilkins den Nobelpreis für Medizin (Physiologie) «für ihre Entdeckung über die Molekularstruktur der Nukleinsäuren und ihre Bedeutung für die Informationsübertragung in lebender Substanz».

Francis Crick, 1962

Nach der Preisverleihung arbeitete Crick auch mit Astrophysikern, Kosmologen und Psychologen zusammen. Er wurde ein eifriger Verfechter jener Theorie, nach der das Leben auf der Erde aus dem Kosmos entstanden ist. 1971 nahm er an der ersten Sowjetisch-Amerikanischen Konferenz teil, die sich mit der Existenz außerirdischer Intelligenz beschäftigte. Vier Jahre später gab er den Vorsitz der Molekulargenetischen Abteilung in Cambridge auf. Seitdem lebt er in Kalifornien, wo er am Salk Institute in San Diego eine Professur antrat.

Marie Curie

(7. 11. 1867–4. 7. 1934)

▸ Eine Frau entdeckt die Radioaktivität ◂

Die polnischstämmige Physikerin und Chemikerin erhielt als erste Frau einen Nobelpreis (1903: Physik; 1911: Chemie). Sie begründete die Radiologie und Radiochemie und entdeckte die Elemente Polonium und Radium. Gemeinsam mit ihrem Mann Pierre legte sie den Grundstein für die Radioaktivitätsforschung des 20. Jahrhunderts.

Maria Sklodowska wurde als fünftes Kind eines Lehrerehepaars in Warschau geboren. Nach Schule und kurzer Tätigkeit im Industrie- und Landwirtschaftsmuseum studierte sie ab 1891 Naturwissenschaften an der Pariser Sorbonne. Bald darauf erhielt sie die Lehrerlaubnis für Physik (1893) und Mathematik (1894). Gleichzeitig untersuchte sie die magnetischen Eigenschaften verschiedener Metalle im Auftrag der Gesellschaft zur Förderung der nationalen Industrie.

1895: Heirat 1895 heiratete sie Pierre Curie, den Leiter der wissenschaftlichen Arbeiten an der Ecole Municipale de Physique et de Chimie Industrielle in Paris. Das Leben des Ehepaars war trotz der Geburt ihrer Tochter Irène (1897) ganz auf wissenschaftliche Arbeit fixiert. Mit einer Sondergenehmigung durfte Marie Curie zusammen mit ihrem Mann im selben Institut arbeiten.

Ab 1896: Entdeckung der Radioaktivität Der französische Physiker Antoine Henri Becquerel hatte 1896 bei Untersuchungen mit Uran eine außergewöhnlich intensive Strahlung entdeckt, die von dem Element ausging. Diese Beobachtung gilt als Ausgangspunkt der Atomphysik, einem Forschungsgebiet, dem sich damals auch das Ehepaar Curie zuwandte. Für Untersuchungen über die Eigenschaften der Becquerelstrahlung benutzte Marie Curie die von ihrem Mann entdeckte Piezoelektrizität. Marie Curie wies nach, daß auch das Metall Thorium strahlt. Für diese Erscheinung prägte sie den Begriff Radioaktivität.

Pierre Curie (15. 5. 1859–19. 4. 1906)

Der Mann von Marie Curie forschte zunächst über die magnetischen Eigenschaften von Kristallen und ihre Verformung durch elektrische Felder (Piezoelektrizität; Grundlage für elektrische Schallübertragung). Er beschäftigte sich mit den Wirkungen der radioaktiven Alpha-, Beta- und Gammastrahlung und dem radioaktiven Zerfallsprozeß, dem er 1903 den Begriff «Halbwertzeit» gab. Im selben Jahr erhielt er den Nobelpreis.

Wie Marie Curie herausfand, ist die Strahlungsintensität der Uranverbindungen immer von der darin enthaltenen Uranmenge abhängig. Damit war bewiesen, daß die Strahlung nicht von der gesamten Verbindung ausging, sondern vom Uranatom. Die Untersuchungen wurden unter schwierigen Bedingungen durchgeführt: Als Laboratorium diente eine Bretterbaracke mit asphaltiertem Boden und einem kaum vor Regen schützenden Glasdach.

1899: Polonium und Radium entdeckt Das Ehepaar Curie erkannte bald nach Beginn seiner Untersuchungen, daß einige Uranerze besonders hohe Strahlungen erzeugten, die nicht allein auf den Urananteil zurückzuführen waren. 1899 entdeckten sie zwei bis dahin unbekannte Elemente, denen sie den Namen Polonium (nach dem Mutterland von Marie Curie) und Radium gaben. Aus 500 kg radiumhaltiger Uranpechblende gelang Marie Curie 1902 die Isolierung von 0,1 g reinem Radiumchlorid. Außerdem bestimmte sie das Atomgewicht des neuen Elements. Wie das Ehepaar Curie bei seinen Untersuchungen entdeckte, wurden sämtliche Gegenstände in direkter Umgebung von Radiumverbindungen ihrerseits radioaktiv.

1903/11: Nobelpreise 1903 wurde der Physik-Nobelpreis je zur Hälfte an Becquerel und das Ehepaar Curie vergeben. Nach dem Tod ihres Mannes (1906) übernahm Marie Curie dessen Lehrstuhl für Physik in Paris

Marie Curie

– als erste Frau in der Geschichte der Sorbonne. 1911 erhielt sie den Chemie-Nobelpreis: Curie hatte ein Jahr zuvor reines Radium dargestellt, die Wirkung der Strahlung auf den Organismus untersucht und die chemischen und physikalischen Eigenschaften des Elements beschrieben. Im 1. Weltkrieg baute Curie über 200 Röntgenstationen in Frankreich auf. Nach dem Krieg arbeitete sie im Pariser Radium-Institut, wo sie Leiterin der chemisch-physikalischen Abteilung («Curie-Labor») war. Im Alter von 66 Jahren starb sie in Sancellemoz/Savoyen an Leukämie, eine Folge der radioaktiven Strahlung, der sie ständig ausgesetzt war.

Irène Curie (12.9.1897–17.3.1956), Frédéric Joliot (19.3.1900–14.8.1958)

Die Tochter von Pierre und Marie Curie entdeckte mit ihrem Mann 1934 die künstliche Radioaktivität: Sie beschossen Aluminiumatome mit Alphateilchen und wandelten einen natürlichen Atomkern in ein neues, künstliches radioaktives Element um. Damit legten sie den Grundstein für den medizinischen und biochemischen Einsatz radioaktiver Isotope. Ein Jahr später erhielten sie dafür den Chemie-Nobelpreis.

Henry Hallett Dale

(5. 6. 1875–22. 7. 1968)

▸ Mutterkornpilz erschließt Nervenfunktion ◂

Der britische Physiologe, der 1936 den Medizin-Nobelpreis erhielt, erklärte die chemische Übertragung von Nervenimpulsen. Seine Untersuchungen verdeutlichten die Struktur und Wirkungsweise der Transmitter, die für die Überträger der Nervenimpulse verantwortlich sind.

Der Sohn eines Geschäftsmanns aus einer Londoner Methodistenfamilie erhielt seine Schulausbildung an verschiedenen Privatschulen. Mit 19 Jahren nahm er ein naturwissenschaftliches Studium mit physiologischem Schwerpunkt an der Universität in Cambridge auf. 1900 kehrte er zum Studium in seine Heimatstadt zurück, wo er erstmals mit dem deutschen Pharmakologen Otto Loewi zusammentraf. Für einige Monate arbeitete er danach bei dem deutschen Mediziner Paul Ehrlich in dessen Institut für Experimentelle Therapie in Frankfurt a. M. Seine erste feste Anstellung erhielt Dale 1904 bei Welcome, einem der führenden Pharmaunternehmen, bei dem er bis 1914 blieb. 1906 stieg er zum Direktor der Forschungsabteilung auf.

Ab 1914: Forschung am Mutterkorn Nachdem er seine Cousine Ellen Harriet Hallett geheiratet hatte, wechselte er 1914 an das Institut für Medizinische Forschung, wo er u. a. mit Problemen bei der Standardisierung von Medikamenten betraut wurde. Bei Untersuchungen des auf Getreide wachsenden Mutterkornpilzes hatte Dale die chemischen Substanzen Histamin und Acetylcholin isoliert. Der Verzehr von Getreidemehl, welches Beimengungen von Mutterkornpilz enthält, verursacht eine Krankheit, die Ergotismus genannt wird und die sich in Schwindelgefühlen, Erbrechen, Durchfällen und (Muskel-)Krämpfen äußert. Dale stellte fest, daß das Alkaloid Ergotoxin für diese Krankheitserscheinungen verantwortlich ist. Dale hatte bereits bei Welcome nachgewiesen, daß künstlich hergestelltes Histamin zu heftigen physiologischen Reaktionen bei den Versuchstieren führte. Mit der Freisetzung dieses Gewebehormons aus dem Mutterkornpilz gelang zum ersten Mal dessen Isolierung aus einem Lebewesen. Darüber hinaus entdeckte der britische Physiologe, daß Acetylcholin die Muskeltätigkeit der Tiere stimulierte.

Ab 1929: Erfolge bei der Nervenforschung 1929 fand er Acetylcholin bei Nervenuntersuchungen in geringer Konzentration auch im tierischen Muskel. Es war bekannt, daß Nervenimpulse auf elektrischen Spannungsänderungen basieren. Da zwischen zwei Nerven winzige Lücken bestehen, war Loewi der Meinung, auch chemische Substanzen seien am Prozeß der Impulsweiterleitung beteiligt. 1921 konnte der deutsche

Pharmakologe nachweisen, daß bei der Nervenreizung chemische Stoffe gebildet werden, die für den Reizerfolg notwendig sind. Die entscheidende Idee zum experimentellen Nachweis soll Loewi im Traum gekommen sein: Er füllte ein einzelnes Froschherz mit physiologischer Kochsalzlösung und reizte den anhängenden Vagusnerv (Eingeweidenerv), was eine hemmende Wirkung am Herzen auslöste. Er entnahm die Füllflüssigkeit, die an einem anderen – ungereizten – Herzen die gleiche Wirkung brachte. Die Substanz, die der Vagusnerv an das Herz weitergegeben hatte, war nichts anderes als das von Dale vorher schon gefundene Acetylcholin.

Henry Dale

Otto Loewi
(3.6.1873–25.12.1961)

Loewi war ein erfolgreicher österreichischer Pharmakologe, der zusammen mit Dale die chemische Erregungsübertragung zwischen den Nervenzellen durch Acetylcholin entdeckte. Loewi studierte Medizin in Straßburg und München und promovierte 1896 zum Dr. med. Nach seiner Habilitation 1900 erhielt er Professuren in Wien (1905) und Graz (1909). Nachdem die Nationalsozialisten 1938 sein Heimatland annektiert hatten, emigrierte der jüdische Wissenschaftler nach London. Über Lehrtätigkeiten in Brüssel und Oxford kam Loewi nach New York, wo er im Alter von 88 Jahren starb.

Die Hauptschwierigkeit für Dale, das Acetylcholin zu identifizieren und damit nachzuweisen, lag vor allem darin, daß es in sehr geringen Mengen gebildet wird und sofort nach der Ausschüttung im Körper zerfällt. 1936 erhielten Dale und Loewi den Nobelpreis für Physiologie (Medizin) «für ihre Entdeckungen bei der chemischen Übertragung der Nervenimpulse».

Ab 1936: Wachsendes internationales Renommee Dale, inzwischen weltweit beachtet, wurde Präsident der Royal Society (1940–45) und Direktor des Royal Institute of Great Britain (1942–46). Nach Beendigung des 2. Weltkriegs setzte er sich für die Einhaltung internationaler Qualitätsstandards bei der Herstellung von Medikamenten ein. Außerdem nutzte er seine Position immer wieder, um die militärisch motivierte Atomforschung und die Vereinnahmung der Naturwissenschaften durch die Politik zu kritisieren. Dale starb 1968 im Alter von 93 Jahren in Cambridge.

Peter Joseph Wilhelm Debye

(24.3.1884–2.11.1966)

▸ «Der Herr des Moleküls» ◂

Der niederländisch-amerikanische Naturwissenschaftler beschäftigte sich erfolgreich mit fast allen Bereichen der theoretischen Physik, vor allem aber mit der Struktur von Molekülen. Sowohl in den Untersuchungen der molekularen Dipole als auch bei seinen Arbeiten zur Röntgenstrukturanalyse verstand es Debye meisterhaft, die Verbindung zwischen Theorie und Experiment herzustellen. Schon zu Lebzeiten wurde Debye von seinen Kollegen als «The Master of the Molecule» bezeichnet.

Nach der Schulzeit in seiner Heimatstadt Maastricht studierte Debye Elektrotechnik an der nahegelegenen Technischen Hochschule Aachen (Abschluß 1905). Ein Jahr später wechselte er gemeinsam mit dem Physik-Theoretiker Arnold Sommerfeld nach München, der dorthin berufen worden war. Nach der Promotion in Physik (1908) blieb Debye noch drei Jahre als Privatdozent in München, um dann die Nachfolge Albert Einsteins als Professor für Theoretische Physik in Zürich anzutreten. Nur ein Jahr später kehrte Debye, gerade 28jährig, in seine Heimat zurück und wurde Professor für Theoretische Physik in Utrecht. Nach seiner Heirat 1913 (zwei Kinder) ging er als Professor nach Göttingen, einer der damaligen Hochburgen der theoretischen Physik.

Ab 1911: Erfolge des Allroundtalents Die Vielfalt der Arbeitsfelder Debyes wurde schon in seinen ersten Jahren als Professor deutlich. Trotz häufiger Stellenwechsel konnte er zwischen 1911 und 1916 auf vielen unterschiedlichen Arbeitsgebieten wichtige Ergebnisse publizieren: So leitete er in Anlehnung an die Erkenntnisse Einsteins eine Theorie der spezifischen Wärme ab, die er auf feste Körper anwandte (sog. Debyesche Theorie), und formulierte – gemeinsam mit dem Schweizer Physiker Paul Scherrer – eine neue Methode der Röntgenstrukturanalyse. Dieses sogenannte Debye-Scherrer-Verfahren hatte den Vorteil, daß lediglich ein Kristallpulver und keine aufwendig herzustellenden großen Einkristalle benötigt wurden.

Außerdem entwickelte er das Konzept der permanenten molekularen Dipole: Er erkannte, daß viele Moleküle die Eigenschaften elektrischer Dipole aufweisen, da ihre elektrischen Ladungen unterschiedlich auf die Atome des Moleküls verteilt sind (Theorie der polaren Moleküle). Infolge dieser Arbeit wird die Einheit des elektrischen Dipolmoments – die negative bzw. positive Ladung am Ende der Moleküle – als «Debye» bezeichnet.

Debye erklärte nicht nur den polarisierenden Einfluß elektrischer Felder auf Moleküle, sondern erkannte außerdem die Bedeutung der Temperatur für die Dielektrizitätskonstante (Faktor für die elektrischen Eigenschaften von Stoffen; Dielektrikum = elektrisch nicht leitender, durchlässiger Stoff).

Ab 1920: Beginn mit Ionenforschung 1920 kehrte Debye als Professor für Experimentalphysik und Direktor des Physikalischen Instituts an die Eidgenössische Technische Hochschule in Zürich zurück. Mit seinem Assistenten Erich Hückel beschäftigte er sich hier mit dem Verhalten von Ionen in Lösungen. Zusammen veröffentlichten die Wissenschaftler 1923 die heute als «Debye-Hückel-Theorie» der Elektrolyte bekannte Beschreibung der elektrischen Leitfähigkeit von Salzlösungen. Im selben Jahr beschäftigte sich Debye theoretisch mit der Herstellung von tiefstmöglichen Temperaturen (sogenannte Theorie der adiabatischen Entmagnetisierung). Vier Jahre später wechselte er erneut die Wirkungsstätte, als er einem Ruf nach Leipzig folgte. Die dortige Professur in Experimentalphysik galt zu dieser Zeit als die lukrativste wissenschaftliche Position in Deutschland. Durch Debye wurde die Messestadt – wie schon zu Zeiten des deutschen Physikochemikers Friedrich Wilhelm Ostwald – eine Forschungs-Hochburg der physikalischen Chemie.
In den 30er und 40er Jahren befaßte er sich außerdem mit der Molekülstruktur von Kunststoffen (Polymeren). 1934 ging Debye nach Berlin und wurde dort – obwohl immer noch niederländischer Staatsbürger – Professor für Theoretische Physik und Direktor des Kaiser-Wilhelm-Instituts für Physik im nationalsozialistisch beherrschten Deutschland.

Peter Debye

1940: Emigration 1936 wurde Debye für seine Arbeiten über die Struktur von Molekülen der Nobelpreis für Chemie verliehen. Er blieb noch knapp vier Jahre in Deutschland, bis ihm die NS-Herrscher untersagten, sein Labor zu betreten, wenn er nicht die deutsche Staatsangehörigkeit annähme. Debye, der sich kaum für Politik interessiert hatte, emigrierte in die USA, wo er trotz früherer Gastvorträge an Hochschulen und verschiedener Angebote für Professuren an großen Universitäten nie hatte leben wollen. Bis zu seiner Emeritierung 1952 war Debye Professor an der Cornell University in Ithaca/New Jersey. 1946 nahm er die amerikanische Staatsbürgerschaft an. Im Alter von 81 Jahren starb er in New York.

Max Delbrück

(4.9.1906–9.3.1981)

▸ Viren als Schlüssel zur Genetik ◂

Der deutsch-amerikanische Mitbegründer der Molekularbiologie und Bakteriengenetik beschrieb die Vorgänge, die sich beim Befall von Bakterien mit Bakteriophagen (Viren) ereignen. Durch seine Initiative wurden Viren weltweit als geeignetste Standarduntersuchungsobjekte in der genetischen Forschung erkannt und verwendet. Delbrück klassifizierte Viren als infektiöse Gene, wodurch Wege eröffnet wurden, um Virusinfektionen wie Polio, Masern, Röteln und Mumps zu bekämpfen.

Das siebte Kind des Berliner Geschichtsprofessors Hans Delbrück wuchs in gutbürgerlichen Verhältnissen auf. Durch den engen Kontakt seiner Eltern mit vielen hervorragenden Geistesgrößen seiner Zeit genoß Max Delbrück ein intellektuelles Klima, das ihn nachhaltig prägte. Auch zu den Naturwissenschaften hatte er durch seine Familie ein spezielles Verhältnis: Sein Urgroßvater war der weltberühmte Chemiker Justus von Liebig.

Ab 1924: Internationale Ausbildung Von 1924 bis 1929 studierte Delbrück Astrophysik, theoretische Physik und Mathematik in Tübingen, Bonn, Berlin und Göttingen, wo er 1930 bei Max Born promovierte. Seine weitere Ausbildung führte ihn zunächst nach Bristol und anschließend als Mitarbeiter der österreichischenPhysikerin Lise Meitner an das Kaiser-Wilhelm-Institut für Chemie in Berlin. Ein Stipendium der Rockefeller-Foundation verhalf ihm 1931 zu einem Forschungsaufenthalt in Kopenhagen bei Niels Bohr. Der dänische Physiker förderte Delbrücks Interesse für die Biologie.

30er Jahre: Einstieg in die Genforschung Strahlenversuche des amerikanischen Genetikers Hermann Joseph Muller hatten ergeben, daß Mutationen bei Fruchtfliegen durch negativ geladene Partikel ausgelöst werden. Die daraus abgeleitete Idee, daß Gene molekulare Struktur haben könnten, war neu. Beeinflußt von Bohr und dem russischen Genetiker Nikolai Timofejew-Ressowski, machte sich Delbrück auf die Suche nach dem Aufbau von Genen. 1936 erschienen die mit Timofejew-Ressowski veröffentlichten Werke «Kosmische Strahlung und Ursprung der Arten» sowie «Strahlengenetische Versuche über sichtbare Mutationen und die Mutabilität einzelner Gene bei Drosophila melanogaster» (Taufliege). Ideen aus diesen Schriften nahm der österreichische Physiker Erwin Schrödinger in sein Buch «What is life» (1945) auf.

1937–40 ging Delbrück als Stipendiat der Rockefeller-Stiftung an das California Institut for Technology in Pasadena und arbeitete sich dort bei Thomas Hunt Morgan in dessen Untersuchungen mit Taufliegen ein. Obwohl alle Experten diese Fliegen

Max Delbrück (links) erhält den Nobelpreis aus der Hand von König Gustaf Adolf, 1969

für Forschungen verwendeten, erkannte Delbrück, daß Viren, die Bakterien angreifen (Bakteriophagen), aufgrund ihres einfachen Aufbaus besonders geeignete Forschungsobjekte für die Genetik sind. Mit seinen Untersuchungen über Bakteriophagen an der Universität von Nashville/Tennessee (1940–47) wollte Delbrück das Rätsel der genetischen Grundlagen des Lebens aufklären. Zusammen mit seinen US-Kollegen Alfred Hershey und Salvador Luria baute Delbrück ein weltweites Netz von Arbeitsgruppen mit Wissenschaftlern aus unterschiedlichen naturwissenschaftlichen Gebieten auf. Sie organisierten Phagen-Kongresse und vertiefende Phagen-Kurse, wodurch das Interesse der Immunologie, der Krebsforschung und der Neurobiologie an Viren als Untersuchungsobjekten, an Genetik und an der neuen Molekularbiologie geweckt wurde.

1941 hatte Delbrück Mary Bruce geheiratet (vier Kinder). Fünf Jahre später wurde der Forscher, der nach dem 2. Weltkrieg die amerikanische Staatsbürgerschaft angenommen hatte, am California Institute for Technology Professor für Biologie.

Gut 30 Jahre nach Aufnahme ihrer Untersuchung erhielten Delbrück, Luria und Hershey 1969 den Nobelpreis für Biologie. Delbrück starb mit 74 Jahren nach längerer Krankheit in Pasadena.

Viren

Submikroskopische Erreger von Infektionskrankheiten. Wie von Delbrück 1946 entdeckt, sind Viren die kleinsten Einheiten, die die Fähigkeit zur identischen Reduplikation und Mutation aufweisen. Da sie fast ausschließlich aus Erbsubstanz bestehen, stellen sie die primitivste Form des Lebens dar. Sie sind nur lebensfähig, wenn sie lebende Zellen angreifen und deren Stoffwechselwege nutzen. Die einfachste Form dieses Angriffs ist der Befall einzelliger Organismen (Bakterien) zur Bildung von Bakteriophagen. Dabei stellte Delbrück fest, daß Bakterien durch Mutationen Resistenz gegenüber Phagen entwickeln können.

Otto Paul Hermann Diels

(23. 1. 1876 – 7. 3. 1954)

▸ Diensynthese verändert organische Chemie ◂

Wichtigste Leistung des deutschen Chemikers war die Entwicklung der Diensynthese (Diels-Alder-Reaktion), einer leistungsfähigen Synthesemöglichkeit in der organischen Chemie, durch die schnelle Duftstoff-, aber auch Insektizidproduktion in großem Umfang möglich wurde. 1950 erhielten Diels und sein Schüler Kurt Alder den Chemie-Nobelpreis.

Diels stammte aus einer Hamburger Akademikerfamilie. Sein Vater war Professor für Klassische Philologie in Berlin, seine Mutter die Tochter eines Richters. Schon als Schüler führte er zusammen mit seinem Bruder Ludwig chemische Experimente durch. Mit 19 Jahren nahm er das Chemiestudium in Berlin auf und promovierte 1899 mit einer Arbeit über Cyanfarbstoffe. Er wurde zunächst Assistent des deutschen Chemikers Emil Fischer, hielt 1904 nach seiner Habilitation erste Vorlesungen und begann mit der Arbeit an einem allgemeinverständlichen Lehrbuch der organischen Chemie (erschienen 1907).

Ab 1906: Cholesterol-Untersuchung Diels' Forschungsgebiet war die organische Chemie, auch wenn ihm sein erster Erfolg mit einem anorganischen Molekül gelang: 1906 synthetisierte er ein neues Kohlenstoffoxid, das Kohlensuboxid C_3O_2, indem er aus Malonsäure Wasser abspaltete. Im selben Jahr begann er mit der Untersuchung der Struktur des Cholesterols (Cholesterins). Dabei versuchte er, das aus Gallensteinen isolierte Biomolekül in bekannte Bausteine zu zerlegen. Es gelang ihm, durch Oxidation eine als «Diels' Säure» bekannte Substanz zu erzeugen. Damit konnte eine gerade von dem deutschen Chemiker Adolf Windaus vorgeschlagene Struktur des Cholesterols widerlegt werden. Diels entschied, zunächst das Grundgerüst des Cholesterols zu entwickeln. Diese Arbeiten erstreckten sich über viele Jahre, und erst 1927 schaffte es der deutsche Wissenschaftler, das in der Folge als «Diels' Kohlenwasserstoff» bezeichnete Grundgerüst zu synthetisieren.

1928: Diensynthese Ein wichtiges «Abfallprodukt» dieser Forschungsresultate war die Einführung von Selen als mildes Oxidationsmittel in die organische Synthese. «Diels' Kohlenwasserstoff», wissenschaftlich als «3'-Methyl-1,2-cyclopentenophenantren» bezeichnet, erwies sich als Grundbaustein zahlreicher Biomoleküle. Zusammen mit seinem Assistenten Kurt Alder entwickelte Diels, der 1916 als Direktor des Chemischen Instituts nach Kiel an die dortige Christian-Albrecht-Universität gewechselt war, im Verlauf von über 20 Jahren einen der zentralen Reaktionstypen der modernen Chemie: 1928 gelang es beiden Wissen-

schaftlern, aus Maleinsäureanhydrid und Cyclopentadien eine neue Ringverbindung zu erzeugen. Im Verlauf ihrer Arbeiten zeigten sie, daß Reaktionen dieses Typs schon bei milden Temperaturen und mit hoher Effektivität ablaufen können. Dabei werden an die Ausgangsstoffe zwei Bedingungen geknüpft: Die eine Substanz, das Dien, muß zwei Doppelbindungen in einer bestimmten Anordnung, die andere, das Dienophil («doppelbindungsliebend»), eine Doppelbindung und elektronenanziehende Gruppen enthalten, damit die heute als «Diels-Alder-Reaktion» bekannte Synthese gut ablaufen kann.
Mit dieser Reaktion konnten in den darauffolgenden Jahren die Strukturen zahlreicher biologischer Moleküle durch Synthese aufgeklärt werden. Diels veröffentlichte insgesamt 33 Aufsätze über die praktische Anwendung dieser neuen Synthesemethode. Der theoretische Aspekt der Diels-Alder-Reaktion lieferte neue grundlegende Einsichten in die Abläufe organisch-chemischer Reaktionen. Mittlerweile geht man davon aus, daß bei der Reaktion von Dien und Dienophil ein sogenannter aromatischer, also benzolähnlicher Übergangszustand durchlaufen wird, so daß es möglich ist, bereits im vorhinein Aussagen darüber zu treffen, ob zwei Moleküle nach dem Diels-Alder-Mechnismus reagieren können oder nicht. Kann zwischen den beiden Molekülen keine benzolähnliche Struktur gebildet werden, so ist dieser Reaktionsweg «verboten» und die hohen Ausbeuten der Diels-Alder-Reaktion werden nicht erreicht.

Otto Diels

1944/45: Im kurzzeitigen Ruhestand

Gegen Ende des 2. Weltkriegs trafen Diels mehrere berufliche wie private Schicksalsschläge: Zwei seiner Söhne fielen an der Ostfront, und sein Institut – wie auch sein Haus – wurden bei Luftangriffen völlig zerstört. 1944 bat Diels daher um seine Versetzung in den Ruhestand, die im März 1945 wirksam wurde. Nach dem Krieg gab er jedoch den Bitten nach, seine Arbeiten fortzusetzen, und übernahm 1946–48 mit 70 Jahren unter schlechtesten Bedingungen erneut die Position des Direktors des Chemischen Instituts. 1950 erhielt er mit seinem Kollegen Kurt Alder für die Entwicklung der Diensynthese den Chemie-Nobelpreis. Diels starb 1954 mit 78 Jahren in seiner Kieler Wahlheimat.

Paul Adrien Maurice Dirac

(8.8.1902–20.10.1984)

▸ Gleichung für Elementarteilchen ◂

Der britische Physiker gehörte zu den Begründern der Quantentheorie und schuf die mathematischen Grundlagen der Quantenmechanik. In der nach ihm benannten Dirac-Gleichung (1928) ordnete er dem Elektron sowohl eine positive wie eine negative Ladung zu, was 1932 zur Entdeckung des positiven Elektrons (Positron) führte.

Dirac wurde als Sohn eines Schweizers und einer Engländerin in Bristol geboren. Nach dem Schulabschluß begann er, in seiner Heimatstadt Elektrotechnik zu studieren, wechselte jedoch bald auf Mathematik über. 1921 kam er mit einem Stipendium nach Cambridge, wo er fünf Jahre später promovierte.

1925: Allgemeine Quantentheorie Ein Besuch des deutschen Physikers Werner Heisenberg 1925 in Cambridge machte Dirac mit der Quantenmechanik vertraut. Bei seiner Abreise hinterließ ihm Heisenberg die Korrekturabzüge seiner Abhandlung über die Matritzenmechanik. Dirac entwickelte aus den vorgezeichneten Ideen eine verallgemeinernde Quantenmechanik, in die er die Wellenmechanik Erwin Schrödingers miteinbezog. 1926 stellte Dirac gleichzeitig mit dem italienischen Physiker Enrico Fermi (aber unabhängig von ihm) eine Quantenstatistik gleichartiger Elementarteilchen (Elektronen, Protonen, Neutronen) vor, die als Fermi-Dirac-Statistik Eingang in die Physik fand.

1928: Dirac-Gleichung Eine Abänderung von Schrödingers Wellengleichung (die grundlegende Bewegungsgleichung atomarer Teilchen) führte der britische Physiker 1928 zu einer partiellen Differentialgleichung, die für alle Elementarteilchen grundlegend wurde. Mit der sog. Dirac-Gleichung läßt sich der jeweilige quantenmechanische Zustand eines Elektrons bestimmen; die Werte für die Eigenrotation (Spin) und das magnetische Moment ergeben sich von selbst.

Dirac brachte mit seiner Formel die Wellenmechanik mit der Relativitätstheorie in Übereinstimmung. Nach der Relativitätstheorie verlaufen die mechanischen, elektronischen und optischen Vorgänge in einem gleichförmig bewegten Raum genau so ab wie in einem ruhenden. Mathematisch ausgedrückt bedeutet dies, daß sich Gleichungen der Physik nicht ändern dürfen, wenn sie von einem ruhenden auf ein gleichförmig bewegtes Koordinatensystem übertragen werden. Diese Bedingung jedoch erfüllte die Schrödinger-Gleichung nicht. Grund waren Schwierigkeiten Schrödingers bei der Einbeziehung des Spins.

Dirac betrachtete nun diese Eigenrotation als notwendig für das Elektron, um sich im gleichförmig bewegten wie im ruhenden Raum gleich zu verhalten. Folglich ergibt sich der Wert für den Spin von selbst aus dem jeweiligen quantenmechanischen Zustand des Elektrons.

1928: Voraussage des Positrons In seiner Gleichung ordnete Dirac dem Elektron sowohl einen positiven wie einen negativen Energiezustand zu. Dies war eine physikalische Sensation, da das Elektron bislang als ausschließlich negativ geladenes Elementarteilchen betrachtet worden war. 1930 faßte Dirac seine Forschungsergebnisse in dem Werk «The Principles of Quantum Mechanics» zusammen. Zwei Jahre später entdeckte der Amerikaner Carl D. Anderson bei Experimenten in der Nebelkammer ein Elektron, das eine «falsch» gekrümmte Flugbahn aufwies: Es handelte sich um das von Dirac vorausgesagte positiv geladene Elektron, das sog. Positron.

1933: Nobelpreis 1932 wurde Dirac in Cambridge auf den Lehrstuhl für Mathematik berufen, den bereits Isaac Newton im 17. Jahrhundert innegehabt hatte. 1933 erhielt Dirac gemeinsam mit Schrödinger «für die Entdeckung neuer produktiver Formen der Atomtheorie» den Physik-Nobelpreis.

Nach dem 2. Weltkrieg war Dirac 1947/48 am Institute for Advanced Studies in Princeton (USA) tätig. 1954 lud ihn Robert Oppenheimer zu einem einjährigen Forschungsaufenthalt ein, doch die US-Regierung verweigerte Dirac das Einreisevisum. Hintergrund war die Suspendierung von Oppenheimer, der sich dem Bau der Wasserstoffbombe widersetzt hatte, sowie die antikommunistische Stimmung im Kalten Krieg: Dirac hatte mehrfach Reisen in die Sowjetunion unternommen.

Paul Dirac, 1962

Ab 1960: Skepsis In den 60er Jahren stand Dirac den eigenen wissenschaftlichen Erkenntnissen zunehmend skeptisch gegenüber. Er kam zu der Schlußfolgerung, daß die fundamentalen Gesetze der Quantenmechanik noch immer unbekannt seien. Zwei Jahre nach seiner Emeritierung 1969 kehrte Dirac England den Rücken und nahm eine Professur an der Florida State University in Tallahassee an. 1975 veröffentlichte er eine Zusammenfassung seiner Forschungen in der Schrift «General Theory of Relativity». 1984 starb er im Alter von 82 Jahren in seinem neuen Heimatort.

Gerhard Johannes Paul Domagk

(30.10.1895–24.4.1964)

▸ Farbstoffe gegen Infektionen ◂

Der deutsche Chemotherapeut untersuchte die Wirkungen chemischer Verbindungen auf kranke menschliche Organismen. Mit dem Nachweis der bakteriziden Wirkung von Sulfonamiden begann ein neues Zeitalter in der Bekämpfung bakterieller Infektionskrankheiten.

Der Sohn eines Lehrers wurde in Lagow/Brandenburg geboren. Nach seiner Schulzeit nahm Domagk 1914 in Kiel ein Medizinstudium auf, das er – unterbrochen durch den Einsatz als Sanitäter im 1. Weltkrieg – 1921 mit seiner Promotion beendete (Habilitation 1924). 1924/25 lehrte er als Privatdozent für Pathologie an der Universität Greifswald und wechselte 1925 an die Universität Münster, wo er drei Jahre später eine außerordentliche Professur für Allgemeine Pathologie und Pathologische Anatomie erhielt.

Ab 1929: Wechsel zur Industrie In Münster beschäftigte sich Domagk zunächst mit der Erforschung von Tumorerkrankungen. 1927–29 ließ er sich für Forschungsarbeiten bei der I. G. Farbenindustrie Wuppertal (Bayer-Werke) freistellen. Mit Übernahme des Vorsitzes im Institut für experimentelle Pathologie und Bakteriologie der I. G. Farben entschloß er sich 1929, ganz in die Industrie zu wechseln. Seitdem war er vor allem mit der Suche nach Stoffen zur Bekämpfung von Infektionskrankheiten beschäftigt.
Domagk testete sämtliche neuentwickelten Farbstoffe der Bayer AG auf ihre bakterientötende Wirkung. Wie Paul Ehrlich war er fest davon überzeugt, daß bestimmte Farbstoffe, als «silberne Kugel» gegen Infektionskrankheiten eingesetzt, in der Lage seien, Bakterien abzutöten, ohne den von ihnen befallenen Wirtsorganismen zu schaden.

1932: Erfolg mit Sulfonamid Domagk beschäftigte sich bei der Suche nach dem geeigneten Wirkstoff mit den in den 20er Jahren synthetisierten Farbstoffen aus der Gruppe der Sulfonamide. Die langwierigen Untersuchungen zahlten sich 1932 aus: Der orangerote Sulfonamid-Farbstoff (Handelsbezeichnung Prontosil) machte ihn schlagartig weltbekannt. Mäuse, die mit Streptokokken infiziert worden waren, wurden nach Injektion von Prontosil innerhalb kürzester Zeit gesund, und es zeigten sich keinerlei Folgeschäden durch den Wirkstoff.
Erste Untersuchungen zur Wirkung von Prontosil bei Infektionen des Menschen mit Streptokokken wurden auf höchst dramatische Weise durchgeführt: Bei einem Laborunfall hatte sich Domagks Tocher Hildegard an einer mit Bakterien verseuchten Nadel infiziert. Alle zur Verfügung stehenden Medikamente führten bei der sich anschließenden

Erkrankung zu keiner Heilung. Domagk entschloß sich, Prontosil zu injizieren, als sich der Zustand seiner Tochter weiterhin dramatisch verschlechterte. Das Mittel führte zu ihrer schnellen Genesung.
1935 wurde Prontosil offiziell als Medikament eingeführt. Damit war zum erstenmal eine chemische Substanz gefunden worden, die als Chemotherapeutikum gegen bakterielle Infektionskrankheiten eingesetzt werden konnte. Die Etablierung von Prontosil als Chemotherapeutikum verzögerte allerdings weitere Forschungsanstrengungen, um das 1928 von Alexander Fleming entdeckte Penicillin weiterzuentwickeln.
Einen bedeutenden Hinweis für die einsetzende Suche nach weiteren Sulfonamid-Medikamenten lieferte der Schweizer Pharmakologe Daniel Bovet. Er konnte nachweisen, daß es nicht der Farbstoff Prontosil selber ist, der den eigentlichen Wirkeffekt auslöst. Erst das durch den Stoffwechselprozeß des Prontosils im Organismus entstehende Spaltprodukt Sulfanilamid tötet die Bakterien ab.

Gerhard Domagk

1939: Nobelpreis für Medizin Domagk forschte weiter und fand Sulfonamid-Farbstoffe gegen verschiedene, häufig tödlich verlaufende Infektionskrankheiten, z. B. gegen Lungenentzündung. 1939 wurde Domagk der Medizin-Nobelpreis verliehen. Allerdings durfte er die Auszeichnung nicht annehmen, weil auf Anweisung Hitlers seit der Verleihung des Friedens-Nobelpreises an den von den Nationalsozialisten inhaftierten Carl von Ossietzky (1935) kein Deutscher den Preis mehr entgegennehmen durfte. Domagks öffentliche Kritik brachte auch ihn ins Gefängnis, das er jedoch bald wieder verlassen konnte. Zwei Jahre nach Ende des 2. Weltkriegs wurde Domagk die Ehrung doch noch zuteil.

Ab 1940: Arbeiten zur Tuberkuloseforschung Noch während des Kriegs beschäftigte sich Domagk mit Möglichkeiten, die Tuberkulose durch Chemotherapie zu heilen. Ab 1943 entwickelte er ein erstes Mittel gegen die Lungentuberkulose. In den 50er Jahren versuchte er sich verstärkt in der Krebsforschung. Seine Medikamente brachten jedoch nicht den erhofften Durchbruch. Domagk blieb in Münster, wo er bis kurz vor seinem Tod als Professor tätig war. Im Alter von 68 Jahren starb er in Burgberg/Schwarzwald.

Paul Ehrlich

(14.3.1854–20.8.1915)

▸ Geschlechtskrankheit verliert Schrecken ◂

Der deutsche Mediziner gilt als Begründer der modernen Chemotherapie. Mit seiner Serumforschung und neuen Diagnosemöglichkeiten durch Blut- und Zellenfärbung hat Ehrlich die Immunologie revolutioniert, wofür er 1908 den Medizin-Nobelpreis erhielt. Sein größter Erfolg war die Entdeckung des Syphilis-Mittels Salvarsan.

Der im schlesischen Strehlen geborene langersehnte Stammhalter eines jüdischen Kleinunternehmers studierte in Breslau, Straßburg und Freiburg Medizin. Nach dem Staatsexamen (1877) promovierte er in Leipzig über das Thema «Beiträge zur Theorie und Praxis der histologischen Färbung».

Ab 1877: Zell- und Gewebefärbung
In seiner ersten wissenschaftlichen Karrierephase wandte Ehrlich verschiedene Färbemethoden bei Zellen und Geweben an, um ihre Funktion aufklären zu können. Die Färbung von Untersuchungsobjekten für mikroskopische Zwecke gewann in den 70er Jahren des 19. Jahrhunderts zunehmend an Bedeutung. Dabei machte man sich zunutze, daß verschiedene Zellen und Gewebe Farbstoffe unterschiedlich adsorbieren, wodurch sie besser zu unterscheiden waren.
Während seiner Dissertation hatte Ehrlich unter den unterschiedlich einfärbbaren weißen Blutkörperchen die sog. Mastzellen entdeckt, die eine wichtige Funktion bei Immunreaktionen spielen. 1882 machte der deutsche Mediziner auch Tuberkulosebazillen durch Färbung sichtbar.
Nach der Promotion untersuchte er als Angestellter der Berliner Charité ab 1878 den Sauerstoffbedarf verschiedener Körpergewebe durch Anfärbung mit Methylenblau. Die Ergebnisse dieser mehrjährigen Forschungsarbeit stellte er in seinem Werk «Das Sauerstoffbedürfnis des Körpers» (1895) dar.
1883 heiratete er die 19jährige Hedwig Pinkus (zwei Kinder). Ein Jahr später hielt er als Titularprofessor erste Vorlesungen. An der Charité leitete Ehrlich mit den Untersuchungen über die Morphologie, Physiologie und Pathologie des Blutes ein neues Zeitalter der Hämatologie ein und entwickelte Methoden zur Entdeckung und Unterscheidung von Leukämie und Anämie.

Ab 1890: Immunologie-Forschung
1888 stellte Ehrlich bei sich selbst eine Tuberkuloseerkrankung fest. Er reiste nach Ägypten, wo er die Krankheit mit einer von Robert Koch entwickelten Methode in zwei Jahren erfolgreich behandelte. Nach seiner Rückkehr nahm Ehrlich eine Anstellung bei Koch in dessen Institut für Infektionskrankheiten an. Ehrlich, ab 1891 auch Professor an der Universität in Berlin, stellte

grundlegende Theorien zur Bildung und Reaktion von Antikörpern auf, darunter die Seitenketten-Theorie, nach der Ketten von Eiweißmolekülen für die Anlagerung von Immungiften verantwortlich sind (die Grundlage für Antigen-Antikörper-Reaktionen).
1896 wurde Ehrlich Direktor des Instituts für Serumforschung und -prüfung in Berlin, ein Jahr später Königlich-Medizinischer Staatsrat. Seine Stellung als Direktor des neugegründeten Königlich-Preußischen Instituts für Experimentelle Therapie in Frankfurt hatte er von 1899 bis zu seinem Tod (1915) inne. In dieser Einrichtung, die später in Paul-Ehrlich-Institut umbenannt wurde, leitete der Kettenraucher (ca. 25 Zigarren pro Tag) die staatliche Kontrolle über die Bewertung immunotherapeutischer Medikamente, erforschte Krebserkrankungen und entwickelte verschiedene neue chemotherapeutische Methoden.

Paul Ehrlich

1900: Beginn der Chemotherapie-Forschung Ehrlich, der nach der Veröffentlichung seiner Schrift «Gesammelte Arbeiten zur Immunitätsforschung» (1904) als Autorität auf dem Gebiet der Immunität galt, fand 1904, zusammen mit seinem japanischen Assistenten Kiyoshi Shiga, in dem stickstoffhaltigen Farbstoff Trypanrot ein wirksames Mittel gegen die Schlafkrankheit. Weltruhm erlangte der Serologe – gemeinsam mit dem japanischen Bakteriologen Sahatshiro Hata – durch die Entdeckung von Salvarsan, dem ersten Mittel gegen Syphilis. Mit diesem Wirkstoff, der ab 1909 zur Verfügung stand und vom Chemieunternehmen Hoechst hergestellt wurde, hatte Ehrlich – Nobelpreisträger von 1908 – nach jahrelanger systematischer Arbeit die von allen Medizinern erhoffte «silberne Kugel» gefunden: ein Mittel, das Krankheitserreger (hier der bakteriellen Infektionskrankheit Syphilis) angreift, ohne den gesamten Organismus zu schädigen. Salvarsan wurde bald überall in der Welt gegen Syphilis eingesetzt. Nach zwei Schlaganfällen, die auch durch ungerechtfertigte Kritik nach Zwischenfällen bei Überdosierungen seines Chemotherapeutikums ausgelöst wurden, starb Ehrlich mit 61 Jahren in Berlin. Die Londoner «Times» übertitelte ihre Kriegsausgabe des folgenden Tages mit der Überschrift: «Die ganze Welt ist zu dieser Stunde in seiner Schuld».

Manfred Eigen

(*9.5.1927)

Für seine Leistung, chemische Reaktionen, die nur den Bruchteil einer Sekunde dauern (z. B. bei Stoffwechselenzymen), durch Hochdruck, Schallwellen und Temperaturschocks meßbar zu machen, erhielt der deutsche Naturwissenschaftler 1967 den Chemie-Nobelpreis. In den 90er Jahren arbeitet er u. a. an einem verbesserten Aids-Test.

Der Sohn eines Cellisten der Bochumer Symphoniker wuchs in einem von den «schönen Künsten» geprägten Elternhaus auf. Eigen spielte bereits mit sechs Jahren Klavier, trat später sogar als Pianist auf und war mit seiner Mutter häufiger Gast in den Theatern von Ruhrgebiet und Rheinland. Fasziniert war er von den deutschen Klassikern (besonders von Goethe).

Ab 1945: Studium in Göttingen Die behütete Jugend war abrupt zu Ende, als Eigen als 15jähriger im 2. Weltkrieg zu einer Luftabwehreinheit eingezogen wurde. Er geriet in amerikanische Gefangenschaft und kehrte im Juli 1945 nach einem zweimonatigen Fußmarsch nach Hause zurück. Im selben Jahr nahm er ein Physikstudium in Göttingen auf und promovierte 1951 in physikalischer Chemie. Nach einigen Jahren als Assistent wechselte Eigen zu Karl-Friedrich Bonhoeffer an das Max-Planck-Institut für Biophysikalische Chemie in Göttingen, dessen Direktor er 1964 wurde.

1967: Nobelpreis für Chemie Hier begann er mit den Arbeiten, für die er 1967 den Chemie-Nobelpreis erhielt: Er entwarf Methoden, mit denen Reaktionen in Lösungen gemessen werden konnten, die zuvor als unmeßbar schnell galten. Mit der von Eigen kreierten Relaxationsmethode gelang es, Reaktionen zu untersuchen, die in Zeitintervallen von weniger als einer Nanosekunde ablaufen. Um solche Reaktionen auslösen zu können, mußten kurze, heftige Energieimpulse eingesetzt werden. Zu diesem Zweck verwendete Eigen Temperaturschocks, Schallwellen und Druckanstieg.

Den für seine Methode verliehenen Nobelpreis teilte sich der deutsche Wissenschaftler mit den Chemikern Ronald Norrish und George Porter aus Cambridge, die unabhängig von ihm eine Möglichkeit zur Messung schneller Reaktionen in der Gasphase entwickelt hatten.

Ab Ende der 60er Jahre: Frage nach Entstehung des Lebens Eigen begann nun, sich einem neuen Forschungsgebiet zuzuwenden, der Frage nach dem Ursprung des Lebens. Der französische Molekularbiologe und Nobelpreisträger Jacques Monod hatte in den 60er Jahren behauptet, daß die Entstehung des Lebens ein großer Zufall gewesen sei, die

Manfred Eigen, 1967

Suche nach Gesetzmäßigkeiten somit hoffnungslos. Eigen schien von dieser Behauptung besonders stimuliert zu werden. Es gelang ihm, die Darwinsche Evolutionstheorie auf eine stabile physikalische Grundlage zu stellen. Er zeigte, daß bei konsequenter Berücksichtigung chemischer und physikalischer Gesetze Leben als Resultat eines schrittweisen Prozesses molekularer Selbstorganisation gebildet wird: Durch eine Verbindung von Nukleinsäuren (Informationsträger) und Proteinen (Funktionsträger) entsteht laut Eigen in einer Kette von Reaktionen (sog. Hyperzyklus) das Leben. Mit Hilfe seiner sog. Göttinger Evolutionsmaschinen wird die Evolution unter Verwendung modernster Techniken auf der Ebene chemischer Reaktionen «nachgespielt».

90er Jahre: Feinstmeßgerät contra Aids Trotz seines starken beruflichen Engagements fand der Familienvater (zwei Kinder) immer wieder Zeit für (kulturelle) Mußestunden, nahm sogar zwei Kammermusik-Schallplatten auf und musizierte mit Kollegen der Max-Planck-Gesellschaft. Berufliche Fachdiskussionen verband der begeisterte Bergsteiger mit jährlichen Skifreizeiten im Kreis von Freunden und Kollegen.
Doch auch die Forschung kam nicht zu kurz: Gemeinsam mit dem schwedischen Biophysiker Rudolf Rigler baute er das sog. Fluoreszenz-Korrelations-Spektroskop (FCS). Mit Hilfe dieses Präzisionsinstruments können sogar einzelne Moleküle nachgewiesen werden. In Kooperation mit dem Göttinger Primatenzentrum arbeitet Eigen an der Entwicklung eines Aids-Tests, der nicht die Antikörper, sondern den HIV-Virus selbst nachweisen soll.
Des weiteren beschäftigt sich Eigen mit der Manipulation der sog. chemischen Evolution. Das ehrgeizige Ziel ist die Herstellung von Medikamenten, die sich durch Mutationen selbst verbessern können.

Albert Einstein

(14.3.1879–18.4.1955)

▸ Physikalische Theorien verändern das Weltbild ◂

Der vielseitige Wissenschaftler zählt neben Kopernikus und Newton zu den größten Physikern aller Zeiten. Die spezielle und allgemeine Relativitätstheorie führten die Physik zu Beginn des 20. Jahrhunderts aus einer Krise.

Der in Ulm geborene Sohn eines jüdischen Kleinunternehmers wuchs in München auf, wohin der Vater aus beruflichen Gründen zog. Albert besuchte das Gymnasium (1890–95), war jedoch kein guter Schüler, da ihn Zwang und militärische Zucht störten. Seinen Neigungen (Mathematik und Musizieren) ging er im Selbststudium nach.

1895: Abschied aus Deutschland Als die Familie nach Italien ging, brach Albert die Schule ab. Er legte die deutsche Staatsbürgerschaft ab und übersiedelte in die Schweiz, wo er in Aarau das Gymnasium beendete (Schweizer Staatsbürger ab 1900). 1897 begann er ein naturwissenschaftliches Studium am Züricher Polytechnikum. Dort lernte er seine erste Frau, die Ungarin Mileva Mařič, kennen (Ehe 1902–14, zwei Söhne; zweite Ehe mit seiner Kusine Elsa, ab 1919).

1905: Spezielle Relativitätstheorie Einsteins Leidenschaft galt der Physik, den Lebensunterhalt verdiente er als Patentbeamter (1902–09) und Nachhilfelehrer in Bern. Die Hauptarbeit zur Entwicklung der späteren Kernphysik leistete Einstein mit der speziellen Relativitätstheorie (1905). Er erkannte die Zeit als relative Größe, was er mit dem sog. Zwillingseffekt verdeutlichte: Zwilling A bleibt auf der Erde, Zwilling B umkreist sie mit annähernder Lichtgeschwindigkeit. Bei seiner Rückkehr ist B weniger gealtert, d. h., die Zeit ist keine absolute Größe, sondern vergeht bei hoher Geschwindigkeit des Körpers, in dem sie gemessen wird, langsamer (sog. Zeitdilatation). Deshalb ergänzte Einstein das dreidimensionale Koordinatensystem (Länge, Breite, Höhe) durch die Dimension Zeit («Raum-Zeit-Kontinuum»). Raum und Zeit wurden nicht länger als separate physikalische Größen angesehen.
Weitere Folgerungen der speziellen Relativitätstheorie: Hält eine Person in einem vorbeifahrenden Zug eine Zeitung, so wird ein außerhalb des Zuges stehender Beobachter die Breite dieser Zeitung geringer einschätzen, als sie tatsächlich ist (Längenkontraktion). Die Höhe bleibt hingegen unverändert. Bei Lichtgeschwindigkeit wäre die Zeitung nur als Strich wahrzunehmen. Gleichzeitig bewies Einstein, daß in der Natur keine höhere Geschwindigkeit als die des Lichts erreicht werden kann. Die spezielle Relativitätstheorie wies außerdem nach, daß die Masse (Gewicht) eines Körpers steigt, wenn er sich in Bewegung befindet.

Aus dieser Überlegung leitete Einstein seine berühmte Formel $E = mc^2$ ab: Energie (E) und Masse (m) wurden nicht länger getrennt untersucht, sondern zusammengefügt und zur Geschwindigkeit des Körpers (c) in Beziehung gesetzt. Daraus folgt, daß Energie in Masse überführt werden kann (und umgekehrt). Mit anderen Worten: Die Masse eines Körpers entspricht einer gewaltigen Energiemenge, die gewissermaßen in seinem Innern «ruht» (atomare Energie: kann Energie in Form von Strahlung abgeben oder aufnehmen; bzw. potentielle Kernenergie: Energie wird durch Kernreaktionen abgegeben).
1907 veröffentlichte er Arbeiten zum photoelektrischen Effekt, die ihm 1921 den Nobelpreis einbrachten und eine Grundlage für Atomphysik und Solarzellen bildeten.

1915: Allgemeine Relativitätstheorie Einstein wurde Professor in Zürich (1909, 1912) und Prag (1911); 1914 folgte er einem Ruf an die Preußische Akademie der Wissenschaften in Berlin. Seine allgemeine Relativitätstheorie ist eigentlich eine Gravitationstheorie, die das Newtonsche Trägheitsgesetz (Energie = Masse x Beschleunigung) aufhob. Einstein stellte fest, daß es im vierdimensionalen Raum keine geraden Linien gibt. Auch Lichtstrahlen werden durch die Masse von Himmelskörpern abgelenkt (Raumkrümmung). Diese Krümmung ist verantwortlich für die Planetenbahnen. Einstein erkannte, daß die Zeit von der Gravitation (Erdanziehung) abhängig ist: Je geringer die Anziehung, desto schneller vergeht die Zeit. Anders ausgedrückt: Auf einem großen Planeten (= große Gravitation) läuft eine Uhr langsamer als ihr Pendant auf einem kleineren Planeten. Wenn Einsteins Theorien stimmen, müssen sog. Gravitationsfelder um alle Planeten existieren. Trotz vieler Versuche ist ihr Nachweis bis heute nicht gelungen.

Albert Einstein

1933: Emigration in die USA Unter dem Eindruck des wachsenden Antisemitismus in Deutschland engagierte sich der weltbekannte Physiker und bekennende Zionist im Völkerbund für Gerechtigkeit und Frieden. 1933 floh er vor den Nationalsozialisten über Belgien in die USA, sieben Jahre später wurde Einstein amerikanischer Staatsbürger. Der überzeugte Pazifist warnte vor den Gefahren einer deutschen Atombombe und schlug den Bau der Bombe in den USA vor, beteiligte sich aber nicht an den Arbeiten. Einstein starb 76jährig in Princeton, wo er seit 1933 lebte.

Enrico Fermi

(29.9.1901–28.11.1954)

▸ Konstrukteur des ersten Kernreaktors ◂

Der gebürtige Italiener war einer der vielseitigsten Forscher auf den Gebieten der theoretischen und experimentellen Physik. In dem von ihm entwickelten Kernreaktor gelang ihm 1942 die erste kontrollierte Kettenreaktion, mit der ungeheure Energiemengen erzeugt werden konnten. Damit schuf er die praktischen Grundlagen für die Entwicklung der Atombombe und die friedliche Nutzung der Kernenergie.

Fermi wuchs in Rom als dritter Sohn eines Eisenbahnangestellten auf. Das introvertierte Kind stöberte gerne in Buchläden und Antiquariaten herum. Im Selbststudium machte er sich an die Lösung anspruchsvoller mathematischer und physikalischer Probleme, die er in gebrauchten Fachbüchern entdeckte.

1926: Fermi-Dirac-Statistik: 1918 begann Fermi ein Physik-Studium an der Universität Pisa, das er vier Jahre später mit der Promotion abschloß. Schnell erkannte er, daß ihm Italien in wissenschaftlicher Hinsicht wenig Entwicklungsmöglichkeiten bot, und wechselte nach Göttingen (1923) und Leiden (Niederlande, 1924). 1926 erhielt er mit nur 25 Jahren den Lehrstuhl für Theoretische Physik an der Universität in Rom.
Zeitgleich mit dem Briten Paul Dirac (aber unabhängig von ihm) stellte Fermi 1926 eine Quantenstatistik gleichartiger Elementarteilchen (Elektronen, Protonen, Neutronen) vor. Ausgehend von dieser sog. Fermi-Dirac-Statistik entwickelte er ein Verfahren zur Beschreibung der Elektronenzustände in der Atomhülle sowie der elektrischen Leitungsmechanismen in Metallen und Festkörpern. Die Teilchen mit halbzahligem Spin (Bezeichnung für den Drehimpuls eines um die eigene Achse rotierenden Körpers) werden seitdem Fermionen genannt. 1929 ernannte der italienische Diktator Benito Mussolini Fermi als einzigen Physiker zum Mitglied der zu Propagandazwecken gegründeten Accademia d'Italia.

1938: Kernumwandlung durch Neutronenbeschuß Den entscheidenden Auftrieb bei seinen kernphysikalischen Experimenten gab Fermi die Entdeckung des Neutrons. Dieses elektrisch neutrale Elementarteilchen hatte der britische Physiker James Chadwick 1932 als erster erkannt. Fermi verwendete nun als Kerngeschosse Neutronen, da diese von den elektrischen Ladungen des Atoms nicht beeinflußt werden. 1938 beschoß er Uran mit abgebremsten Neutronen, um durch die nachfolgende Kernumwandlung neue radioaktive Stoffe zu erhalten, die in der Natur nicht vorkommen (sog. Transurane). Während Fermi glaubte, ein Transuran erzeugt zu haben, hatte er – ohne es zu wissen – als erster Forscher mit der Uranspaltung experimentiert. 1938 erhielt er für die Auffindung neuer radioaktiver Elmente und die Entdeckung von Kernreaktionen, die durch langsame Neutronen herbeigeführt werden, den Physik-Nobelpreis. Einen Monat später gelang Otto Hahn und Fritz Straßmann die erste Uranspaltung.

1938: Emigration Die Bekanntgabe der Nobelpreisverleihung fiel zusammen mit der zunehmend schwierigeren persönlichen Lage des Wissenschaftlers: Mussolini verkündete die Rassengesetze und bedrohte damit die Familie von Fermi, der 1928 die Jüdin Laura Capon geheiratet hatte (zwei Kinder). Die Reise zur Verleihung in Stockholm bot sich daher an, um Italien – ohne im Vorfeld Verdacht zu erregen – zu verlassen. Die Familie reiste per Schiff in die USA, von wo Fermi etliche Forschungsangebote erreicht hatten.

1942: Kettenreaktion Die Nachricht von der ersten Kernspaltung und der Möglichkeit, bei einer Explosion ungeheure Energie freizusetzen, sorgte für Aufregung in aller Welt. Aus Sorge, Hitler könne sich die Entdeckung militärisch zunutze machen, überredeten der in die USA emigrierte Physiker Albert Einstein sowie einige britische Wissenschaftler US-Präsident Theodore Roosevelt zum sog. Manhattan-Projekt. Ziel: Bau der ersten Atombombe.
Im Rahmen des Projekts entwickelte Fermi Möglichkeiten zur nuklearen Kettenraktion und kam 1942 nach Columbia/Illinois, um dort den ersten Kernreaktor zu bauen. Am 2.12.1942 wurde der Reaktor, der

Enrico Fermi

unter einer Sportplatztribüne entstanden war, in Betrieb gesetzt. Mit 52 t Uran erzeugte Fermi eine kontrollierte Kernspaltung sowie eine 28minütige Kettenreaktion – Leistung: 0,5 kW. Doch die Energiegewinnung war Nebensache, denn durch den Reaktor gewannen die Amerikaner die entscheidenden Daten für die Atombombenkonstruktion, an der Fermi mitwirkte.

Ab 1946: Grundlagenforschung Als Professor an der Universität von Chicago, wo er nach Kriegsende lehrte, lieferte Fermi Beiträge zum Verständnis der kosmischen Strahlung. 1951 gelang ihm nach Inbetriebnahme des Chicagoer Zyklotrons (Teilchenbeschleuniger) erstmals der Nachweis von Elementarteilchenresonanzen. Im Alter von 53 Jahren starb er 1954 nach einer Magenkrebsoperation in Chicago.

Hans Fischer

▸ Analytiker der Farbstoffe ◂

(27.7.1881–31.3.1945)

Der deutsche Chemiker erforschte die Zusammensetzung von roten Blut- und grünen Blattfarbstoffen und stellte dabei bemerkenswerte Ähnlichkeiten fest. 1928 gelang ihm die Totalsynthese des Hämins. Kurz vor der Totalsynthese des Chlorophylls wurde sein Labor bei einem Bombenangriff zerstört.

Der Sohn eines Farbstoffchemikers wurde in Höchst bei Frankfurt a. M. geboren. Schon früh begeisterte ihn sein Vater für seinen Beruf. Folgerichtig studierte Hans nach dem Abitur Chemie in Marburg, München und Lausanne. Nach der Promotion zum Dr. phil. schloß er 1904 ein Medizinstudium in München an und promovierte vier Jahre später zum Dr. med. Nach einem einjährigen Forschungsaufenthalt in Berlin bei Emil Fischer, dem Pionier der Naturstoffchemie, nahm er eine Stellung an der Chemischen Abteilung der Uniklinik München an (1910). 1912 habilitierte sich Fischer mit einer Arbeit über den Gallenfarbstoff Bilirubin und wurde im Jahr darauf Privatdozent für Innere Medizin am Physiologischen Institut der Universität München.

Ab 1910: Untersuchung natürlicher Farbstoffe des Stoffwechsels Das Forschungsinteresse Fischers galt zunächst der Zusammensetzung der roten Blutfarbstoffe. Die bisherigen Forschungen hatten ergeben, daß das Hämoglobin aus farblosem Eiweiß (Globin) und einem Farbstoffanteil (Häm) besteht. Aus dem Häm waren eisenfreie Abbauprodukte gewonnen worden, die einer Stoffgruppe ähnelten, die beim Abbau von Magnesiumkomplexen im Chlorophyll der Pflanzen entstanden. In beiden Fällen handelte es sich um Porphyrine. Fischer schloß daraus auf eine enge Verwandtschaft zwischen den roten Blut- und den grünen Blattfarbstoffen und suchte nach Verfahren, mit denen er die chemische Zusammensetzung solch komplizierter Verbindungen aufklären konnte.

1916 erhielt Fischer eine Professur für Angewandte und Medizinische Chemie an der Universität Innsbruck. Zwei Jahre später übernahm er die Leitung des Medizinisch-Chemischen Instituts der Universität Wien. Allerdings fand er dort nicht die Forschungsmöglichkeiten, die er sich erhofft hatte: In den Jahren nach dem 1. Weltkrieg waren die Hochschuletats knapp bemessen, zudem hatte Fischer vielfältigen Unterrichtsverpflichtungen nachzukommen. Unzufrieden mit dieser Situation, kehrte er Österreich 1921 den Rücken und folgte einem Ruf als Professor für Organische Chemie an die TH München.

1928: Totalsynthese des Hämins Die Forschungen in München galten der Synthese des Hämins sowie der Gallenfarbstoffe, die er als Abbauprodukte des Hämins erkannte. Als Haupthindernis bei seinen Arbeiten erwiesen sich die bis dahin eher bescheidenen Erkenntnisse der Pyrrolchemie, d. h. über den Auf- und Abbau der Moleküle, die Pyrrol, einen Grundbaustein des Hämoglobins, enthalten. In jahrelangen Versuchen unterzog Fischer mit seinen Mitarbeitern Porphyrene und Gallenfarbstoffe vielfältigen Analysen. Parallel dazu testete er die Verknüpfungsmöglichkeiten der Pyrrole. Am Ende hatte er den Aufbau des Hämins geklärt: Es besteht aus einem Porphyrin-Ringsystem, das sich wiederum aus vier miteinander verknüpften Pyrrol-Ringen zusammensetzt. Zudem hatte Fischer sämtliche Spaltprodukte des Hämins synthetisiert. 1929 gelang ihm die Totalsynthese des Hämins durch den schrittweisen Abbau und Wiederaufbau des Moleküls aus seinen Einzelteilen. Für diese Leistung erhielt er 1930 den Nobelpreis für Chemie.

Hans Fischer

Ab 1930: Synthese des Chlorophylls

In den 30er Jahren wandte sich Fischer der Synthese des Chlorophylls zu. Dabei griff er auf die Arbeiten des deutschen Chemikers Richard Willstätter zurück, der 1912–14 die Struktur des grünen Blattfarbstoffs ermittelt hatte. In mehr als 30000 Einzelanalysen konnte Fischer 1935 die Struktur der Chlorophyll-Moleküle klären. In den folgenden Jahren gelangen ihm trotz erschwerter Bedingungen – das NS-Regime stellte keine Fördermittel zur Verfügung, da seine Forschung keinem kriegswichtigen Zweck diente – zahlreiche Teilsynthesen von Molekülen. Die Totalsynthese des Chlorophylls stand kurz bevor, als sein Labor im Dezember 1944 bei einem alliierten Luftangriff zerstört wurde. Für Fischer, der für seine wissenschaftliche Arbeit lebte, war dies eine Katastrophe, die sein Lebenswerk vernichtete. Drei Monate später beging er in München Selbstmord. Erst 14 Jahre nach seinem Tod gelang zweien seiner Schüler die Totalsynthese des Chlorophylls.

Chlorophyll

Mit Chlorophyll wird eine Gruppe biologisch bedeutsamer Pigmente bezeichnet, die den Pflanzenzellen die grüne Farbe verleihen. Das Chlorophyll, in der Zelle an die sog. Chloroplasten gebunden, baut den Kohlenstoff des Kohlendioxyds der Luft unter Mithilfe des Sonnenlichts in den Pflanzenkörper ein.

Alexander Fleming

(6.8.1881–11.3.1955)

▸ Wundermittel durch Unachtsamkeit ◂

Der britische Bakteriologe entdeckte 1928 die antibakterielle Wirkung des Schimmelpilzes Penicillium notatum. Mit dem daraus gewonnenen Antibiotikum Penicillin begann das Zeitalter der Bekämpfung bakterieller Infektionskrankheiten, was zahlreichen Verwundeten des 2. Weltkriegs das Leben rettete. 1945 erhielt Fleming für seine Entdeckung den Nobelpreis für Medizin.

Der Farmerssohn aus Lochfield/Ayrshire in Schottland verließ mit 13 Jahren die Schule und zog zu seinem Bruder, der sich in London als Augenarzt niedergelassen hatte. Als Angestellter eines Schiffahrtsunternehmens verdiente Fleming fünf Jahre lang seinen Lebensunterhalt, doch erst eine Erbschaft gab ihm die ersehnte Möglichkeit, Medizin zu studieren. Nach einem Vorbereitungsjahr an einer Londoner Medizinschule begann er 1902 mit dem Studium, das er sechs Jahre später erfolgreich beendete.

Ab 1908: Kampf gegen Syphilis
Während seiner anschließenden Tätigkeit als Bakteriologe am St. Mary's Hospital suchte Fleming zunächst nach Möglichkeiten zur verbesserten Bekämpfung der Syphilis. Dazu führte er Untersuchungen mit dem von dem deutschen Mediziner Paul Ehrlich entdeckten Gegenmittel Salvarsan durch. Die chemotherapeutische Forschung entwickelte sich zur großen Leidenschaft Flemings, der 1922 aus Tränen und Nasenschleim das Lysozym isolierte. Diese Substanz war das erste menschliche Enzym, dessen antibakterielle Wirkung erkannt wurde.

1928: Entdeckung des Penicillins
Sechs Jahre später entdeckte der frischgebackene Professor an der Londoner Universität die keimtötende Wirkung von Absonderungen des Schimmelpilzes Penicillium notatum. Mit dem daraus entwickelten Penicillin waren oft tödlich verlaufende Infektionskrankheiten wie Typhus, Scharlach, Diphtherie, Lungenentzündung und Hirnhautentzündung plötzlich heilbar.
Fleming stieß eher zufällig auf den Wirkstoff des Medikaments: Im Sommer 1928 untersuchte Fleming Bakterienkulturen (Eiterbakterien), die er auf Nährmedien züchtete. Einige der Kulturgefäße ließ er aus Unachtsamkeit einige Tage unbedeckt stehen. Folge: Die Kulturen wurden von einem Schimmelpilz befallen. Fleming beobachtete, daß rund um jeden Schimmelfleck saubere Zonen entstanden, die Bakterien waren verschwunden. Das Zeitalter der Antibiotika hatte begonnen.

30er Jahre: Arbeiten geraten ins Stocken Doch bis der Wirkstoff für den Einsatz gegen Krankheiten tatsächlich zur Verfügung stand, vergingen noch zehn Jahre. Aus unbekannten Gründen hatte es Fleming versäumt, sein Mittel an erkrankten Kleintieren zu testen, um die Wirkung nachzuweisen. Das Präparat geriet in Vergessenheit, andere Entdeckungen – wie das Chemotherapeutikum Prontosil von Gerhard Domagk (1935) – machten Schlagzeilen. Ein Grund für die zögerliche Haltung Flemings, aus dem Schimmelpilz ein Antibiotikum zu entwickeln, war sein Chef am St. Mary's Hospital, Almroth Wright. Er stand den Arbeiten Flemings skeptisch gegenüber und verfolgte andere Wege bei der Bekämpfung bakterieller Infektionskrankheiten.

Ab 1939: Später Siegeszug Zwischen 1939 und 1941 gelang es dem Briten Ernst Chain und seinem australischen Kollegen Howard Florey, Flemings Extrakt zu isolieren, zu reinigen und ein wirksames Medikament, das Penicillin, herzustellen. Nach erfolgreichen Tests begann ab Ende 1942 die industrielle Produktion. Zusammen mit Chain und Florey erhielt Fleming, der bis Anfang der 40er Jahre nicht einmal die chemische Zusammensetzung seines 1928 gefundenen Gemischs kannte, 1945 den Nobelpreis für Medizin.

Ab 1945: Biotechnologische Massenproduktion scheitert Die alliierten Machthaber versprachen sich im 2. Weltkrieg von der antibakteriellen Wirkung des Penicillins schnelle Heilerfolge bei verwundeten Soldaten. Die Hoffnung wurde nicht enttäuscht, die Nachfrage nach dem Medikament stieg während des Kriegs schnell an. Überlegungen, die Ausbeuten an Penicillin aus Penicillium notatum zu steigern, waren

Alexander Fleming

zunächst erfolgreich: Tests ergaben, daß das Einweichwasser von Mais – ein Abfallstoff aus der Maisproduktion – das beste Kulturmedium für die Herstellung des Antibiotikums ist. Nach der Strukturaufklärung des Penicillins 1945 durch den US-amerikanischen Chemiker Robert Woodward hofften die Wissenschaftler, den Wirkstoff künstlich synthetisieren zu können. Doch bis heute ist es nicht gelungen, die Schimmelpilze als Grundlage für die Produktion des lebenswichtigen Medikaments zu ersetzen.
Fleming avancierte 1946 zum Direktor des Bakteriologischen Instituts am St. Mary's Hospital. 1949 starb seine erste Frau Sarah, mit der er einen Sohn hatte. Seine zweite Ehe war nur von kurzer Dauer: Im Alter von 73 Jahren starb Fleming 1955 in seinem Wohnort London.

Werner Forßmann

(29.8.1904–1.6.1979)

▸ Mit Selbstversuch zum Nobelpreis ◂

Die in spektakulären Selbstversuchen gewonnenen Erkenntnisse des deutschen Mediziners über die Möglichkeiten der Herzkatheterisierung eröffneten der Herzdiagnostik in den 40er Jahren neue, gefahrlosere Wege.

Der Sohn eines Versicherungsangestellten verlebte seine Kindheit in Berlin, wo er 1922 das Abitur ablegte. Im selben Jahr nahm er ein Medizinstudium an der Berliner Universität auf. Während seines Studiums und auch im Examen beschäftigte sich Forßmann bereits mit der Diagnostik von Herzkrankheiten.

1929: Pionierleistung im Selbstversuch Nach seinem Examen kam er 1929 als Assistenzarzt an das Auguste-Viktoria-Krankenhaus in Eberswalde bei Berlin, wo er eine chirurgische Ausbildung erhielt. Auch hier verfolgte er die Frage nach den Möglichkeiten zur Verbesserung der Diagnose von Herzkrankheiten. Dabei suchte Forßmann insbesondere nach einem Weg, die für Koronararterien und Brustfell gefährlichen Injektionen ins Herz zu umgehen. Die Abbildung eines Tieres, dem von der geöffneten Halsvene ein Rohr bis ins Herz vorgeschoben worden war, brachte ihn auf die Idee, bei Verwendung eines elastischen Schlauchs anstelle des Rohrs auch von anderen Körperstellen aus ins Herz gelangen zu können. Seine These erprobte er erfolgreich an einer Leiche: Durch die Armvene schob er einen Katheter problemlos bis ins Herz vor. Um die Ungefährlichkeit seiner Methode zu beweisen, mußte sie am lebenden Menschen erprobt werden. Forßmann entschloß sich zum Selbstversuch.

Chef und Kollegen warnten ihn vor dem Eingriff und lehnten jede Mitarbeit ab. Auf sich selbst gestellt, öffnete sich Forßmann die Armvene und begann, sich den 65 cm langen Schlauch einzuführen. Anschließend ging er zu Fuß in den Röntgenraum, wo die Aufnahme seines Brustraumes den Erfolg bewies: Die Sonde lag in der rechten Herzkammer.

1930–40: Fehlende Anerkennung Keiner der führenden Mediziner erkannte die Bedeutung der Entdeckung. Forßmann, seit Oktober 1929 Assistent an der Berliner Charité, veröffentlichte sein Experiment über «Die Sondierung des rechten Herzens» einen Monat später in der «Klinischen Wochenschrift». Der berühmte Chirurg Ferdinand Sauerbruch – Forßmanns Vorgesetzter – war sogar so erbost, daß er ihn wegen dieses «Zirkuskunststücks» feuerte. Der junge Arzt ließ sich jedoch nicht beirren: 1931 veröffentlichte er seine Erkenntnisse über Kontrastdarstellungen des lebenden Herzens mit Hilfe eines Katheters. In Tierversuchen injizierte er zunächst Jod-Natrium, später Uroselectan.

Als seine finanziellen Mittel erschöpft waren, brach Forßmann seine Forschungen ab und begann 1932 eine urologische Facharztausbildung in Mainz. Anschließend arbeitete er als Chirurg und Urologe in Berlin (1933–35 und 1938/39) und Dresden (Oberarzt 1935–38).

Anfang der 40er Jahre: Unterstützung aus den USA Die amerikanischen Ärzte Dickinson W. Richards und André F. Cournand griffen die von dem Deutschen entwickelte Methode der Herzkatheterisierung wieder auf und führten sie zur Praxisreife: Ab etwa 1944 wendeten Herzspezialisten das Verfahren zur Sondierung des Herzens, zur Druckmessung in den einzelnen Herzabschnitten und zur Kontrastmittelinjektion für Röntgenaufnahmen an.

1945–56: Späte Ehre Forßmann, der im 2. Weltkrieg als Sanitäter eingesetzt worden war, kehrte 1945 aus kurzer amerikanischer Kriegsgefangenschaft zurück. In Lörrach übernahm er die Praxis seiner Frau (einer Urologin; sechs Kinder). 1950 wechselte er nach Bad Kreuznach. Völlig überraschend erkannte ihm 1956 das norwegische Nobel-Komitee zusammen mit den Amerikanern Cournand und Richards die Auszeichnung für Medizin zu. Forßmann erhielt den Nobelpreis für dieselbe Leistung, die 1929 als Basis für seine Habilitation abgelehnt worden war.

1956–79: Mahner im Alter Forßmann übernahm Honorarprofessuren in Mainz (1956–64) und Düsseldorf, wo er 1958 auch Chefarzt am Evangelischen Hospital (bis 1970) und 1964 Professor an der Medizinischen Akademie wurde. In dieser Zeit profilierte er sich als Kritiker der Schulmedizin. Schon lange bevor das Schlaf- und Beruhigungsmittel Contergan in den Handel kam, warnte er vor dessen Gefahren. Anfang der 60er Jahre wurden zahlreiche mißgebildete Kinder geboren, deren Mütter während der Schwangerschaft Contergan eingenommen hatten. Forßmann kritisierte außerdem die Papstenzyklika «Humanae vitae» (1968) über Empfängnisverhütung und gehörte zu den Gegnern der ersten Herztransplantation, die der südafrikanische Chirurg Christiaan Barnard 1967 vorgenommen hatte. Grund: Die möglichen Abstoßungsreaktionen des Körpers waren nicht hinreichend erforscht. 1970 pensioniert, starb Forßmann 1979 mit 74 Jahren in Schopfheim.

Werner Forßmann

Johannes (Hans) Geiger

(30.9.1882–24.9.1945)

Der deutsche Physiker erforschte Methoden zur Zählung energiereicher Teilchen. 1928 konstruierte er gemeinsam mit seinem Schüler Ernst W. Müller das nach ihnen benannte Zählrohr, das zu den wichtigsten Instrumenten der Kernphysik gehört.

Der Vater des in Neustadt an der Weinstraße geborenen Geiger war ein Orientalist und Religionshistoriker und stand den naturwissenschaftlichen Ambitionen seines Sohnes eher skeptisch gegenüber. Dennoch studierte Geiger Physik in München und Erlangen (Promotion 1906).

Ab 1906: Mitarbeiter von Rutherford Nach dem Studienabschluß ging Geiger nach England und erhielt an der Universität Manchester eine Assistentenstelle bei dem britischen Physiker Ernest Rutherford. Hier vervollkommnete er seine Kenntnisse auf dem Gebiet der Kernphysik. Bei Untersuchungen zur Streuung von Alphateilchen wandte er eine neue, verblüffend einfache Methode an: Mit einem schwachen Mikroskop registrierte er die Blitze, die Alphateilchen beim Aufprall auf einen Zinksulfidschirm erzeugten. Die Versuche, die in absoluter Dunkelheit durchgeführt werden mußten, erstreckten sich auf bis zu 24 Stunden ununterbrochener Beobachtung. Schon bald erwies sich, daß Geigers Methode nicht nur weit weniger kompliziert als herkömmliche Verfahren war, sondern zudem auch genaue und nachprüfbare Ergebnisse lieferte.

1911: Die Geiger-Nuttall-Beziehung 1908 bestimmte Geiger gemeinsam mit Rutherford die Zahl der Alphateilchen, die von einem Gramm Radium pro Sekunde ausgesendet werden, sowie deren Halbwertszeit. Für diese Experimente hatte er den bislang eingesetzten sog. Ionisationshemmer, mit dem erstmals einzelne Alphateilchen nachgewiesen werden konnten, weiterentwickelt. Auch an den Experimenten, die zur Formulierung des Rutherfordschen Atommodells (1911) führten, war Geiger maßgeblich beteiligt. In Versuchsreihen hatte er die Streuung von Alphateilchen in dünnen Metallfolien bewiesen.
Ebenfalls 1911 formulierte Geiger gemeinsam mit dem amerikanischen Physiker John M. Nuttall eine Regel, die die Beziehung zwischen der Zerfallskonstante (Halbwertszeit) eines Alphateilchens und seiner Radioaktivität in der Luft angibt (sog. Geiger-Nuttall-Beziehung).

1913: Geigerzähler 1912 kam Geiger nach Deutschland zurück und wurde Direktor des Laboratoriums für Radioaktivität der Physikalisch-Technischen Reichsanstalt in Berlin. Systematisch entwickelte er die Zählmethoden für energiereiche Teilchen weiter. Dabei entstand 1913 der sog. Spitzenzähler zur Zählung von Betateilchen. Dieses auch Geigerzähler genannte Gerät dient heute in Verbindung mit einem Summer als Warngerät bei der Untersuchung radioaktiv verseuchter Gelände oder Gegenstände.

1928: Geiger-Müller-Zählrohr 1925 folgte Geiger einem Ruf an die Universität Kiel. Gemeinsam mit seinem Schüler Erwin W. Müller konstruierte er 1928 ein Zählrohr zum Nachweis und zur Zählung energiereicher elektrischer Teilchen. Innerhalb kürzester Zeit fand das Meßinstrument weite Verbreitung und wurde in verschiedenen Formen industriell hergestellt. Es erwies sich als sehr hilfreich bei der Erforschung vieler Gebiete der Physik – beispielsweise der Kernphysik, der Geophysik sowie der Ultrastrahlung.

Hans Geiger

Funktionsweise des Zählrohrs

Bei dem Geiger-Müller-Zählrohr handelt es sich um eine Ionisationskammer, eine mit stark verdünntem Gas gefüllte dünnwandige Röhre, durch die sich ein dünner Draht zieht. Der Draht ist gegenüber dem Gehäuse auf eine Spannung von mehreren 1000 Volt aufgeladen und somit von einem elektrischen Feld umgeben. Ein Teilchen, das in das Zählrohr eindringt, bildet durch Ionisation Elektronen, die in der Nähe des Drahtes durch Stoßionisationen weitere Elektronen auslösen. In der Folge entsteht ein Stromstoß, der über einen Verstärker gemessen wird. Bei niedriger Spannung mißt das Zählrohr die Teilchenenergie (Proportionalzähler), bei hoher Spannung registriert es nur die Zahl der auslösenden Teilchen, ohne Rücksicht auf deren Art und Energie (Auslösezähler).

1929 erschien der letzte Band des 24bändigen Standardwerks «Handbuch der Physik», dessen Herausgabe Geiger 1926 gemeinsam mit seinem Kollegen K. Schlei begonnen hatte. Im selben Jahr wechselte Geiger nach Tübingen und kehrte 1936 wieder nach Berlin zurück. Zwei Jahre später wurde er für seine herausragenden Leistungen mit der Hughes-Medaille der britischen Royal Society geehrt. Ab Anfang der 40er Jahre beeinträchtigte schweres Rheuma seine Forschungsaktivitäten. Nach der Einnahme Berlins durch die Alliierten mußte Geiger sein Haus räumen und starb kurz darauf 62jährig in Potsdam.

Murray Gell-Mann

(*15. 9. 1929)

▸ Quarks – Bausteine der Elementarteilchen ◂

Der amerikanische Physiker trug entscheidend zum Verständnis der Welt der kleinsten Teilchen bei. Er erarbeitete für sie ein Klassifikationsschema, führte die Quarks als Grundbestandteile der Elementarteilchen ein und erklärte deren Wechselwirkungen.

Gell-Mann wurde als zweiter Sohn von österreichischen Einwanderern in New York geboren. Sein Vater war Universitätsprofessor und vermittelte ihm die Liebe zu Sprachen und zur Mathematik, sein Bruder begeisterte ihn für die übrigen Naturwissenschaften. In der Schule galt Murray bald als Wunderkind und wurde bereits an seinem 15. Geburtstag für das Studium an der Yale-Universität zugelassen.

50er Jahre: Seltsamkeit Trotz einer Vorliebe für Archäologie entschied sich Gell-Mann für ein Physikstudium. 1948 erwarb er in Yale das Diplom und promovierte 1951 als 22jähriger am Massachusetts Institute of Technology. Er verbrachte ein Jahr in Princeton und wechselte dann nach Chicago, wo er unter Enrico Fermi arbeitete.

Gell-Manns Interesse galt den neuen kurzlebigen Elementarteilchen, die Anfang der 50er Jahre bei Kollisionsversuchen in Beschleunigern entdeckt worden waren und deren Verhalten beim Zerfall nicht erklärt werden konnte. Zu dessen Beschreibung führte Gell-Mann die sog. Seltsamkeit als physikalische Größe ein. Den Namen entnahm er einem mittelalterlichen Zitat des englischen Philosophen und Schriftstellers Francis Bacon: «There is no excellent beauty that hath not some strangeness in the proportion.» Die Seltsamkeit ist eine für jedes Teilchen typische Zahl, die Gell-Mann ihnen gemäß ihrer individuellen Lebensdauer zuordnete. Für die Seltsamkeitszahlen formulierte er einen Erhaltungssatz, der auch den Zerfall sowie das Verhalten später entdeckter Partikel zutreffend beschreibt.

1961: Klassifizierung subatomarer Teilchen 1954 wurde Gell-Mann zum Professor in Chicago ernannt. Im folgenden Jahr heiratete er die Archäologin Margaret Dow (gestorben 1981; zwei Kinder). 1956 wechselte er als Professor für Elementarteilchenphysik an das California Institute of Technology (CALTEC), wo er mit Richard Feynman, der die Quantenelektrodynamik entwickelt hatte, zusammenarbeitete.

Vier Jahre später konzipierte Gell-Mann ein Schema, mit dem er die nun in rascher Folge neu entdeckten subatomaren Teilchen in Klassen einteilen konnte. Gleiches hatte bereits Werner Heisenberg Anfang der 50er Jahre versucht. Während der deutsche Physiker eine mathematische Ordnung suchte, ging Gell-

Mann von den Eigenschaften und Reaktionen der Teilchen aus. Er nannte sein Klassifikationssystem «den achtfachen Weg», nach dem Zen-Ausdruck, der im Buddhismus der Weg zu höheren Entwicklungsstufen bezeichnet. Die Zusammenfassung der Teilchen erfolgte ähnlich wie im chemischen Periodensystem der Elemente in Gruppen von acht oder zehn Teilchen, die sich nur hinsichtlich ihrer Masse und Ladung unterscheiden. Lücken im System führten zur Vorhersage und späteren Entdeckung der entsprechenden Teilchen.

Murray Gell-Mann

1964: Quarks Die Analyse der Elementarteilchen führte Gell-Mann 1964 zur theoretischen Annahme, daß es drei noch kleinere Bausteine der Materie geben müsse, die jeweils ein drittzahliges Vielfaches der Ladung eines Elektrons bzw. eines Protons tragen. Eine ähnliche Theorie veröffentlichte fast zeitgleich, aber unabhängig, der Atomphysiker George Zweig, ein CALTEC-Kollege. Gell-Mann nannte die Bausteine «Quarks», nach dem Namen schemenhafter Wesen in dem experimentellen Roman «Finnegans Wake» des irischen Schriftstellers James Joyce. «Quarks» ist dort ein Ausdruck für «Dreikäsehoch».
Bald zeigte sich, daß sich sämtliche Hadronen (Teilchen, die starken Wechselwirkungen unterliegen) als Kombination von Quarks beschreiben lassen. 1969 erhielt Gell-Mann für seine Arbeiten in der theoretischen Physik den Nobelpreis.

1970: Farben für Elementarteilchen Zahlreiche Experimente bestätigten indirekt das Quark-Konzept, wenngleich die Beobachtung einzelner Quarks nicht gelang. Diesen Umstand erklärte Gell-Mann 1970 gemeinsam mit dem deutschen Teilchenphysiker Harald Fritzsch in der Theorie der Quantenchromodynamik, die auch das Zusammenwirken der Quarks beschreibt. Gell-Mann und Fritzsch führten eine neue beschreibende Größe für die Quarks ein, die sog. Farbe. Gleichzeitig benannten sie drei unterschiedliche Zustände, die ein Quark annehmen kann: «Rot», «Blau» und «Grün».
Neben seiner Lehrtätigkeit am CALTEC arbeitet Gell-Mann in zahlreichen (internationalen) wissenschaftlichen Gremien. Daneben war er im Rahmen des Apollo-Programms Berater der US-Weltraumbehörde NASA sowie der amerikanischen Regierung.

Kurt Gödel

(28.4.1906–14.1.1978)

▸ Unvollständigkeitssatz verändert Mathematik ◂

Der österreichisch-amerikanische Mathematiker zählte zu den bedeutendsten Logikern und mathematischen Grundlagenforschern im 20. Jahrhundert. Hauptwerk Gödels war sein Unvollständigkeitssatz, mit dem er die Mathematik zu Beginn der 30er Jahre eng mit der Logik verband und auf eine neue wissenschaftliche Grundlage stellte.

Der Sohn eines Textilunternehmers aus Brünn absolvierte das Abitur am deutschsprachigen Gymnasium seiner Heimatstadt, um anschließend in Wien Mathematik und Physik zu studieren. Da er sich in der Hauptstadt bald heimisch fühlte, legte er 1929 die tschechoslowakische Staatsbürgerschaft zugunsten der österreichischen ab.

20er Jahre: Wiener Kreis Gödel fand bald Anschluß an den sog. Wiener Kreis, eine Gruppe von Intellektuellen, die sich mit wissenschaftlichen und philosophischen Fragen auseinandersetzten. In seiner universitären Ausbildung, in der er von denselben Professoren (z. B. dem Mathematiker Hans Hahn) unterrichtet wurde, mit denen er abends diskutierte, wandte er sich alsbald der Logik zu – einem Gebiet, in dem er 1929 über die Allgemeingültigkeit von Aussagen promovierte (Beweis der Vollständigkeit der Quantorenlogik erster Stufe).

1930/31: Unvollständigkeitssatz Angeregt durch die Diskussionen im Wiener Kreis, beschäftigte sich Gödel weiterhin mit den logischen Grundlagen der Mathematik. Der Mathematiker David Hilbert hatte als erster die Forderung erhoben, die Widerspruchsfreiheit in der Mathematik zu «beweisen». Dazu verfaßte er 1899 ein Regelwerk, das bald als Hilbertscher Formalismus bekannt wurde: Hilbert wollte die Widerspruchsfreiheit eines mathematischen Systems durch Ableitungen beweisen, die er innerhalb dieses Systems festgelegt hatte. Mit anderen Worten: Eine bestimmte Anzahl Axiome wurden von Hilbert vorausgesetzt, um alle anderen Aussagen logisch ableiten zu können. Nachdem bereits der niederländische Logiker Luitzen Brouwer 1907 diesen rein formalistischen Ansatz kritisiert hatte, gelang es Gödel Anfang der 30er Jahre, Hilbert zu widerlegen: In seinem Unvollständigkeitssatz wies er nach, daß viele mathematische Theorien – obwohl widerspruchsfrei – gewisse Aussagen des logischen Systems einer Theorie weder beweisen noch widerlegen können.

Ende der 30er Jahre: Kontinuumhypothese 1933 erhielt Gödel eine Dozentenstelle an der Universität Wien. Nach fünf Jahren verließ er die Stadt, als ihm seine Anstellung nach der Annexion Österreichs

durch Hitler-Deutschland gekündigt wurde. Gödel, der 1938 seine Freundin Adele Porkert geheiratet hatte, ging nach Princeton/USA, wo er fortan am Institute for Advanced Studies arbeitete.
Kurz nach seiner Übersiedlung befaßte er sich mit der sog. Kontinuumhypothese. Nach ihr gibt es keine Menge, deren Umfang zwischen der der natürlichen Zahlen (abzählbare Menge) und der der reellen Zahlen (unabzählbar) liegt. Laut dem deutschen Mathematiker Georg Cantor werden die reellen Zahlen als Kontinuum bezeichnet. Gödel bewies, daß die Kontinuumhypothese und das Auswahlaxiom nicht im Widerspruch zu den anderen Grundsätzen der Mengenlehre, die als widerspruchsfrei angenommen wurde, stehen. Das Auswahlaxiom besagt, daß sich z. B. aus verschiedenen Schubladen, von denen jede andersfarbige Kugeln enthält, immer eine Auswahl unterschiedlicher Kugeln entnehmen läßt.

Kurt Gödel

50er Jahre: Gödelscher Raum In der Folgezeit beschäftigte sich Gödel, der 1948 die amerikanische Staatsbürgerschaft annahm, auch mit philosophischen Fragestellungen, die sich aus seinen Arbeiten zur Logik ergeben hatten. 1949 erschien sein Werk «Eine Bemerkung über die Beziehungen zwischen der Relativitätstheorie und der idealistischen Philosophie». Während seiner Auseinandersetzung mit Albert Einsteins Relativitätstheorie war es Gödel gelungen, Lösungen für Einsteins Feldgleichungen (sog. Gödelscher Raum) zu entwickeln.
1953 erhielt Gödel eine Professur in Princeton, wo er 1978 im Alter von 71 Jahren starb.

Luitzen Egbertus Jan Brouwer (27.2.1881–2.12.1966)

Der niederländische Mathematiker begründete mit seiner Hauptschrift «Über die Grundlagen der Mathematik» (1907) den sog. Mathematischen Intuitionismus. Danach muß diese Wissenschaft streng logisch (konstruktiv) aufgebaut sein und auf unbeweisbare (axiomatische) Grundannahmen verzichten, zumal Mathematik keine naturgegebene Wissenschaft an sich, sondern eine vom Menschen konstruierte Disziplin sei. Brouwer brachte durch weitere Überlegungen auch die Topologie, die sich mit Anordnung und Lage geometrischer Gebilde im Raum befaßt, entscheidend voran.

Victor Auguste François Grignard

(16. 5. 1871 – 13. 12. 1935)

▸ Synthese reaktionsfreudiger Verbindungen ◂

Der französische Chemiker entdeckte die als «Grignard-Verbindungen» bekannten gemischten Organo-Magnesium-Verbindungen und veränderte dadurch die organische Chemie von Grund auf, da nun zahlreiche neue Synthesen möglich wurden. Grignard leistete mit seiner Arbeit einen wesentlichen Beitrag zur Entwicklung der metallorganischen Chemie.

Der in Cherbourg geborenene Grignard kam aus einfachen Verhältnissen. Sein Vater, Arbeiter am örtlichen Marinearsenal, ließ nur auf intensiven Druck verschiedener Persönlichkeiten zu, daß sein hochbegabter Sohn das Gymnasium seiner Heimatstadt besuchen durfte. 1889 versuchte der Schuldirektor, dem jungen Grignard eine Freistelle an einer Schule in Paris zu verschaffen, wo er sich auf den Eintritt in das Lehrerseminar vorbereiten sollte. Diese von der Hauptstadtverwaltung finanzierten Stellen wurden jedoch aus Einsparungsgründen gestrichen, denn die öffentlichen Kassen waren infolge der Weltausstellung von 1889 leer. Grignards Familie war nicht in der Lage, die weiteren Ausbildungskosten zu tragen. Daher bewarb er sich mit Erfolg um die Aufnahme am Realschullehrerseminar in Cluny, wo Professoren ausgebildet wurden, die ihrerseits wieder Realschullehrer ausbildeten.

Ab 1894: Hinwendung zur Chemie Grignards berufliche Ausbildung blieb hindernisreich: Im Zuge der Realschulreform wurde die Schule in Cluny 1892 geschlossen, und Grignard mußte sein drittes Studienjahr an der mathematisch-naturwissenschaftlichen Fakultät in Lyon vollenden. Da ihm die Chemie damals eine zu stark empirisch ausgerichtete Wissenschaft war, galt sein Interesse der Mathematik. Nach einjähriger Militärzeit und seinem Studienabschluß wurde er 1894 dennoch als Vorlesungsassistent für allgemeine Chemie an der Fakultät in Lyon angestellt. Unter dem Einfluß seiner Lehrer Philippe Barbier und Louis Bouveault entwickelte er – entgegen seiner früheren Vorurteile – bald große Leidenschaft für das Fach.

Barbier, der Direktor des Instituts, hatte 1898 die Umwandlung ungesättigter Ketone (organische Verbindungen) in entsprechende tertiäre Alkohole durch Umsetzung mit Magnesium und Methyljodid untersucht. Er wandelte eine vom russischen Chemiker Alexander Saizew entwickelte Methode ab, verwendete Magnesium statt des gebräuchlichen Zinks und machte Grignard einen Vorschlag für dessen Doktorarbeit: Er solle diese Abwandlung der Saizew-Methode genauer untersuchen.

Ab 1901: Organo-Magnesium-Verbindungen Nach dem Studium der verfügbaren Literatur gelangte Grignard zu dem Schluß, daß bei Barbiers Reaktion eine Organo-Magnesium-Verbindung als Zwischenprodukt entstehen muß und daß die Handhabung von Organo-Magnesium-Verbindungen äußerst schwierig ist, da sie im Kontakt mit Luft oder mit Kohlendioxid zu spontaner Entzündung neigen. Schließlich stieß er auf Arbeiten der englischen Chemiker Edward Frankland (1859) und James Alfred Wanklyn (1861). Diese hatten ähnliche Schwierigkeiten mit Zinkverbindungen dadurch gelöst, daß sie als Lösungsmittel wasserfreien Ether verwendet hatten. Grignard behandelte nun Magnesiumspäne in wasserfreiem Ether mit Methyljodid, gab zu diesem Reagens ein Keton und erhielt nach Zugabe verdünnter Säure den korrespondierenden Alkohol in weit größerer Menge, als es Barbier mit seiner Methode gelungen war. Diese Arbeiten führten 1901 zu Grignards aufsehenerregender Dissertation über «Gemischte Organo-Magnesium-Verbindungen» und ihre Verwendung in der organischen Synthese. Diese schon bald als Grignard-Verbindungen bekannten Substanzen ermöglichten eine Vielzahl neuer Synthesen. Nachdem er einige Jahre als Dozent in Besançon und Lyon gearbeitet hatte, ernannte die mathematisch-naturwissenschaftliche Fakultät von Lyon Grignard 1909 zum Professor. Drei Jahre später wurde ihm der Nobelpreis für Chemie verliehen.

Seine weiteren Tätigkeiten führten ihn in die verschiedensten Gebiete der organischen Chemie. So beschäftigte sich Grignard in der Folgezeit mit der Kondensation von Aldehyden und Ketonen, mit der Spaltung tertiärer Alkohole, der Aufklärung von Atomanordnungen im Molekül und der katalytischen Hydrierung (Anlagerung von Wasserstoff an ungesättigte Verbindungen) unter vermindertem Druck.

François Grignard

Ab 1918: Von der Forschung zur Lehre Im 1. Weltkrieg arbeitete er wie viele seiner Kollegen als Leiter eines Kampfstofflaboratoriums. Nach 1918 kehrte Grignard nach Lyon zurück, wo er Nachfolger seines Lehrers Barbier wurde. 1929 wählten ihn seine Kollegen einstimmig zum Dekan der mathematisch-naturwissenschaftlichen Fakultät. Der ausgezeichnete Lehrer schrieb außerdem ein großes Lehrbuch über die organische Chemie («Traité de Chimie Organique», 23 Bde., 1935–54), das nach seinem Tod (1935 in Lyon) erschien.

Otto Hahn

(8.3.1879–28.7.1968)

▸ Kernspaltung verändert die Welt ◂

Der deutsche Chemiker entdeckte eine Reihe radioaktiver Elemente und Isotope. Er führte 1938 mit Fritz Straßmann die erste Kernspaltung durch, die die Basis für die Nutzung der Kernenergie bildete. Für diese Leistung erhielt er 1945 den Chemie-Nobelpreis für 1944.

Der als Sohn eines Handwerkers in Frankfurt a. M. geborene Hahn war ein nur mittelmäßiger Schüler. Auch als Student der Chemie in Marburg fiel er nicht besonders auf. Erst nach seinem zwischenzeitlichen Wechsel nach München zum Liebig-Nachfolger und späteren Nobelpreisträger Adolf von Baeyer verbesserten sich seine Leistungen.

Ab 1901: Erste wissenschaftliche Erfolge Nach der Promotion 1901 in Marburg setzte er seine Studien u. a. am University College in London bei William Ramsay fort. Hier gelang ihm die Isolation von Radiothorium aus radiumhaltigem Bariumchlorid. Ramsay, dem gerade der Nobelpreis für seine Arbeiten über Edelgase verliehen worden war, überzeugte Hahn davon, in der Forschung zu bleiben. 1905 ging er an die McGill-Universität in Montreal, um bei Ernest Rutherford zu arbeiten (Entdeckung von Thorium C' und Radioactinium). Ein Jahr später kehrte Hahn nach Deutschland zurück und habilitierte sich 1907 in Berlin bei dem deutschen Chemiker Emil Fischer, Nobelpreisträger von 1902.

1918: Entdeckung des Protactiniums In Berlin begann die fruchtbare Zusammenarbeit mit der österreichischen Physikerin Lise Meitner. Die 29jährige war gerade nach Deutschland gekommen, um sich bei Max Planck in Berlin in theoretischer Physik weiterzubilden. Sie wollte gern experimentell arbeiten und wandte sich an Hahn, der einen Physiker suchte. 1918 entdeckten sie gemeinsam ein neues Element mit der Ordnungszahl 91 und nannten es «Protactinium». Danach trennten sich ihre Wege für einige Jahre. 1921 fand Hahn sog. Kernisomere, also Atome, die sich in ihrer Zusammensetzung (aus subatomaren Teilchen) nicht unterscheiden, jedoch unterschiedliche Energien und radioaktive Zerfallsreihen aufweisen.

30er Jahre: Kernforschung in Hitler-Deutschland In den 30er Jahren – Lise Meitner hatte sich mittlerweile ebenfalls habilitiert – nahmen die beiden Wissenschaftler ihre gemeinsame Arbeit wieder auf, da im Ausland mittlerweile große Fortschritte auf dem Gebiet der Kernforschung gemacht worden waren. Meitner überzeugte Hahn davon, die von dem Italiener Enrico Fermi beim Beschuß von Uran und Thorium mit Neutronen entdeckten Transurane zu untersuchen. Ab 1935 verstärkte

der junge Chemiker Fritz Straßmann ihr Team.
Nach der Machtübernahme Hitlers wurden der Jüdin Meitner 1933 Titel und Lehrbefugnis entzogen, doch konnte sie als Ausländerin bis 1938 am Kaiser-Wilhelm-Institut weiterarbeiten. Mit dem sog. Anschluß Österreichs verlor sie jedoch diesen Sonderstatus und floh über Holland und Dänemark nach Schweden. Auch Hahn rechnete wegen seiner Parteinahme für Lise Meitner mit einem Disziplinarverfahren und der Amtsenthebung. Die Kernspaltung von Uran zu Barium, die ihm und Straßmann Ende 1938 gelang, verschaffte ihm jedoch die nötige internationale Aufmerksamkeit, die seine Stellung in Berlin sicherte.

Otto Hahn

1938: Erste Kernspaltung Hahn beschoß Uranatome mit Neutronen, um schwere Transurane (radioaktive Elemente) zu erzeugen. Dabei zerfiel der Urankern unter hoher Energieabgabe in Barium und Krypton. Anfang 1939 veröffentlichte er seine Ergebnisse, ohne sie jedoch als Kernspaltung zu interpretieren. Es war Lise Meitner, die aus dem schwedischen Exil einen Monat später eine Deutung der Hahn-Straßmannschen Resultate vornahm und in der Zeitschrift «Nature» publizierte. Dennoch wurde der Chemie-Nobelpreis 1945 (für 1944) nur an Hahn vergeben, eine Kränkung, die Meitner nie verwinden konnte, zumal sie später trotz ihrer eigenständigen Forschung stets als «Mitarbeiterin» Hahns tituliert wurde.

Ab 1945: Einsatz gegen Atomwaffen Nach dem 2. Weltkrieg wurde Hahn zusammen mit Werner Heisenberg, Max von Laue und Carl Friedrich von Weizsäcker von den Amerikanern verhaftet. Während der Gefangenschaft erfuhr er von den Atombombenabwürfen auf Hiroshima und Nagasaki. Er hielt sich für mitverantwortlich und trug sich angeblich mit Selbstmordgedanken. Hahn entwickelte sich zum scharfen Gegner der atomaren Aufrüstung und verweigerte im Göttinger Appell (1957) die Mitarbeit an einer geplanten atomaren Aufrüstung der deutschen Bundeswehr. Hahn, 1946–60 Präsident der Kaiser-Wilhelm-Gesellschaft (ab 1948 Max-Planck-Gesellschaft), starb mit 89 Jahren in seinem Wohnort Göttingen, drei Monate vor Meitner, die während ihrer Zusammenarbeit oft zu ihm gesagt haben soll: «Hähnchen, laß mich das machen! Von Physik verstehst du nichts!»

Stephen William Hawking

(*8.1.1942)

▸ Suche nach der Weltformel ◂

Der zu den genialen lebenden Naturwissenschaftlern zählende englische Astrophysiker und Mathematiker erbrachte den mathematischen Beweis für die Urknalltheorie bei der Entstehung des Universums. Ziel seiner Forschung ist es, die großen physikalischen Theorien des Jahrhunderts in einer globalen Theorie zu vereinen.

Hawking wurde in Oxford als ältestes von vier Kindern geboren. Bereits mit acht oder neun Jahren wußte er, daß er – wie sein Vater, ein Biologe am National Institute of Medical Research und Spezialist für tropische Krankheiten – eine wissenschaftliche Laufbahn einschlagen wollte. Da ihm die meisten Wissenschaften jedoch als zu ungenau erschienen, entschied er sich als 14jähriger Schüler, Mathematiker oder Physiker zu werden. 1959, nachdem er die Aufnahmeprüfung mit Bravour bestanden hatte, nahm er sein Physikstudium in Oxford auf. Zum Hauptstudium wechselte Hawking nach Cambridge, wo er sich fortan auf theoretische Physik und Kosmologie spezialisierte.

Um 1963: Unheilbare Krankheit Bereits zu dieser Zeit traten erste Symptome einer ernsthaften Erkrankung auf: Amyotrophische Lateralsklerose, eine seltene, lähmende Krankheit, in deren Verlauf Nervenzellen des Rückenmarks und des Gehirns zerstört werden, die die bewußten Muskelaktivitäten steuern. Mit der Aussicht auf einen frühen Tod verfiel Hawking für etwa zwei Jahre in tiefe Depression. Als sich jedoch nach einiger Zeit sein Zustand stabilisierte, nahm er die Arbeiten an seiner Dissertation wieder auf, zumal er erkannte, daß seine physischen Unzulänglichkeiten seine geistige Arbeitskraft nicht beeinflußten. Der wesentliche Anstoß, der ihm den Lebenswillen wiedergab, war seine Beziehung zu Jane Wilde, einer Londoner Sprachstudentin, die er 1965 heiratete (drei Kinder). Nach seiner erfolgreichen Promotion arbeitete Hawking drei Jahre als Forschungsassistent bei seinem Lehrer Roger Penrose in Cambridge.

60er Jahre: Beweis der Urknallhypothese Hawking begann, sich mit der Frage nach dem Universum, seiner Entstehung, den Mechanismen, nach denen es funktioniert, und schließlich auch nach seinem Ende zu beschäftigen. Zur Lösung dieser fast philosophischen Fragen versucht er seitdem, die beiden revolutionären Theorien der modernen Physik, die Quantentheorie und die allgemeine Relativitätstheorie, zu einer «Großen Einheitlichen Theorie» zu vereinen, obwohl vor ihm bereits große Physiker wie Werner Heisenberg, Wolfgang Pauli, Paul Dirac und auch Albert Einstein an dieser Weltfor-

mel scheiterten. Hawkings erster großer wissenschaftlicher Erfolg war der gemeinsam mit Penrose in den 60er Jahren erbrachte mathematische Beweis, daß das Universum mit einem Urknall (sog. Singularität) begonnen haben muß. Gleichzeitig entdeckten die Astronomen Arnold Penzias und Robert Wilson die sog. Hintergrundstrahlung, welche als wichtiger experimenteller Beleg für die Urknallhypothese interpretiert wurde.
Hawkings Erfolg war jedoch von einer weiteren Verschlechterung seines Gesundheitszustandes begleitet, so daß er seit den frühen 70er Jahren an den Rollstuhl gefesselt ist. Mit 32 Jahren wurde er in die Königliche Gesellschaft der Wissenschaften aufgenommen. 1978 erhielt Hawking den Albert-Einstein-Preis, eine der höchsten Auszeichnungen der theoretischen Physik. Die größte Ehrung verlieh ihm seine eigene Universität in Cambridge, die ihn 1980 auf den Lucasischen Lehrstuhl für Mathematik berief, ein Amt, das u. a. auch Isaac Newton innehatte. Seine Antrittsvorlesung mit dem provozierenden Titel «Ist das Ende für die theoretische Physik in Sicht?» wurde von einem seiner Studenten vorgelesen, da Hawking durch seine Krankheit kaum mehr sprechen und nur noch mit Hilfe eines Computers mit der Außenwelt kommunizieren kann.

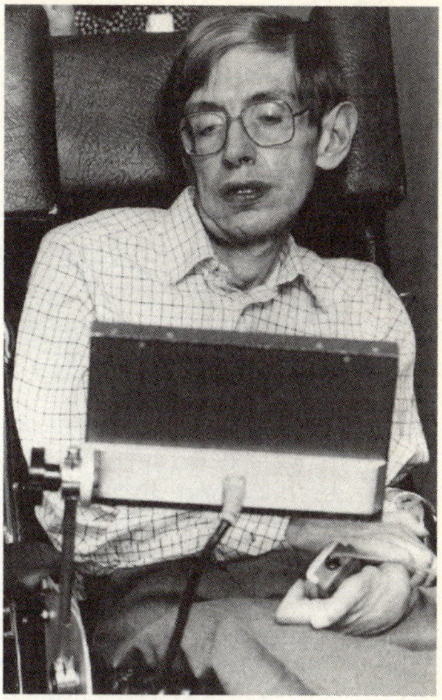
Stephen Hawking, 1990

1988: «Eine kurze Geschichte der Zeit» Stephen Hawkings populärwissenschaftliches Buch «Eine kurze Geschichte der Zeit», in dem er seine wissenschaftlichen Erkenntnisse allgemein verständlich veröffentlichte, wurde ein Bestseller, der 1992 sogar die Vorlage für einen Kinofilm lieferte. In dem heftig diskutierten Werk beschreibt Hawking die Entstehung von Raum und Zeit durch den Urknall. Im Gegensatz zu Albert Einstein, mit dem Hawking in vielen Medien gern verglichen wird und der davon ausgeht, daß das Universum als Raum-Zeit-Kontinuum in sog. Schwarzen Löchern (Gebilde von größtmöglicher Materien-Dichte, deren Gravitationsfelder völlig undurchlässig sind) endet, berechnete Hawking, daß Schwarze Löcher doch thermische Strahlung (Hawking-Strahlung) aussenden können und somit Energie mit ihrer Umwelt austauschen. Fazit der Überlegungen: Das Universum hat weder Anfang noch Ende; ein Beweis für diese Hypothese steht allerdings noch aus.

Werner Karl Heisenberg

(5. 12. 1901 – 1. 2. 1976)

▸ Entdecker der Unschärferelation ◂

Der deutsche Physiker verhalf 1925 der Quantenmechanik zum Durchbruch und legte zwei Jahre später die sog. Unschärferelation vor, eine der größten physikalischen Entdeckungen des 20. Jahrhunderts. In seiner Weltformel versuchte Heisenberg, eine einheitliche Theorie der Materie zu entwickeln, die alle Naturgesetze miteinbezieht.

Heisenberg, in Würzburg geboren, wuchs in München auf, nachdem sein Vater den dortigen Lehrstuhl für Mittel- und Neugriechische Philologie übernommen hatte. Das Interesse des Vaters für griechische Denker erfaßte auch den Sohn: Als er nach dem 1. Weltkrieg Ordonnanz bei einem Freikorps im von Unruhen erschütterten München war, nutzte er seine Mußestunden zum Studium von Plato, dessen Schriften seine späteren Arbeiten beeinflußten.

1923: Knappe Prüfung Mit einem Stipendium für Höchstbegabte studierte Heisenberg ab 1920 in München Physik. Sein Lehrer war Arnold Sommerfeld, der früh die Begabung seines Schülers erkannte und ihn förderte. Dennoch wurde die Promotionsprüfung fast zum Desaster: Perfekt auf dem ihn einzig interessierenden Gebiet der theoretischen Physik, konnte Heisenberg im Fach Experimentalphysik keine der Prüfungsfragen beantworten und bestand knapp (cum laude).

1925: Mitbegründer der Quantenmechanik Nur ein Jahr später habilitierte er sich in Göttingen bei Max Born. Im Frühsommer 1925 forderte er in einem Aufsatz, daß bei der Beschreibung atomarer Phänome nur noch beobachtbare Größen verwendet werden dürfen. Damit verhalf er der Quantenmechanik zum Durchbruch. Die mathematische Umsetzung seiner Grundgedanken legte Heisenberg noch im gleichen Jahr gemeinsam mit Born und Pascual Jordan in der als «Dreimännerarbeit» bekannt gewordenen Veröffentlichung «Zur Quantenmechanik II» vor.

1927: Unschärferelation Sein dritter Lehrmeister wurde ab Ende 1925 der dänische Physiker Niels Bohr. Gemeinsam gelangten sie 1926/27 zur sog. Kopenhagener Deutung, nach der ein Elektron sowohl einen Teilchen- als auch einen Wellenaspekt haben muß, obwohl diese sich nach der klassischen Physik gegenseitig ausschließen.
Kurz darauf formulierte Heisenberg in dem Aufsatz «Über den anschaulichen Inhalt der quantentheoretischen Kinematik und Mechanik» die Unschärferelation. Danach können Ort und Impuls eines Elementarteilchens nicht zugleich mit beliebiger Genauigkeit gemessen werden. Entweder läßt sich nur eine der beiden

physikalischen Größen exakt bestimmen, oder es entsteht eine Unschärfe: Bei Messung beider Größen kann z. B. der Impuls nur mit einer gewissen Annäherung bestimmt werden. Folglich ist auch die Ortsbestimmung nur annähernd möglich. Als mathematische Aussage formulierte Heisenberg: Das Produkt der beiden Unschärfen ist immer größer als das Plancksche Wirkungsquantum (Konstante, die den Wert aus dem Verhältnis von Strahlungsfrequenz und Energiebeitrag angibt). Die Unschärferelation bedeutete einen Umsturz der bisherigen Atomphysik, denn nun war es unmöglich, den Elektronen der Atomhülle exakte Ellipsenbahnen zuzuordnen. 1932 erhielt Heisenberg den Nobelpreis für Physik.

Werner Heisenberg, 1964

1933–45: Arbeit in Hitler-Deutschland Nach der Machtübernahme durch die Nationalsozialisten blieb Heisenberg, seit 1927 Professor in Leipzig, in Deutschland. Aus der Entdeckung des Neutrons durch James Chadwick 1932 leitete Heisenberg ab, daß Atomkerne aus Neutron und Proton bestehen und beide Teilchen nur verschiedene Zustände desselben Elementarteilchens sind. Die erste Uranspaltung durch Otto Hahn und Fritz Straßmann (1938) führte zu hektischer Aktivität der Reichsregierung. Heisenberg erhielt den Auftrag, nach Möglichkeiten für eine kontrollierte atomare Kettenreaktion zu suchen. 1941 realisierte er die erste Vorform eines Reaktors. Als er erkannte, daß seine Forschungen unweigerlich zum Bau der Atombombe führen würden, verschleppte er die Arbeiten. Nach der deutschen Kapitulation verhafteten ihn die Amerikaner 1945. Ihr Angebot, in den USA zu arbeiten, lehnte Heisenberg, seit 1942 Professor in Berlin, ab.

1953: Weltformel 1946 wurde Heisenberg, seit 1937 mit der Professorentochter Elisabeth Schumacher verheiratet, Direktor des Max-Planck-Instituts für Physik in Göttingen. Hier begann er 1953 mit den Arbeiten für die sog. Weltformel. Sein Ziel, eine einheitliche Theorie der Materie zu schaffen, die alle Grundgesetze der Natur integrierte, erreichte er nicht. Mit der Verlegung des Instituts nach München wechselte auch Heisenberg 1956 in die bayerische Landeshauptstadt. 1970 wurde er emeritiert. Sechs Jahre später starb er 74jährig in München.

Gustav Hertz

(22.7.1887–30.10.1975)

▸ Atomforschung für die UdSSR ◂

Der deutsche Physiker bestätigte 1913 gemeinsam mit seinem Kollegen James Franck sowohl das Plancksche Wirkungsquantum wie auch die von Niels Bohr in seiner Atomtheorie geforderten diskreten Energiezustände. Dafür erhielten Hertz und Franck 1925 den Nobelpreis für Physik. Nach dem 2. Weltkrieg war Hertz am Aufbau der sowjetischen Atomforschung beteiligt.

Großes Vorbild des Rechtsanwaltssohns aus Hamburg war sein Onkel Heinrich Hertz, Entdecker der Radiowellen und Begründer der Hochfrequenztechnik. Gustav besuchte ein Realgymnasium und studierte ab 1906 Mathematik in Göttingen und München, wo Arnold Sommerfeld sein Interesse an der Physik weckte.

1911–14: Die Franck-Hertz-Versuche Nach dem Militärdienst nahm Hertz an der Berliner Universität ein Physikstudium auf und promovierte 1911. Anschließend entwickelte sich eine enge Zusammenarbeit mit dem fünf Jahre älteren Physiker James Franck. Beide Forscher untersuchten Fragen des Energieaustausches bei Zusammenstößen zwischen Elektronen und Gasatomen. Ihre 1911–14 durchgeführten Experimente schrieben als Franck-Hertz-Versuche Wissenschaftsgeschichte. In ihnen bestimmten die Physiker den Wert des Planckschen Wirkungsquantums (Konstante, die den Wert aus dem Verhältnis von Energiebetrag und Strahlungsfrequenz) mit großer Genauigkeit und bestätigten die Plancksche Quantenhypothese. Ohne es zu erkennen, hatten sie zudem den experimentellen Nachweis für die sog. diskreten Energiezustände – wie ihn Bohr in seiner 1913 veröffentlichten Atomtheorie gefordert hatte – geliefert: Gasatome senden Licht einer klar abgegrenzten Frequenz aus, wenn sie von einer höheren auf eine niedrigere Energiestufe übergehen; umgekehrt bewirkt eine Absorption des Lichts, daß die Atome von einem niedrigeren auf ein höheres Niveau gehoben werden. Der Ausbruch des 1. Weltkriegs unterbrach die Untersuchungsreihen. Hertz und Franck erfuhren erst 1916 von der Interpretation ihrer Ergebnisse, für die ihnen 1925 der Physik-Nobelpreis zuerkannt wurde.

James Franck
(20.8.1882–21.5.1964)

Der in Hamburg geborene Physiker wies 1913 gemeinsam mit Gustav Hertz die sog. diskreten Energiezustände nach. Nach der Emigration (1932/33) in die USA arbeitete Franck im 2. Weltkrieg an der Entwicklung der amerikanischen Atombombe mit. 1945 plädierte er in einer Petition, dem sog. Franck-Report, für eine Ächtung der Kernwaffen und prognostizierte ein atomares Patt der Weltmächte USA und UdSSR.

1920–26: In der Industrie Nachdem er von einer schweren Kriegsverletzung genesen war, habilitierte sich Hertz 1917. Sein Forschungsinteresse galt der Suche nach Methoden der Gastrennung. 1920 ließ er sich beurlauben und ging zum Philips-Konzern in Eindhoven (Niederlande). Dort konnte er unter optimalen Bedingungen Elektronenstoßversuche mit Gasen durchführen. Die industrielle Hochvakuumtechnik erlaubte ihm, auch höhere Energiestufen im Atom nachzuweisen und die Hyperfeinstruktur der Spektrallinien zu untersuchen.

Gustav Hertz

1932: Diffusionskaskade Ende 1925 verließ Hertz das Industrieunternehmen wieder und folgte einem Ruf an die Universität Halle/Saale, um seine akademische Laufbahn nicht zu gefährden. 1928 übernahm er die Leitung des Fachbereichs Physik an der TH Berlin und verbesserte das in der Eindhovener Zeit entstandene Gastrennungsverfahren weiter. 1932 entwickelte er hieraus die sog. Diffusionskaskade zur Trennung von Isotopengemischen. Dieses Verfahren erhielt große Bedeutung für die notwendige Urananreicherung beim Bau von Atombomben.
Ein Jahr nach Machtübernahme der Nationalsozialisten war Hertz' akademische Karriere beendet. Er verweigerte die von den Nazis geforderte Loyalitätserklärung und ging wieder in die Industrie. Bis 1945 leitete er das Forschungslaboratorium der Siemens-Werke in Berlin.

1945–54: Aufbau der sowjetischen Atomforschung Nach Kriegsende kam Hertz aus Berlin in die UdSSR, wo er am Kernforschungszentrum in Suchumi am Schwarzen Meer arbeitete. Gemeinsam mit sowjetischen Physikern baute er dort eine großtechnische Anlage zur Anreicherung und Trennung des Uran-Isotops 235 und verschaffte der UdSSR damit die Möglichkeit zur Nutzung der Kernenergie.
Bei seiner Rückkehr siedelte er sich 1954 in der DDR an und übernahm ein Jahr später die Leitung des Physikalischen Instituts der Universität Leipzig. In mehreren Petitionen, darunter in der Göttinger Erklärung von 1957, warnte er vor einem Mißbrauch der Kernenergie. Gleichzeitig ließ er sich jedoch von der Führung der DDR (wissenschafts) politisch vereinnahmen: Er wurde Vorsitzender des wissenschaftlichen Rates zur friedlichen Anwendung der Atomenergie beim Ministerrat der DDR. Nach seiner Emeritierung zog er nach Ost-Berlin, wo er 1975 im Alter von 88 Jahren starb.

Victor Franz Hess

(24.6.1883–17.12.1964)

Der in Österreich geborene Physiker entdeckte bei Ballonaufstiegen die kosmische Strahlung. Damit leitete Hess umfangreiche Forschungen über die Höhenstrahlung ein, die u. a. 1932 zur Entdeckung des Positrons führten.

Hess wurde als Sohn eines Försters auf Schloß Waldstein bei Deutschfeistritz in der Steiermark geboren. Er studierte Physik an der Universität Graz, wo er 1910 auch promovierte. Anschließend ging er als Assistent für Radiumforschung an die Wiener Akademie der Wissenschaften. 1911 wurde er Professor.

1911–13: Höhenstrahlung Ab 1911 führte Hess Strahlungsmessungen in einigen hundert Metern Höhe durch. Ziel war es zu beweisen, daß die radioaktive Strahlung der Erde mit zunehmender Höhe abnimmt. Schon die ersten Versuche schienen diese Vermutung zu belegen: Die vom Erdboden ausgehende Gammastrahlung wird bis 500 m über der Erde fast vollständig absorbiert.

Mit diesen Resultaten gab sich Hess jedoch nicht zufrieden, sondern konstruierte eine luftdichte Ionisationskammer (Ionisation = Versetzung von Molekülen oder Atomen in elektrisch geladene Zustände), in der sich ein Meßinstrument, das sog. Elektroskop, befand. Mit dieser Apparatur unternahm Hess – gemeinsam mit seinen deutschen Kollegen Werner Kolhörster und Albert Gockel – zwischen 1911 und 1913 insgesamt zehn Ballonaufstiege, die ein

Hess' Entdeckung und die Folgen

Schnell zeigte sich, daß die Strahlung aus äußerst energiereichen Teilchen besteht. Hess hielt die Strahlung zunächst für Gammastrahlen, doch Walter Bothe und Werner Kolhörster wiesen 1929 nach, daß es sich um geladene Partikel handelt. Prallen diese mit Atomen der Lufthülle zusammen, können neue Teilchen erzeugt werden. Bei der weiteren Erforschung der Höhenstrahlen entdeckte der amerikanische Physiker Carl D. Anderson 1932 das Positron (positiv geladenes Elementarteilchen), der britische Physiker Cecil F. Powell 1947 das Pion (Elementarteilchen, das zu den unstabilen Mesonen gehört).
Auch die Zusammensetzung der kosmischen Strahlung, die aus allen Richtungen auf die Erdatmosphäre trifft, konnte geklärt werden: Sie besteht zu etwa 85 % aus Protonen (Wasserstoffkernen), zu 14 % aus Alphateilchen (Heliumkernen) sowie aus schweren Atomkernen.
Auf Hess' Erkenntnisse geht letztlich auch die Entwicklung von Teilchenbeschleunigern zurück, die hochenergetische Teilchen im Labor künstlich beschleunigen – in der Natur vollzieht sich dieser Prozeß in der Höhenstrahlung.

unerwartetes Ergebnis brachten: Die Strahlung in großen Höhen – der Ballon stieg bis auf 10 000 m – war bis zu achtmal stärker als auf dem Boden. Hess schloß daraus in seinem Untersuchungsbericht «auf die Existenz einer bisher unbekannten, sehr durchdringenden Strahlung (...), die hauptsächlich von oben kommt und wahrscheinlich außerterrestrischen Ursprungs ist».
In den 20er Jahren führte der amerikanische Physiker Robert Millikan dafür den Begriff «kosmische Strahlung» ein. Die weitere Erforschung der Höhenstrahlung lieferte u. a. Informationen über astrophysikalische Prozesse sowie über die Geschichte des Universums.

Victor Franz Hess

Emigration 1938: 1920 wurde Hess Professor an der Universität Graz. Sechs Jahre später veröffentlichte er seine Forschungsergebnisse über «Die elektrische Leitfähigkeit der Atmosphäre und ihre Ursachen». Nach kurzer Tätigkeit für ein amerikanisches Industrieunternehmen ging er 1931 nach Innsbruck, wo er auf dem Berg Hafelekar ein Observatorium zur Registrierung der Höhenstrahlung errichtete. 1936 erhielt er gemeinsam mit Anderson den Nobelpreis für Physik.
Ein Jahr später kehrte er nach Graz zurück, emigrierte jedoch nach dem «Anschluß» Österreichs an das nationalsozialistische Deutsche Reich in die USA, da er mit einer Jüdin verheiratet war. Er übernahm eine Professur an der Fordham University in New York und wurde 1944 amerikanischer Staatsbürger.

Werner Kolhörster (28. 12. 1887 – 5. 8. 1946

Der in Schwiebus bei Frankfurt an der Oder geborene Physiker bestätigte 1913 die von Victor Franz Hess entdeckte Höhenstrahlung. Ende der 20er Jahre entwickelte er mit seinem Landsmann Walter Bothe die sog. Koinzidenzmethode, mit der beide Forscher die korpuskulare Natur der kosmischen Strahlung nachwiesen. 1935 gründete er das Institut für Höhenstrahlungsforschung

Nach 1945: Kernwaffengegner Nach dem 2. Weltkrieg befaßte sich Hess mit der Messung radioaktiven Fallouts nach Atomwaffentests. Tief betroffen von den beobachteten Folgen, wandte sich der überzeugte Katholik gegen jede Form nuklearer Versuche. 1956 wurde Hess emeritiert. Acht Jahre später starb er in Mount Vernon/New York.

Walter Rudolf Hess

(17.3.1881–12.8.1973)

▸ Hirnatlas nach Tests mit Katzen ◂

Der Schweizer Neurophysiologe erforschte die Funktionen von Zwischenhirn und vegetativem Nervensystem. Seine Untersuchungen ermöglichten die Zuordnung verschiedener Körperfunktionen zu den sie steuernden Bereichen im Gehirn und beeinflußten die Medizin – besonders die Chirurgie – und Verhaltensforschung.

Der Sohn eines Physiklehrers aus Frauenfeld (Schweiz) studierte nach dem Abitur Medizin in Lausanne, Bern, Zürich, Kiel und Berlin. 1905 promovierte er zum Dr. med. und erhielt die Approbation für die Schweiz, wo er sich als Augenarzt niederließ. 1911 heiratete er Louise Sandmeier, eine ehemalige Arzthelferin der Züricher Augenklinik. Ein Jahr später nahm Hess eine Stelle am Institut für Physiologie in Zürich an, obwohl sich dadurch seine finanzielle Situation erheblich verschlechterte. Doch nun erhielt er die ersehnte Chance, sich mit physiologischer Forschung und Lehre zu beschäftigen.

Ab 1913: Untersuchung von Kreislauf und Atmung 1913 habilitierte sich Hess mit einem Thema zur Kreislaufforschung. Im 1. Weltkrieg leistete er seinen Wehrdienst bei der Schweizer Armee, wurde jedoch für Forschungsarbeiten zeitweise freigestellt. So arbeitete er z. B. ein Jahr lang beim deutschen Physiologen und Zoologen Max Verworn am Institut für Physiologie der Universität Bonn.

In den ersten zehn Jahren seiner Tätigkeit am Institut für Physiologie in Zürich befaßte sich Hess auch weiterhin mit dem Kreislaufsystem. Seine Untersuchungen zur Regulierung des Kreislaufs legte er 1930 in seiner ersten Buchveröffentlichung «The Regulation of the Circulatory System» nieder. Ein Jahr später folgte das Werk «The Regulation of Respiration», worin er die parallel verlaufenden Arbeiten über die Regulierung der Atmung darstellte.

Ab 1924: Hirnforschung 1917 wurde Hess ordentlicher Professor und Direktor des Instituts für Physiologie der Universität Zürich. Nach dem 1. Weltkrieg sammelte er bei dem englischen Physiologen John Newport Langley, der wesentliche Beiträge zum Verständnis des vegetativen Nervensystems geliefert hatte, Erfahrungen auf dem Gebiet der Neurophysiologie.

Ab 1924 untersuchte Hess Funktion und Lage der Steuerzentren für das Nervensystem im Gehirn, besonders im Zwischenhirn und im Bereich des Hypothalamus (Hirnanhangsdrüse). Ausgangspunkt für seine Forschungen war die anatomische, physiologische und pharmakologische Aufklärung des Aufbaus des vegetativen Nervensystems, das die Tätigkeit der verschiedenen Organe (z. B. Herz, Darm, Drüsen) steuert. Bereits erforscht war das Zusammenwirken der antagonistisch wirkenden Einheiten des vegetativen Nervensystems, des Sympathikus und des Parasympathikus.

Vegetatives Nervensystem

Sympatikus: Seine Aktivierung dient der Umstellung des Organismus auf höchste Alarmbereitschaft, z. B. um einer Gefahr zu begegnen.
Parasympathikus: Seine Aktivierung stimmt den Körper und die Organe auf Ruhe, Erholung und Verdauungsphase ein.

Es war auch bekannt, daß der Hypothalamus eine Kontrollfunktion über die vegetativen Nerven ausübt. Noch nicht geklärt war hingegen, wie die Zuordnung der Körperfunktionen auf bestimmte Gehirnbereiche aufgebaut ist. Es gelang Hess, die verschiedenen Bereiche im Gehirn zu identifizieren, die die einzelnen Funktionen des Organismus steuern. Dazu brachte er bei Katzen, die mit Lachgas betäubt worden waren, Elektrodenschalter am Schädelknochen an, von denen aus feine Drähte ins Gehirn eingeführt wurden. Legte man Gleich- oder Wechselstrom an die Elektrodenspitzen, so erfolgten je nach Reizort unterschiedliche Verhaltensweisen, z. B. Laufen, Umdrehen, Heben einer Pfote, Schließen eines Augenlids, Speichelfluß, Kotentleerung, Erbrechen.

1949: Medizin-Nobelpreis Die Zuordnung der Reizpunkte zu den jeweils ausgelösten Verhaltensweisen ermöglichte die Erarbeitung von Gehirnatlanten. Seine Forschungsresultate waren Ausgangspunkte für die Aufdeckung der cerebralen Steuerung von Körperfunktionen bei Menschen. Die Kenntnis derartiger Mechanismen ist für die medizinische Behandlung bei Fehlfunktioen von großer Bedeutung. 1949 erhielt Hess für seine Entdeckungen den Nobelpreis für Medizin. Er wurde 1951 emeritiert, blieb jedoch weiterhin in zahlreichen wissenschaftlichen Verbänden aktiv. Bedeutende Untersuchungen legte Hess nicht mehr vor, obwohl er sich weiterhin mit den psychischen und motorischen Aspekten seiner Forschungsresultate beschäftigte. Immer häufiger zog er sich in sein Sommerhaus in den Alpen zurück. Hess starb 1973 im Alter von 92 Jahren in Muralto/Tessin.

Walter Rudolf Hess

Jaroslav Heyrovský

(20. 12. 1890 – 27. 3. 1967)

▸ Polarographie verändert chemische Analysen ◂

Der tschechoslowakische Physikochemiker widmete sein wissenschaftliches Leben der Polarographie (Analysemethode für Metallionen, organische Substanzen und Gase), die er zu einer bedeutenden analytischen Methode der (Elektro-)Chemie weiterentwickelte. Für seine Entdeckung erhielt Heyrovský 1959 den Chemie-Nobelpreis.

Der gebürtige Prager studierte an der tschechischen Sektion der Karl-Ferdinand-Universität in seiner Heimatstadt ab 1909 Mathematik, Physik und Chemie. Nach einem Jahr setzte er seine Studien in England bei dem Chemiker William Ramsay fort. 1913 schloß Heyrovský als Bachelor of Science ab und begann bei dem Nachfolger Ramsays, dem Elektrochemiker Frederick George Donnan, seine Doktorarbeit, in der er sich mit den elektrochemischen Eigenschaften des Aluminiums beschäftigte.

Ab 1914: Dissertation im Weltkrieg Während Heyrovský einen Urlaub in Prag verbrachte, begann der 1. Weltkrieg, und er konnte nicht nach London zurückkehren. Nach einer kurzen Tätigkeit im Labor der Karl-Ferdinand-Universität wurde Heyrovský zum Militärdienst der österreichisch-ungarischen Armee einberufen. Hier war er als Röntgenologe in einem Militärhospital tätig. Dennoch konnte er bereits im Herbst 1918 seine Dissertation über die Elektrochemie des Aluminiums einreichen. Nach dem Krieg arbeitete Heyrovský als Assistent seines alten Lehrers Brauner in Prag, wo er sich weiterhin mit der Chemie des Aluminiums auseinandersetzte. Ein Jahr nach seiner Habilitation, die er 1920 abschloß wurde ihm außerdem die Doktorwürde der Universität London verliehen.

Um 1925: Entwicklung der Polarographie Den entscheidenden Anstoß zu Heyrovskýs herausragender wissenschaftlicher Leistung, der Entwicklung der Polarographie, soll ihm während seiner Doktorprüfung sein Lehrer Kučera gegeben haben. Er regte an, das Verhalten elektrochemischer Kapillarelektroden systematisch zu untersuchen. Diese Kapillarelektroden waren rund 50 Jahre zuvor konstruiert worden und bestanden aus einer Elektrolytlösung in einem Gefäß, dessen Boden mit Quecksilber bedeckt war, und einer mit Quecksilber gefüllten Kapillare, aus der Tropfen durch die Lösung fallen. Das Anlegen einer Spannung bewirkte eine Veränderung der Oberflächenspannung des Quecksilbers, und somit änderte sich auch der Flüssigkeitsstand in der Kapillare. Die graphische Auftragung der Oberflächenspannung führte zu Kurven, deren Scheitelpunkt die Entladung der Quecksilberoberfläche beschrieb. Heyrovský maß statt dessen die Ströme, die beim Anlegen einer Spannung zwischen den beiden Elektroden flossen. Er stellte fest, daß beim Vergrößern der Spannung der Strom nicht kontinuierlich, sondern schrittweise zunimmt, und entdeckte einen Zusammenhang mit den in der Elektrolytlösung vorhandenen Metallionen. Durch Auftragung der Stromspannungskurven konnten so Aussagen sowohl über die qualitative als auch die quantitative Zusammensetzung der Lösungen getroffen werden.

Die Polarographie ermöglicht die Analyse auch geringer Mengen sowie die Strukturaufklärung organischer und anorganischer Substanzen in Medizin, Industrie und wissenschaftlicher Forschung.

Der Begriff «Polarographie» wurde 1925 geprägt, als Heyrovský und sein Mitarbeiter Masuzo Shikata ein Gerät vorstellten, mit dem sie automatisch die Stromspannungskurven aufzeichnen konnten und das sie «Polarograph» nannten. Heyrovský selbst beschrieb die Polarographie als «das Studium aller Prozesse, die an einer Quecksilbertropfen-Elektrode auftreten».

Ab 1939: Arbeit unter deutscher Besetzung Nach einer Zeit als außerordentlicher Professor und Direktor des neugegründeten Instituts für Physikalische Chemie wurde er 1928 Professor für Physikalische Chemie an der Prager Universität. Kurz nach der deutschen Besetzung Prags (März 1939) wurden die tschechischen Universitäten geschlossen und die Institute von Deutschen übernommen. Der Lehrstuhlinhaber für

Jaroslav Heyrovský

Physikalische Chemie an der «Deutschen Universität zu Prag», J. Böhm, ein Schüler Fritz Habers, ermöglichte es Heyrovský jedoch, auch während der Besatzungszeit weiterzuarbeiten. Auch nach dem 2. Weltkrieg blieb Böhm in der Tschechoslowakei und wurde 1953 sogar in die Akademie der Wissenschaften des Landes gewählt.

1959 erhielt Heyrovský für die Entdeckung der Polarographie als erster Tschechoslowake überhaupt den Nobelpreis für Chemie. Ihm zu Ehren wurde das 1950 gegründete Zentrale Polarographische Institut, dessen langjähriger Direktor er war, drei Jahre vor seinem Tod 1967 in «J. Heyrovský-Institut für Polarographie» umbenannt. Heyrovský starb im Alter von 76 Jahren in seiner Heimatstadt Prag.

Frederick Gowland Hopkins

(20.6.1861–16.5.1947)

Der englische Biochemiker untersuchte den Zusammenhang zwischen Wachstum und Ernährung. Dabei stellte er fest, daß es neben Proteinen, Fetten und Kohlenhydraten sog. akzessorische Stoffe geben muß, die für den Menschen lebensnotwendig sind. Die von Hopkins vermuteten Stoffe erhielten 1912 den Namen «Vitamine».

Der in Eastbourne/Sussex geborene Sohn eines Wissenschaftlers wuchs nach dem frühen Tod des Vaters bei der Mutter auf. Mit 17 Jahren nahm er eine Stellung im Büro einer Versicherungsgesellschaft an. Die Tätigkeit befriedigte ihn jedoch nicht, so daß er bereits nach sechs Monaten kündigte und eine Chemikerlehre absolvierte. Anschließend arbeitete Hopkins am Gerichtsmedizinischen Institut des britischen Innenministeriums und besuchte Medizinvorlesungen an der Londoner Universität.

1900: Entdeckung des Tryptophans Mit einer kleinen Erbschaft begann er 1888 ein Medizinstudium in London. Nach dem Studienabschluß ging Hopkins an die Universität Cambridge und hielt dort Vorlesungen über physiologische Chemie. Seine wissenschaftlichen Arbeiten galten den Proteinen. 1900 entdeckte er das am Proteinaufbau beteiligte Tryptophan. In Experimenten bewies er, daß diese Aminosäure für den Menschen lebenswichtig ist (Tagesbedarf 0,25 g).

Anschließend untersuchte er die ernährungsphysiologische Rolle der Aminosäuren Arginin und Histidin. Weitere Arbeiten galten der Chemie der Muskeltätigkeit. 1907 wies er nach, daß Milchsäure in Muskeln nur durch Muskelaktivität entsteht.

1906: Akzessorische Stoffe Die bisherige Ernährungsforschung hatte zahlreiche Hinweise auf die Existenz bestimmter Substanzen erbracht, die für das Wachstum von Lebewesen unverzichtbar sind. Dazu gehören beispielsweise die Proteine. Allerdings gingen Ratten, die ausschließlich mit dem Protein Gelatine gefüttert wurden, ein. Daraus schloß Hopkins, daß eine Ernährung mit Proteinen allein nicht lebenserhaltend ist; gleiches stellte er für Fette und Kohlenhydrate fest. In einer Vorlesung äußerte er 1906 erstmals die Vermutung, es müsse bestimmte – scheinbar unbedeutende (akzessorische) – Stoffe geben, die für eine gesunde Ernährung unbedingt notwendig sind, vom Organismus jedoch nicht gebildet werden. Ein Mangel an solchen Faktoren, die nur in geringen Dosen erforderlich seien, könne die Ursache von Krankheiten wie Rachitis und Skorbut sein. Der polnische Biochemiker Casimir Funk prägte 1912 für die von Hopkins angenommenen Stoffe die Bezeichnung «Vitamine».

Frederick Hopkins (zweiter von links) und Mitarbeiter in seinem Laboratorium, um 1941

1926/27: Nutzen für die Margarineindustrie Zur Bestätigung seiner Annahme akzessorischer Stoffe ernährte Hopkins Ratten nur mit in ihrer Zusammensetzung bekannten Stoffen. Die auftretenden Mangelerscheinungen konnte er mit einer täglichen Milchportion beheben. Milch enthält, wie Hopkins nachwies, dic Vitamine A und B. Trotz dieses Belegs wurde Hopkins' Hypothese lange Zeit angezweifelt. 1914 erhielt Hopkins den Lehrstuhl für Biochemie an der Universität Cambridge. Er arbeitete an der Isolierung von Vitaminen und gewann 1921 erstmals das Tripeptid Glutathion aus Muskelgewebe.

Anfang der 20er Jahre meldeten zahlreiche Nahrungsmittelfirmen Interesse an Hopkins' wissenschaftlichen Erkenntnissen an und finanzierten seine Forschungen. 1926/27 kam in Großbritannien beispielsweise die erste Margarine in den Handel, die zusätzlich mit Vitaminen angereichert worden war.

1929: Nobelpreis Gemeinsam mit Christiaan Eijkman erhielt Hopkins 1929 den Nobelpreis für Medizin. Als Hopkins 1943 emeritiert wurde, hatten 75 seiner Schüler Lehrstühle für Biochemie inne. Er starb im Alter von 85 Jahren in Cambridge.

Christiaan Eijkman (11.8.1858–5.11.1930)

Der niederländische Hygieniker erkannte als erster die sog. Mangelerkrankungen und markierte den Anfang der Vitaminforschung. In Niederländisch-Ostindien erforschte er Ende des 19. Jahrhunderts die Ursachen von Beriberi, einer Krankheit, die schnelle Erschöpfung und Lähmungserscheinungen hervorrief. Zufällig erkannte Eijkman die gleichen Symptome bei Hühnern, die eine Zeitlang ausschließlich mit poliertem Reis gefüttert worden waren. Daraufhin führte er Beriberi auf Ernährungsmangel der Bevölkerung zurück, die hauptsächlich geschälten Reis verzehrte.

Edwin Powell Hubble

(20.11.1889–28.9.1953)

▸ Pionier der extragalaktischen Astronomie ◂

Der amerikanische Astronom entdeckte als erster Wissenschaftler Sterne, die in Galaxien außerhalb der Milchstraße liegen. Hubbles weitere Entdeckungen lieferten erste Belege für die Urknalltheorie.

Der in Marshfield im US-Bundesstaat Missouri geborene Hubble besuchte die Oberschule in Chicago, wo er bis 1910 auch Mathematik und Astronomie studierte. Der talentierte Sportler entschied sich gegen eine Karriere als Boxer und ging nach Oxford, um Rechtswissenschaften zu studieren. Nachdem er auch in diesem Fach einen Abschluß erhalten hatte, kehrte er 1913 in die USA zurück. Nach kurzem Zwischenspiel als Rechtsanwalt nahm Hubble seine Forschungstätigkeit wieder auf und trat 1914 eine Stellung am Yerkes Observatorium bei Chicago an.

Ab 1914: Beginn mit extragalaktischer Forschung Fortan beschäftigte sich Hubble ausführlich mit den leuchtenden interstellaren Nebeln, um sie in inner- und außergalaktische Objekte einzuteilen. Zur damaligen Zeit herrschte ein reges Interesse an der Frage, welche Strukturen, wenn überhaupt, außerhalb unserer eigenen Galaxis, der Milchstraße, existieren. Hubbles Doktorarbeit beschäftigte sich mit der Struktur der verschiedenen bekannten Nebel, doch ihm war klar, daß es für genauere Untersuchungen besserer Teleskope bedurfte, als ihm am Yerkes Observatorium zur Verfügung standen.

1923: Sterne aus anderen Galaxien Bei Eintritt der USA in den 1. Weltkrieg (1917) meldete Hubble sich als Freiwilliger. Kurz vor Kriegsende wurde er mit seiner Infanterieeinheit nach Frankreich geschickt. Hubble blieb bis 1919 in Europa und kehrte dann in die USA zurück, um eine Stelle am Mount Wilson Observatorium bei Pasadena anzutreten. Hier stand ihm mit einem 2,5-m-Reflektor ein hervorragendes Instrument zur Verfügung, um seine Arbeiten fortzusetzen. 1923 entdeckte er im Andromedanebel einen veränderlichen Stern, einen sog. Cepheiden, und im Verlauf eines Jahres fand er insgesamt 36 Sterne in diesem Nebel, davon zwölf weitere Cepheiden. Anhand dieser Sterne konnte mittels einer von Henrietta Leavitt entwickelten Methode ihre Entfernung von der Erde bestimmt werden. Hubbles Resultat, 900 000 Lichtjahre, war der Beweis, daß sie sich definitiv außerhalb unserer 100 000 Lichtjahre großen Milchstraße befanden.

1924: Insel-Theorie Hubble, der 1924 Grace Burke geheiratet hatte, entdeckte zahlreiche weitere Nebel, die verschiedenste Sterne enthielten und somit starke Ähnlichkeiten mit unserer eigenen Galaxis aufwiesen. Daher behauptete er 1924, daß es sich hierbei tatsächlich um andere Galaxien handelte, eine Theorie, die bald als «Insel-Theorie» bekannt wurde. Anschließend klassifizierte er sie nach ihrem äußeren Erscheinungsbild. Er stellte fest, daß über 90 % der Galaxien wie die Milchstraße eine regelmäßige Gestalt aufweisen, entweder als Spiralen oder Ellipsoiden. 1935 hatte Hubble die Grenzen unseres Universums auf etwa 500 Mio. Lichtjahre «erweitert».

1929: Hubble-Effekt Während er die Entfernungen und Geschwindigkeiten der verschiedenen Galaxien bestimmte, machte Hubble eine revolutionäre Entdeckung: Je weiter eine Galaxis entfernt ist, desto schneller entfernt sie sich von der Erde. Da diese Beobachtung in allen Raumrichtungen galt, mußte sich das Universum ausdehnen. Auf der Grundlage von 46 untersuchten Galaxien, deren Geschwindigkeit er anhand der Rotverschiebung ihres Lichts bestimmen konnte, formulierte er die heute als «Hubble-Effekt» bekannte Theorie der Ausdehnung des Universums. Er bestätigte damit die von dem belgischen Astronomen Abbé Georges Lemaître aus Einsteins allgemeiner Relativitätstheorie theoretisch hergeleitete Hypothese.
Hubbles Gesetz hat wichtige Konsequenzen für unser heutiges Verständnis des Universums. Einerseits ließ sich der Prozeß gedanklich umkehren und führte so zu einem Zeitpunkt, an dem das gesamte Universum in einem Punkt vereinigt war. Dies bildete die Grundlage für die «Urknalltheorie». Andererseits führten Überlegungen dazu, daß es Bereiche im Weltall gibt, die sich so

Edwin Hubble

schnell von uns entfernen, daß selbst das Licht von ihnen nicht mehr zu uns gelangen kann. Damit ist der Erforschung des Universums eine natürliche Grenze gesetzt, die als sogenannter «Hubble-Radius» bekannt ist. Innerhalb dieses Radius, der auf etwa 13 Milliarden Lichtjahre geschätzt wird, liegen alle Sterne, die sich mit weniger als Lichtgeschwindigkeit von uns entfernen.
Während des 2. Weltkriegs unterbrach Hubble seine Arbeiten und diente im US-Verteidigungsministerium als Ballistikexperte. Danach wirkte er als «elder statesman» der Astronomie wesentlich am Bau des Mount-Palomar-Observatoriums mit. Hubble starb mit 63 Jahren in San Marino/Kalifornien an einem Gehirnschlag.

Hideki Jukawa

(23. 1. 1907–8. 9. 1981)

▸ Voraussage des Mesons ◂

Der japanische Physiker erforschte die atomaren Elementarteilchen und die Kräfte, die für den Zusammenhalt des Atomkerns sorgen. 1935 postulierte er das dafür verantwortliche Meson, das zwölf Jahre später entdeckt wurde.

Der in Tokio geborene Sohn eines Geologieprofessors studierte an der Universität der japanischen Hauptstadt Naturwissenschaften. Da in Japan Lehre und Forschung keine so breite Basis wie in Europa hatten, mußte sich Jukawa einen Großteil seiner Kenntnisse selbst aneignen. Beispielsweise vertiefte er sich anhand von Originalquellen und einigen wenigen Lehrbüchern in die Quantenmechanik. 1929 beendete Jukawa seine Ausbildung in Kioto und unterrichtete während der nächsten drei Jahre an der Hochschule der Stadt. 1932 nahm er eine Stelle an der Universität Osaka an.

1935: Voraussage des Mesons Angeregt durch Arbeiten der Physiker Paul Dirac, Werner Heisenberg und Adolf Sommerfeld, wandte sich Jukawa Anfang der 30er Jahre der Erforschung der Struktur von Atomkernen zu. 1932 hatte der britische Physiker James Chadwick das Neutron entdeckt und damit die Frage nach dem Zusammenhalt des Atomkerns neu belebt: Obwohl sich im Kern nur positive, einander abstoßende Ladungen befinden – das Neutron weist keine elektrische Ladung auf –, wurde der Kern zusammengehalten. Hierfür machte Heisenberg sog. Austauschkräfte verantwortlich, deren Natur er jedoch nicht näher beschrieb.
Mit diesen Austauschkräften befaßte sich Jukawa und stellte bei Berechnungen fest, daß die Kräfte, die beim Austausch von Protonen und Neutronen entstehen, zu klein waren, um den Zusammenhalt des Kerns zu garantieren. Daraus leitete er seine Theorie der Kernkräfte ab, in der er von der Existenz einer bisher nicht bekannten Kraft im Kern ausging, an die er mehrere Anforderungen stellte: Sie mußte stark genug sein, um die abstoßenden Kräfte zwischen den Protonen überwinden zu können. Des weiteren mußte sie mit zunehmendem Abstand vom Kern schnell an Kraft verlieren, da sie außerhalb des Atomkerns nicht nachweisbar war.
Aus diesen Überlegungen schloß Jukawa auf ein Teilchen, das diese Kraft zwischen Protonen und Neutronen überträgt. Das Teilchen, das er als «Meson» bezeichnete, mußte eine etwa 200mal so große Masse wie das Elektron haben und starken Wechselwirkungen mit dem Kern unterliegen.

1937: «Halbe» Bestätigung Jukawa veröffentlichte seine Theorie 1935 im «Journal of the Mathematical and Physical Society of Japan», der führenden wissenschaftlichen Fachzeitschrift seines Landes. Der Aufsatz erregte wenig Aufsehen, da ein Teilchen mit den geforderten Eigenschaften nicht bekannt war. Erst als zwei Jahre später der amerikanische Physiker Carl D. Anderson in der kosmischen Strahlung ein Teilchen mit der von Jukawa vorausgesagten Masse entdeckte, fand die Theorie des Japaners Aufmerksamkeit. Allerdings zeigte das von Anderson gefundene μ-Meson (Müon) nicht die von Jukawa postulierten Wechselwirkungen mit dem Atomkern.

1947: Entdeckung des π-Mesons Der britische Physiker Cecil Powell fand 1947 ein Meson, das sämtliche Anforderungen Jukawas erfüllte, und bestätigte damit die zwölf Jahre alte Theorie. Zwei Jahre später wurde Jukawa mit dem Nobelpreis für Physik ausgezeichnet.

1948 ging Jukawa für fünf Jahre in die USA, wo er am Institute for Advanced Studies in Princeton sowie an der Columbia University in New York tätig war. 1953 kehrte er in seine Heimat zurück und wurde Direktor des neugeschaffenen Instituts für Physikalische Grundlagenforschung in Kioto. In den Folgejahren verhalf er der theoretischen Physik Japans zur Weltgeltung. Als Forum diente die von ihm gegründete Fachzeitschrift «Progress of Theoretical Physics». Mit 63 Jahren beendete Jukawa 1970 seine Forschertätigkeit. Elf Jahre später starb er in Kioto.

Hideki Jukawa

Cecil Frank Powell
(5. 12. 1903 – 9. 8. 1969)

Der in Tonbridge in der Grafschaft Kent geborene britische Physiker ging nach seiner Promotion 1927 an die Universität Bristol. Hier befaßte er sich zunächst mit Untersuchungen zur Ionenbeweglichkeit in Gasen. Ab den 30er Jahren entwickelte er Methoden zur Bestimmung von Masse, Ladung und Energie elektrisch geladener Teilchen. Dabei arbeitete er mit empfindlichen Emulsionen auf Fotoplatten, auf denen atomare Teilchen ihre Spuren hinterlassen. Diese sog. Kernspurplatte setzte er auf Bergspitzen und in Ballons der kosmischen Strahlung aus. Auf Platten aus den bolivianischen Anden entdeckte er 1947 gekrümmte Spuren, die auf ein Teilchen mit einer mittleren Masse schließen ließen. Er bezeichnete das Teilchen als π-Meson, kurz Pion genannt. 1950 erhielt er für seine Entdeckung den Physik-Nobelpreis.

Har Gobind Khorana

(*9. 1. 1922)

▸ Entschlüsselung des Gencodes ◂

Der in Indien geborene Biochemiker enträtselte 1965 den genetischen Code. Fünf Jahre später stellte er das erste – wenn auch unvollkommene – künstliche Gen her. 1976 pflanzte er ein kopiertes Gen in eine Zelle ein, das dort wie ein natürliches Gen arbeitete.

Der in Raipur geborene Khorana studierte Naturwissenschaften an der Universität von Punjab. Nach Ende des 2. Weltkriegs kam er nach England und promovierte 1948 mit einer Arbeit aus der organischen Chemie an der Universität Liverpool. In den folgenden Jahren arbeitete Khorana mit zwei späteren Nobelpreisträgern: Von 1948 bis 1950 in Zürich bei Vladimir Prelog, der im Bereich der Stereochemie forschte; anschließend von 1950 bis 1952 in Cambridge/Massachussets bei Alexander Todd, der sich mit Nukleotiden und Nukleotidenzymen beschäftigte. In Cambridge heiratete Khorana die Amerikanerin Esther E. Sibler (1952; drei Kinder). 1953 erhielt er eine Anstellung in Vancouver (Kanada).

Um 1960: Suche nach dem genetischen Code Khorana kehrte 1960 in die USA zurück, wo er eine Professur für Enzymforschung an der Universität Wisconsin antrat. Er nahm die amerikanische Staatsbügerschaft an, die er später jedoch wieder ruhen ließ. Bereits während seiner Zeit in Cambridge hatte Khorana nach Methoden zur Herstellung komplexer biologischer Substanzen, sog. Nukleotide, gesucht. Ende der 50er Jahre begann er mit Experimenten zur Verbindung mehrerer Nukleotide. Sein Ziel war, den unbekannten genetischen Code zu entschlüsseln.

Um das Jahr 1960 arbeiteten Forscher in zahlreichen Labors rund um den Erdball an dem Problem. Bekannt war zu diesem Zeitpunkt sowohl die Struktur der DNA (Desoxyribonukleinsäure), die der britische Biochemiker Francis Crick und der amerikanische Molekularbiologie James D. Watson 1953 beschrieben hatten, sowie der Mechanismus der Proteinsynthese. Jede Kombination von drei aufeinanderfolgenden Nukleotiden (sog. Nukleotidtriplett) entlang der DNA-Kette entspricht einer Aminosäure. Diese wird durch Verbindung von zwei Formen der Ribonukleinsäure (messenger-RNA und transfer-RNA) und Ribosomen in eine Proteinkette eingebaut. Völlig offen war allerdings die Frage, welches Nukleotidtriplett der DNA zu welcher Aminosäure gehört.

1965: Entschlüsselung 1961 gelang es dem amerikanischen Biochemiker Marshall W. Nirenberg, den ersten «Buchstaben» des genetischen «Alphabets» zu entziffern: Dem Nukleotidtriplett Uridin entspricht die Aminosäure Phenylalanin.

Zwar lieferte Nirenberg mit seinen Untersuchungen den Schlüssel für den genetischen Code, doch die eigentliche «Übersetzungsarbeit» leistete Khorana. Ihm war es gelungen, im Reagenzglas DNA künstlich zu synthetisieren, so daß ihm die Nukleotidkette bekannt war. Anschließend konnte er sie mit der RNA vergleichen, deren Synthese von der DNA gesteuert wird. Khorana wies nach, daß die Tripletts – die «Buchstaben» des Codes – einander nicht überlappen, was ihm die «Übersetzung» erleichterte: Bis Ende 1965 hatte der indische Wissenschaftler jedem Nukleotidtriplett die entsprechende Aminosäure zugeordnet. Khoranas Methode, mit der er Substanzen mit Ketten bis zu 16 Nukleotiden synthetisieren konnte, erklärte noch weitere bis dahin ungelöste Fragen, so z. B. die nach Beginn und Ende der Proteinsynthese. 1968 erhielt Khorana gemeinsam mit Nirenberg und Robert Holley, der die Voraussetzung für die Synthese kleiner Proteinmengen geschaffen hatte, den Nobelpreis für Medizin.

Gentechnologie 1968–80

1968 gelang dem Amerikaner Jonathan Beckwith die erste Abspaltung eines Gens aus einer Kette von DNA-Molekülen. In den 70er Jahren fand der Schweizer Werner Arber die sog. Restriktionsenzyme, mit deren Hilfe DNA-Fäden gezielt zerschnitten und wieder zusammengesetzt werden können. 1980 entwickelten die amerikanischen Wissenschaftler Stanley Cohen und Herbert Boyer ein Verfahren, mit dem sie fremde Gene in die DNA von Bakterien einschleusten.

Har Gobind Khorana, 1968

1970: Erstes künstliches Gen 1970 wechselte Khorana als Professor an das Massachusetts Institute of Technology in Cambridge. Dort gelang ihm im selben Jahr die erste künstliche Herstellung eines Gens. Allerdings erwies sich das künstliche Gebilde (Gen einer Hefezelle) als unvollkommen und konnte nicht in die Zelle eingepflanzt werden. Daraufhin versuchte Khorana, das Gen einer Kolibakterie zu kopieren. Nach sechsjähriger Forschungsarbeit bewies er 1976, daß das künstliche Gen, das er in eine Bakterienzelle eingepflanzt hatte, dort wie ein natürliches Gen bei der Informationsübertragung arbeitete. In der zweiten Hälfte der 70er Jahre analysierte Khorana u. a. Eiweißkörper und untersuchte die Struktur von künstlichen Zellmembranen.

Andrej Nikolajewitsch Kolmogorow

(25.4.1903–20.10.1987)

▸ Wahrscheinlichkeit als exakte Wissenschaft ◂

Der sowjetische Mathematiker galt als Universalforscher in seinem Fach. Kolmogorows Hauptleistung war die Entwicklung der Wahrscheinlichkeitstheorie, für die er vielfältige Anwendungsmöglichkeiten aufzeigte. Außerdem machte er sich als Pädagoge und Verfasser von Lehrbüchern einen Namen.

Der in Tambow geborene Sohn eines Agrarökonomen mußte schon als kleiner Junge ohne seine früh verstorbene Mutter auskommen und wurde von einer Tante erzogen. Mit 17 Jahren beendete Kolmogorow die Schule, 1920 schrieb er sich als Student für Gesellschaftswissenschaften, Geschichte und Mathematik an der Moskauer Universität ein, wo er zudem Seminare über russische Kunstgeschichte, die ihn sein Leben lang interessierte, belegte. Nach kurzer Zeit konzentrierte er sich ganz auf die Mathematik.

Ab 1921: Erste wissenschaftliche Erfolge Kolmogorow beschäftigte sich zunächst mit trigonometrischen Reihen, um sich anschließend als Lehrbeauftragter mit Mengentheorien auseinanderzusetzen. 1921 verallgemeinerte er die Kenntnisse über analytische Mengen, die keine Borel-Mengen (Mengen, denen ein Wahrscheinlichkeitsmaß zugeordnet werden kann) sind. Kolmogorow hatte damit eine Grundlage für Quantifizierung (Messung) in der Stochastik (Bereich der Statistik zur Analyse von Ereignissen, die vom Zufall abhängen) gelegt. 1925 erweiterte und vereinheitlichte er die Anwendungsmöglichkeiten von sog. Fourier-Reihen. Dabei handelt es sich um Reihen, mit denen Funktionen durch periodische Funktionen näherungsweise dargestellt werden können, z. B. die Kurve eines gleichgerichteten Wechselstroms.

Anfang der 30er Jahre: Topologie Unabhängig von seinem amerikanischen Kollegen John von Neumann untersuchte Kolmogorow sog. topologische Strukturen in Vektorräumen. Topologie ist das Teilgebiet der Geometrie, das sich mit Eigenschaften von geometrischen Körpern beschäftigt, die bei topologischen Abbildungen erhalten bleiben. Eine topologische Abbildung ist z. B. die Verformung eines Rings, ohne den Ring zu zerreißen. Kolmogorows Verdienst war es, die Topologie auf Vektorräume zu übertragen. Eine Menge von Objekten (z. B. Verschiebungen im Raum) heißt Vektorraum über den reellen Zahlen, wenn in ihr ganz bestimmte, festgelegte mathematische Regeln erfüllt werden (z. B. Kommutativgesetz der Addition: $a+b = b+a$). Darüber hinaus führte er weitere Anwendungsverbesserungen in die Topologie ein, u. a. die sog. Kohomologieringe, durch die sich die Möglichkeiten der Topologie erheblich erweiterten.

1933: «Grundbegriffe der Wahrscheinlichkeitsrechnung» Nach zahlreichen Forschungserfolgen – u.a. stellte er 1928 das Gesetz der großen Zahlen (wenn Zufallsexperimente oft genug ausgeführt werden, dann tendiert die Irrtumswahrscheinlichkeit für Vorhersagen gegen Null; z.B. Chance, eine Sechs zu würfeln = ein Sechstel) und ein Jahr später das sog. Gesetz sich wiederholender Logarithmen auf – veröffentlichte Kolmogorow 1929 erste Ergebnisse über Wahrscheinlichkeitstheorie und deren Messung.
Vier Jahre später faßte Kolmogorow, seit 1930 Universitätsprofessor in Moskau, alle Resultate in seinem bedeutendsten Werk «Grundbegriffe der Wahrscheinlichkeitsrechnung» zusammen, das erstmals die Axiome dieses Fachgebiets der Mathematik festlegte und allgemeinverbindliche Maße einführte. Im selben Jahr übernahm er mit 27 Jahren die Leitung des Mathematischen Instituts der Universität.

30er Jahre: Anwendungen Kolmogorow entwickelte außerdem eine Reihe detaillierter Anwendungsmöglichkeiten zur Wahrscheinlichkeitstheorie. Eines von zahlreichen Beispielen ist der mit seinem Kollegen Nikolai W. Smirnow ausgearbeitete Test, der die Prüfung erlaubt, ob zwei Stichproben aus derselben Grundgesamtheit stammen. Kolmogorows Ergebnisse der Wahrscheinlichkeitstheorie veränderten nicht nur die Mathematik, sondern sämtliche Wissenschaften, in denen quantifizierbare Daten erhoben werden – besonders jedoch die Naturwissenschaften.

Andrej Kolmogorow

1941: Theorie der Turbulenzen 1939 wurde Kolmogorow, der sich außerdem als begnadeter Lehrer und Pädagoge hervortat, in die Akademie der Wissenschaften der UdSSR aufgenommen. Nach dem deutschen Überfall auf die Sowjetunion setzte er seine Erfahrungen ab 1941 für die Rüstungsindustrie seines Landes ein. In seiner Theorie der Turbulenzen untersuchte er den Rückstoß der Antriebsdüsen bei Flugzeugen.
Darüber hinaus entwickelte er mit der Theorie dynamischer Systeme in den 50er Jahren eine der Grundlagen für die Berechnung der Planetenbewegungen. Der Verfasser zahlreicher Lehrbücher, der sich seit den frühen 30er Jahren konsequent und erfolgreich für eine Ausweitung des Mathematikunterrichts an allen sowjetischen Schulen eingesetzt hatte, starb 1987 im Alter von 84 Jahren in Moskau.

Arthur Kornberg

(*3. 3. 1918)

Der amerikanische Biochemiker isolierte aus Kolibakterien ein Enzym (Kornberg-Polymerase), das die Synthese von DNA und deren Reproduktion ermöglichte. 1959 erhielt Kornberg den Medizin-Nobelpreis.

Den ersten Teil seines Studiums absolvierte der aus Brooklyn/New York stammende Kornberg am City College New York, wo er Chemie und Biologie belegte. Anschließend wechselte er zur Rochester School of Medicine, die er 1941 nach seiner Promotion in Medizin verließ. Nach einer kurzen Zeit am Strong Memorial Hospital diente er im 2. Weltkrieg ein Jahr als Leutnant der amerikanischen Küstenwache.

Nach 1945: Nukleotid-Forschung Die folgenden elf Jahre verbrachte Kornberg am National Institute of Health in Bethesda/Maryland. Während dieser Zeit entdeckte er unter anderem die Reaktionen, welche zur Bildung der für den Zellstoffwechsel wichtigen Coenzyme Diphosphoridin-Nukleotid (DPN) und Flavin-Adenin-Nukleotid (FAD) in den Körperzellen führen. Von 1953 bis 59 war Kornberg Professor und Leiter des Instituts für Mikrobiologie an der Washington School of Medicine in St. Louis. Hier beschäftigte er sich mit den enzymatischen Reaktionen bei der Synthese von Ausgangsstoffen für die DNA-Bestandteile Cytosin und Thymin. Außerdem fand Kornberg das Enzym, das für die Synthese von Polyphosphaten in Bakterien verantwortlich ist.

Ab 1953: DNA-Enzymforschung In Washington begann Kornberg seine Arbeiten über die enzymatischen Bedingungen der DNA-Synthese, jener Substanz, die die Erbinformationen von Lebewesen trägt. 1944 hatte der Kanadier O. T. Avery bei Arbeiten an Pneumokokken (Milchsäurebakterien) festgestellt, daß mittels der DNA bestimmte Eigenschaften eines Bakterienstammes auf den anderen übertragen und dann auch vererbt werden konnten. Neun Jahre später zeigte der amerikanische Biochemiker Alfred Hershey, daß Bakterien von Viren durch Übertragung der Viren-DNA infiziert wurden. Also mußte die DNA die für die Vererbung entscheidende Substanz sein. Ebenfalls 1953 stellten der Engländer Francis Crick und sein amerikanischer Kollege James Watson ihren Strukturvorschlag für die Desoxyribonukleinsäure vor. Ihr Modell bestand aus zwei komplementären, ineinander verwundenen Ketten, die über Wasserstoffbrücken zwischen spezifischen Basenpaaren, den Nukleotiden (Adenin, Thymin, Guanin, Cytosin) miteinander verknüpft sind. Anhand dieses Modells ergab sich bald eine Hypothese, wie im Fall der Zellteilung eine Kopie des DNA-Moleküls erzeugt werden konnte. Man stellte sich vor, daß sich der DNA-

Doppelstrang (Helix) öffnet und an jedem einzelnen Strang die passenden komplementären Basen angelagert werden. Folge: Am Ende des Vorgangs liegen zwei vollständige DNA-Doppelketten vor.

1955: Künstliche DNA-Produktion Kornberg vermutete, daß die DNA-Biosynthese auf einem ähnlichen Mechanismus wie die FAD- und DPN-Biosynthese basieren müsse. Ab 1955 arbeitete er mit dem Bakterium Escherichia Coli, das er wegen seiner hohen Reproduktionsrate für besonders geeignet hielt. Ein radioaktiv markiertes Nukleotid und der Energielieferant ATP (Adenosintriphosphat) wurden mit den Bakterien inkubiert. Kornberg fand tatsächlich eine zwar geringe, aber signifikante Menge des Nukleotids, die zu DNA umgewandelt worden war.
Um die Resultate zu verbessern, versuchte er nun, jenes Enzym aus den Bakterien in reiner Form zu gewinnen, das für die DNA-Biosynthese verantwortlich ist. Während der Präparationsarbeiten des gesuchten Enzyms, dem er den Namen «DNA-Polymerase» gegeben hatte, zeigte sich, daß alle vier Nukleotide in einer bestimmten Form, als Triphosphat, vorliegen mußten, damit die Reaktion ablaufen konnte. Außerdem mußte auch DNA – gewissermaßen als Muster – im Reaktionsmedium vorkommen. Schließlich konnte Kornberg nach zahlreichen Untersuchungen zeigen, daß es mit der DNA-Polymerase unter bestimmten Reaktionsbedingungen tatsächlich gelingt, eine vorliegende DNA-Struktur exakt zu kopieren und somit zu vervielfältigen.

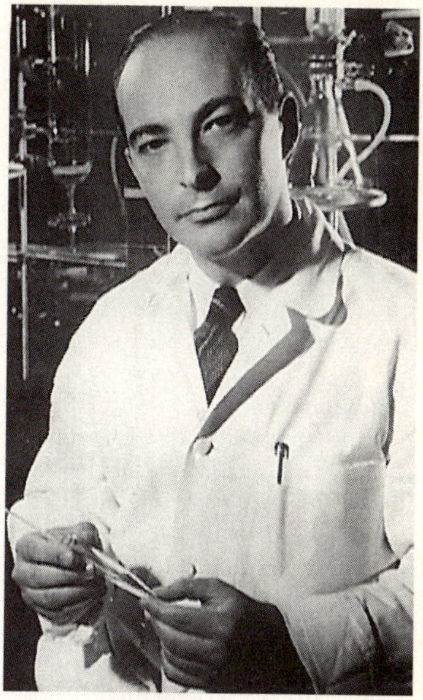

Arthur Kornberg

1959: Medizin-Nobelpreis Durch weitere Arbeiten an anderen Zellen – wie z. B. Tumorzellen oder Zellen der Thymusdrüse – wies Kornberg auch hier die DNA-Polymerase nach. In der Folge erschienen weitere Arbeiten, die für die Vermehrung der Ribonukleinsäure (RNA) ein analoges Enzym beschrieben. Durch Kornbergs Aufklärung der DNA-Biosynthese konnte somit zum erstenmal ein geschlossener enzymatischer Mechanismus für die Vererbung formuliert werden. Für diese Entdeckung erhielt Kornberg 1959 den Nobelpreis für Medizin. Im selben Jahr wechselte er als Leiter des Instituts für Biochemie an die Stanford-Universität nach Palo Alto im Bundesstaat Kalifornien, wo Kornberg seitdem lebt.

Hans Adolf Krebs

(25.8.1900–22.11.1981)

▸ Aufdeckung des Zellstoffwechsels ◂

Die Hauptleistung des britischen Biochemikers deutscher Herkunft ist die Entdeckung des nach ihm benannten Krebs- oder Zitronensäurezyklus, des zyklischen Stoffwechselprozesses, der die Energieversorgung des Organismus und den Aufbau körpereigener Substanzen regelt. Für diese Entdeckung erhielt Krebs 1953 den Medizin-Nobelpreis.

Der Sohn eines Arztes wurde in Hildesheim geboren. 1918–23 studierte Krebs Medizin an den Universitäten in Göttingen, Freiburg und Berlin. Nach seiner Promotion (1925) absolvierte er ein weiteres Studienjahr in Berlin – diesmal in Chemie, ehe er 1926 Assistent bei Otto Warburg am Kaiser-Wilhelm-Institut für Biologie wurde (bis 1930). In dieser Zeit begann Krebs mit der Erforschung der physiologischen Vorgänge, durch die Nahrung in Energie und in lebensnotwendige körpereigene Aufbaustoffe umgewandelt wird.

Ab 1930: Harnstoffzyklus Nach seiner Habilitierung praktizierte Krebs 1930–33 als Arzt an Kliniken in Hamburg und Freiburg und war gleichzeitig in der biochemischen Forschung tätig, wo er zusammen mit Kurt Henseleit den sog. Harnstoffzyklus entdeckte. Die biochemischen Forschungen der damaligen Zeit hatten verdeutlicht, daß beim Stoffwechsel bestimmte physiologische Prozesse in zyklischen Reaktionsfolgen ablaufen, in denen nach einigen Schritten wieder der Ausgangspunkt erreicht wird. Krebs und Henseleit deckten die biochemischen Prozesse auf, durch die das giftige Ammonium, das aus der Spaltung stickstoffhaltiger Nahrung anfällt, in ungiftigen Harnstoff umgewandelt wird, der dann aus dem Körper ausgeschieden wird. Bei diesem mehrstufigen Prozeß erfolgt gleichzeitig die Synthetisierung der lebensnotwendigen Aminosäure Arginin, wie die Forscher nachwiesen.

1933: Flucht aus Deutschland Nach der Machtübernahme der Nationalsozialisten verlor Krebs als Jude seine Stellung. Er floh und mußte seinen Besitz zurücklassen. Ein Arbeitsangebot der Cambridge University und ein Stipendium der Rockefeller-Stiftung ermöglichten ihm in England einen neuen Start. In Cambridge arbeitete er unter Frederick Gowland Hopkins, einem der Begründer der Vitaminforschung. 1935 verließ Krebs, der inzwischen einen Doktortitel in Biochemie erhalten hatte, die Hochschule und nahm eine Stellung als Dozent für Pharmakologie an der Universität von Sheffield an. 1938 wurde er Dozent an der neugegründeten Abteilung für Biochemie. Hier kam Krebs zunächst in die kriegswichtige Nahrungsmittelforschung. 1945 erhielt er eine Professur für Biochemie.

Ab 1936: Zitronensäurezyklus Zu dieser Zeit war Krebs bereits mit der Aufklärung des später nach ihm benannten Zyklus (der auch als Zitronensäurezyklus bekannt ist) beschäftigt. Wie bereits beim Harnstoffzyklus wies er nach, daß große Teile der Atmung in einem geschlossenen Kreis ablaufen. Die Entdeckung des Krebs-Zyklus war ein Meilenstein für die Biochemie, da sie das allgemeine Verständnis über die Zusammenhänge des Zellstoffwechsels erhöhte und damit die Energiezufuhr im Körper beschrieb.

Krebs-Zyklus

Zunächst wird das durch Zuckerabbau freigesetzte Acetyl-Coenzym A durch eine Aldolkondensation mit Oxalacetat zu Citrat verknüpft. Durch aufeinanderfolgende Decarboxylierungen, katalysiert von der Isocitrat-Dehydrogenase, verlassen zwei Kohlenstoffatome den Kreislauf in Form von CO_2. Zusammenfassend werden durch eine Reihe enzymatisch ablaufender Reaktionen Energie, Kohlendioxid, Wasser und schließlich Oxalacetat gebildet. Das entstehende Oxalacetat kann wieder mit Acetyl-Coenzym A reagieren und so einen neuen Kreisprozeß einleiten.

Bei der Entdeckung des Zyklus hatte sich Krebs auf Grundlagenforschungen des deutsch-amerikanischen Biochemikers Fritz Albert Lipmann (Entdecker des Coenzyms A) und des ungarischen Wissenschaftlers Albert Szent-Györgyi (Entdecker des Vitamins C) gestützt.

1953: Medizin-Nobelpreis Zusammen mit Fritz Lipmann erhielt Krebs

Hans Adolf Krebs

1953 den Medizin-Nobelpreis für die Entdeckung des Zitronensäurezyklus. Ein Jahr später nahm Krebs die ihm angebotene Professur für Biochemie an der Universität Oxford an, die er bis zu seiner Emeritierung 1967 innehatte. Hier entdeckte er gemeinsam mit Hans L. Kornberg seinen insgesamt dritten Kreislaufprozeß im Stoffwechsel, den Glyoxalatzyklus, eine Abwandlung des Zitronensäurezyklus für Stoffwechselvorgänge bei Mikroorganismen und Pflanzen.
Nach seiner Emeritierung übernahm der britische Biochemiker die Leitung des Instituts für Stoffwechselforschung am Radcliffe-Krankenhaus in seiner zweiten Heimat Oxford, wo er 1981 im Alter von 81 Jahren starb.

Richard Kuhn

(3.12.1900–31.7.1967)

▸ Farbe spürt Vitamine auf ◂

Der deutsch-österreichische Biochemiker entdeckte eine Gruppe von Naturfarbstoffen (Flavine), mit deren Hilfe er Struktur und Synthese von Carotinoiden und Vitaminen klärte. Für diese Leistung erhielt Kuhn 1938 den Nobelpreis für Chemie.

Der Ingenieurssohn studierte ab 1918 Chemie an der Universität Wien; zwei Jahre später ging er nach München. Sein wissenschaftlicher Aufstieg vollzog sich in außergewöhnlich kurzer Zeit. Bereits 1922 promovierte er bei Richard Willstätter in München «Über die spezifischen Eigenschaften der Fermente». 1925 habilitierte sich Kuhn ebenfalls bei Willstätter mit einer Arbeit über den Wirkmechanismus von Amylasen. Schon mit 25 Jahren wurde Kuhn zum Professor an der ETH Zürich berufen. Drei Jahre später zog es ihn als Honorarprofessor der Chemie an die Universität Heidelberg, wo er bis 1950 lehrte. Mit 28 Jahren gehörte er zum Vorstand des Instituts für Chemie am Kaiser-Wilhelm-Institut für Medizinische Forschung in Heidelberg.

Ab 1928: Carotinoid-Foschung Bei Versuchen mit Ratten stießen britische Wissenschaftler auf einen für das gesunde Wachstum von Kleintieren notwendigen Nahrungsfaktor, das Vitamin A. Der Mangel an Vitamin A führte bei den Versuchstieren zu einer Augenentzündung. Um 1920 wurde der Zusammenhang zwischen den gelben und roten Pflanzenfarbstoffen, den Carotinoiden, und dem Vitamin A gefunden. In umfangreichen Arbeiten entschlüsselte Kuhn mit Hilfe der Flavine, einer Gruppe von Naturfarbstoffen, die (bio)chemische Struktur und Funktion von acht Carotinoiden und verwandten Substanzen. Dabei zeigte sich, daß das Vitamin A ein Spaltprodukt des z.B. in Karotten reichlich vorhandenen Carotins (Provitamin A) ist. Mangel an Vitamin A führt beim Menschen zu Sehstörungen, die bis zur völligen Blindheit führen können. In der Leber der Wirbeltiere wird Vitamin A in großen Mengen gespeichert. Daher erklärt sich auch die Wirkung des Stärkungsmittels Lebertran, das seit dem 18. Jahrhundert erfolgreich als Heilmittel bei Rachitis, Gicht und Rheumatismus eingesetzt wurde.

30er Jahre: Vitamin-Forschung Die Erforschung von Ernährungskrankheiten beschleunigte die Suche nach den Vitaminen und ihren verschiedenen chemischen und physikalischen Eigenschaften. Die Vitamine wurden zunächst je nach ihrer Löslichkeit in Fett oder Wasser als Vitamin A (fettlöslich) und Vitamin B (wasserlöslich) klassifiziert. Wesentliche Beiträge zur Aufklärung der Vitamine A und B_2 lieferten unabhängig voneinander der Schweizer Chemiker Paul Karrer und Kuhn, der 1939 die chemische Zusammensetzung des Vitamins B_6 (Pyridoxin) ermittelte. Zur Strukturaufklärung setzte der Biochemiker physikalische Methoden wie polarisiertes Licht sowie chromatographische Verfahren ein. Ein zuerst aus Molke isoliertes gelbes Pigment mit wachstumsfördernden Eigenschaften, das Riboflavin, wurde als Vitamin B_2 bezeichnet. Kuhn wies die Existenz von Vitamin B_2 nach; er fand es in Milch, Hefe und im Hühnerei, in Leber, Herz und Niere sowie in den grünen Blättern der Pflanzen. Darüber hinaus stellte Kuhn fest, daß Riboflavin-Mangel für Hautentzündungen, Durchfall und Erbrechen sowie für Wachstumsstillstand verantwortlich ist. Der Tagesbedarf des Menschen beträgt etwa 1 mg.

Vitaminmangelkrankheiten

Im späten 19. Jahrhundert wurde erstmals die Bedeutung der Grundnahrungsmittel für die gesunde körperliche Entwicklung des Menschen und für die Bekämpfung von Mangelkrankheiten erkannt. 1881 hatte der russische Mediziner Nikolaj Lunin die Behauptung aufgestellt, daß in der Nahrung außer Eiweiß, Fetten, Kohlenhydraten, Mineralsalzen und Wasser noch unbekannte, lebenswichtige Stoffe enthalten seien, die zu Beginn des 20. Jahrhunderts den Namen «Vitamine» erhielten. Zunehmend setzte sich bei Wissenschaftlern die Einsicht durch, daß die zum Teil epidemieartig auftretenden Krankheiten wie Skorbut, Pellagra oder Beriberi Vitaminmangelkrankheiten (sog. Avitaminosen) darstellten.

Richard Kuhn

1938: Chemie-Nobelpreis Ab 1937 leitete Kuhn bis zu seinem Tod das Kaiser-Wilhelm-Institut für Medizinische Forschung (ab 1946 Max-Planck-Institut). Für seine Arbeiten über Carotinoide und Vitamine erhielt er 1938 den Chemie-Nobelpreis. Die Übergabe erfolgte erst nach dem 2. Weltkrieg, da Kuhn den Preis aufgrund eines Verbots des nationalsozialistischen Hitler-Regimes in Deutschland zunächst nicht annehmen durfte.

Der Professor für Biochemie an der Universität Heidelberg (ab 1950) beschäftigte sich in den 50er Jahren mit Resistenzfaktoren, vor allem in der Muttermilch, aus der er Kohlenhydrate (Oligosaccharide) isolierte und analysierte. Im Alter von 66 Jahren starb Kuhn 1967 in seiner Wahlheimat Heidelberg.

Lew Dawidowitsch Landau

(22. 1. 1909 – 1. 4. 1968)

▸ Theoretiker der Quantenflüssigkeiten ◂

Der sowjetische Nobelpreisträger (1962) arbeitete auf nahezu allen Gebieten der Physik sowohl experimentell wie auch theoretisch. Zu seinen herausragenden Untersuchungen gehört die Erforschung verflüssigter Materie, die zur Theorie der Quantenflüssigkeiten (1941–47) führte.

Der in Baku geborene Sohn einer Ärztin und eines Erdölingenieurs beendete die Schule als 13jähriger. Ab 1922 besuchte er die Universität seiner Heimatstadt und studierte an der physikalisch-mathematischen sowie an der chemischen Fakultät.

Ab 1927: Wissenschaftliche Karriere 1924 wechselte Landau an die Hochschule in Leningrad. Zwei Jahre später legte er seine erste wissenschaftliche Veröffentlichung «Zur Theorie der Spektren zweiatomiger Moleküle» vor; 1927 folgte eine grundlegende Arbeit zur Quantenmechanik. Im selben Jahr erhielt er als 19jähriger die Doktorwürde.

Seine wissenschaftliche Ausbildung vervollkommnete Landau ab 1929 während eines anderthalbjährigen Auslandsstipendiums. In dieser Zeit studierte er bei fast allen Größen der Physik: Niels Bohr, Max Born, Werner Heisenberg und Ernest Rutherford. Nach der Rückkehr in die Heimat übernahm Landau die Leitung der Theoretischen Abteilung des Physikalisch-Technischen Instituts in Charkow. Seine Karriere als Wissenschaftler vollzog sich schnell: Ab 1933 war er Professor für Theoretische Physik, ab 1935 für Allgemeine Physik in Charkow.

1935: Arbeiten zum Ferromagnetismus Seit Anfang der 20er Jahre befaßte sich Landau mit dem Dia- und dem Ferromagnetismus. Wie auch auf allen anderen physikalischen Gebieten war sein Interesse rein theoretischer Natur. 1935 gelang es ihm, die magnetischen Bereiche mathematisch zu erfassen: Die Elementarmagnete der Ferromagnetika sind keine Atome oder Moleküle, sondern die sog. Weiss'schen Bezirke (benannt nach ihrem Entdecker, dem französischen Physiker Pierre Weiss). Sie sind durch äußere Magnetfelder beeinflußbar und stellen sich bei wachsender Feldstärke immer mehr in Richtung des Feldes ein, weisen also schließlich alle in dieselbe Richtung. Ab 1938 veröffentlichte Landau das mehrbändige «Lehrbuch der theoretischen Physik».

Ferromagnetismus

Stärkste Erscheinungsform des Magnetismus. Die Elementarmagnete sind durch Wände voneinander getrennt. Nicht umkehrbare Verschiebungen dieser Wände verursachen die sog. Remanenz: Es bleibt eine Magnetisierung, die nur durch starke mechanische Erschütterungen oder Ausglühen zerstört werden kann.

1941–47: Theorie der Quantenflüssigkeiten Beeindruckt von Landaus theoretischem Denkvermögen, holte ihn der sowjetische Physiker Pjotr L. Kapiza 1937 an das neugegründete Akademie-Institut für Physikalische Probleme in Moskau. Im April 1938 wurde Landau Opfer fadenscheiniger politischer Anschuldigungen im Zuge von Stalins «Säuberungswelle» gegen politisch mißliebige Personen. Erst nach einjähriger Inhaftierung kam er auf Intervention Kapizas wieder frei.
Zurück in Moskau, befaßte sich Landau mit dem Verhalten von Stoffen bei tiefsten Temperaturen. 1938 hatte Kapitza die sog. Suprafluidität des verflüssigten Heliums entdeckt: Bei einer bestimmten Temperatur sinkt die Viskosität (Zähflüssigkeit) sprunghaft auf sehr kleine Werte ab. 1941 publizierte Landau die theoretische Erklärung für dieses Phänomen auf quantenmechanischer Grundlage – die Theorie der Quantenflüssigkeiten, die er 1947 modifizierte. Mit Landaus Arbeiten war es gelungen, die Eigenschaften von Flüssigkeiten vollständig darzustellen, wie dies zuvor bereits mit den Charakteristika der Kristalle und Edelgase geschehen war.

1950: Theorie zur Supraleitung Auf der Beobachtung des Heliums baute Landau 1950 auch seine gemeinsam mit dem sowjetischen Physiker Witali Ginzburg entwickelte phänomenologische Theorie der Supraleitung auf. Sie erfaßt die elektromagnetischen Eigenschaften solcher Leiter quantitativ und erlaubt z. B. die Vorhersage der Heliumeigenschaften bei extrem niedrigen Temperaturen.

Lew Landau

Die von Landau und Ginzburg vorausgesagten suprafluiden Elektronen wurden 1956 von dem US-Physiker Leon Cooper experimentell bestätigt. Die nachgewiesene Existenz dieser sog. Cooper-Paare war Voraussetzung für eine umfassende Theorie der Supraleitung.

1962: Unfall «Für seine bahnbrechenden Theorien über kondensierte Materie» erhielt Landau 1962 den Physik-Nobelpreis. Allerdings konnte er die Auszeichnung nicht mehr selbst entgegennehmen. Anfang 1962 war er schwer verunglückt und in ein tiefes Koma gefallen. Zwar retteten die Ärzte sein Leben, doch trug Landau irreparable geistige Schäden davon und starb sechs Jahre später in Moskau.

Karl Landsteiner

▸ Vater der Immunologie ◂

(14.6.1868–26.6.1943)

Der österreichisch-amerikanische Mediziner und Biologe begründete durch seine Blutuntersuchungen die Immunologie und beschäftigte sich auch mit bakteriologischer Forschung. Für die Entdeckung der Blutgruppen erhielt Landsteiner 1930 den Medizin-Nobelpreis.

Karl Landsteiner wurde als einziger Sohn des Zeitungsverlegers Leopold Landsteiner in Wien geboren. Nach dem Besuch des Gymnasiums studierte er ab 1885 in seiner Heimatstadt Chemie und Medizin. Im Anschluß an seine Promotion zum Dr. med. (1891) wandte er sich bis 1896 biochemischen Forschungsaufgaben zu, u.a. während eines dreijährigen Aufenthalts bei Emil Fischer in Würzburg. Anschließend kehrte er nach Wien zurück, wo er seinen Lebensunterhalt ab 1896 durch Assistentenstellen verdiente. Bei seiner elfjährigen Zusammenarbeit mit Anton Weichselbaum, dem Entdecker des Meningitis-Erregers, eignete sich Landsteiner Kenntnisse in Pathophysiologie an – ein Fachgebiet, in dem er sich 1903 habilitierte.

1900: Entdeckung der Blutgruppen
Um die Jahrhundertwende stieß Landsteiner bei seinen Untersuchungen auf die bis dahin unbekannten Blutgruppen. Seine Experimente zeigten, daß die beim Mischen von Blut häufig beobachtete Zusammenballung (Agglutination) der roten Blutkörperchen nicht krankheitsbedingt vorkommt, sondern als physiologische Erscheinung auf charakteristischen Unterschieden des Blutes bei Individuen beruht. Landsteiner fand drei verschiedene Blutgruppen, die er zunächst mit A, B und C (später 0) bezeichnete. Eine vierte Blutgruppe (AB) wurde erstmals 1901 von Landsteiners Mitarbeitern Alfred von Decastello und Adriano Sturli aufgespürt.

Blutübertragung im 19. Jahrhundert

Im 18. Jahrhundert war es üblich, kranke Patienten zur Ader zu lassen. Zuweilen gab es auch Ärzte, die Blutübertragungen vornahmen. Das benötigte Blut wurde entweder einem gesunden Menschen oder einem Tier entnommen. In einigen Fällen trat eine Genesung ein, häufiger fanden die Patienten jedoch den Tod. Gegen Ende des 19. Jahrhunderts wurden daher Blutübertragungen in den meisten europäischen Ländern verboten.

Landsteiner entwickelte eine Technik zur Blutgruppenbestimmung und fand heraus, daß die Zusammenballung der roten Blutkörperchen bei Blutübertragungen durch Antikörper hervorgerufen wird, die gegen rote Blutzellen anderer Blutgruppen aktiv werden. Die praktische Bedeutung seiner Entdeckung wurde spätestens im 1. Weltkrieg deutlich, als Hunderttausende Soldaten auf Blutübertragungen angewiesen waren.

1908: Forschung zur Kinderlähmung Als Leiter der pathologischen Abteilung am Wilhelmsspital in Wien brachte Landsteiner die Poliomyelitis-Forschung (Kinderlähmung) mit Hilfe einer Serumdiagnose 1908 entscheidend voran: Seine Grundlagenforschung am Polio-Virus trug wesentlich zur späteren Entwicklung der Schluckimpfung bei.
Nach dem 1. Weltkrieg zog Landsteiner mit seiner Frau Helene und seinem Sohn nach Den Haag, um eine Stellung am Ziehenhuis-Spital anzunehmen, da er mit den Arbeitsbedingungen in Wien unzufrieden war. 1922 folgte er einem Ruf an das Rockefeller-Institut für medizinische Forschung in New York und wurde Leiter einer neugegründeten Abteilung für Pathologie und Bakteriologie. Nach zahlreichen Untersuchungen fanden Landsteiner und seine Mitarbeiter weitere Blutfaktoren und Differenzierungsmerkmale, wodurch sich die Anwendungsmöglichkeiten der Blutgruppenbestimmung – z. B. für Vaterschaftstests (Gerichtsmedizin) – erweiterten. 1930 erhielt Landsteiner den Nobelpreis für Medizin.

1940: Entdeckung des Rhesusfaktors Drei Jahre vor seinem Tod in New York fanden der 72jährige und seine Assistenten Alexander Wiener und Philip A. Levine einen weiteren Blutfaktor, den Landsteiner als Rhesusfaktor (er war zuerst im Blut von Rhesusaffen entdeckt worden) bezeichnete: Bei der Untersuchung einer Krankheit, die Föten und Neugeborene befällt und die roten Blutkörperchen zerstört, hatten sie festgestellt, daß dem Blut der Mutter in einigen Fällen dieser Rhesusfaktor fehlte. Die Mütter waren Rh-negativ, die Väter dagegen waren Träger des genetisch dominanten Rhesusfaktors (Rh-positiv). Alle Nachkommen waren daher auch Rh-positiv. Das Blut der Föten verursachte jedoch offenbar im Blut der Mütter die Produktion von Antikörpern gegen den positiven Rhesusfaktor. Diese Antikörper gelangten wieder ins Blut der Föten und zerstörten dort die roten Blutkörperchen.
Durch Landsteiners Entdeckung wurde die routinemäßige Überprüfung des Rhesusfaktors möglich. Im Ernstfall konnte das Blut des Kindes durch Transfusionen ausgetauscht werden, wodurch die Zahl der Todesfälle deutlich sank.

Karl Landsteiner, um 1931

Irving Langmuir

(31. 1. 1881 – 16. 8. 1957)

▸ Begründer der Oberflächenchemie ◂

Der amerikanische Chemiker und Physiker setzte seine theoretischen Kenntnisse über das Verhalten von Stoffen auf heißen Metalloberflächen in praktische Erfindungen um (z. B. Verbesserung von Glühbirnen und Schweißgeräten). 1932 erhielt Langmuir den Nobelpreis für Chemie.

Der dritte von vier Söhnen eines New Yorker Versicherungsmanagers schottischer Herkunft erhielt seine Schulbildung in New York und Paris, wo sein Vater die europäischen Agenturen der Versicherungsgesellschaft leitete. Im Alter von 22 Jahren schloß Langmuir das Studium der Metallurgie an der Columbia University New York ab und ging für mehrere Jahre nach Deutschland, wo er 1906 in Göttingen bei Walther Nernst über die Zersetzung von Gasen an glühenden Platindrähten promovierte. Nach seiner Rückkehr in die USA unterrichtete Langmuir Chemie am Stevens Institute of Technology in Hoboken/New Jersey, bis er 1909 bei General Electric in Schenectady/Massachusetts angestellt wurde. Hier blieb er bis zu seiner Pensionierung im Jahr 1950.

Ab 1909: Verbesserung von Glühlampen Seine erste Aufgabe bei General Electric bestand darin, die damals sehr kurze Lebensdauer von Vakuumglühlampen zu verlängern. Da Luftsauerstoff in Verbindung mit hohen Temperaturen eine schnelle Oxidation des Wolframs bewirkt, sollte durch Verbesserung des Vakuums eine längere Lebensdauer der Glühfäden erreicht werden. Langmuirs Untersuchungen zeigten jedoch, daß die Wolframfäden gerade durch das Vakuum nach kurzer Zeit rissen, da die Kombination von hoher Temperatur und extrem niedrigem Druck ein Verdampfen des Wolframs auslöste. Folgerung: Es mußte ein Gas in die Glühbirne gebracht werden, um den Innendruck zu erhöhen, es durfte aber nicht wie Sauerstoff mit dem Material des Fadens eine chemische Reaktion eingehen. Langmuir verwandte dazu den reaktionsträgen Stickstoff. Später wurde Stickstoff durch das Edelgas Argon ersetzt.

1916: Forschung zu Adsorptionsisothermen Das größte Teilgebiet, mit dem sich Langmuir beschäftigte, war die Grenzflächenchemie. Er entwickelte eine neue Vorstellung von der Adsorption (Anlagerung von Molekülen an der Oberfläche fester Stoffe), die in ein Gesetz über die Adsorption von Substanzen an Oberflächen (Langmuirsche Adsorptionsisotherme) mündete. Seine Arbeiten über Schichten, die nur eine Moleküllage dick sind (sog. Monolayers), führten zu Methoden, mit denen die Reflexion von grellem Licht auf Glasflächen vermindert werden konnte. Für seine Arbeiten auf dem Gebiet der Grenzflächenchemie wurde ihm 1932 der Nobelpreis verliehen. Damit war Langmuir der erste amerikanische Industriechemiker, dem diese Auszeichnung zuteil wurde.

1926: «Langmuir-Fackel» Als Folge seiner Untersuchungen an Glühlampen, aber auch als konsequente Fortsetzung seiner Arbeiten bei Walther Nernst in Göttingen, beschäftigte sich Langmuir mit den Reaktionen verschiedener Gase auf heißen Metalloberflächen. Obwohl er in einem Industriebetrieb arbeitete und nicht an einem Hochschulinstitut, hatte er bei General Electric alle Freiheiten. In den 20er Jahren entwickelte Langmuir eine Wasserstoffflamme für Schweißarbeiten, die extrem hohe Temperaturen erzeugen konnte. Diese «Langmuir-Fackel» bezog ihre Energie aus der Rekombination von Wasserstoffatomen: Langmuir ließ einen Wasserstoffstrom an glühenden Wolframdrähten vorbeifließen, wobei die Wasserstoffmoleküle in einzelne Atome aufgespalten wurden. Hinter dem Wolfram-Gitter vereinigen sich die Atome wieder zu Molekülen; die dabei freiwerdende Energie erzeugt Temperaturen von über 6000 °C.
Neben diesen praktischen Arbeiten entwickelte Langmuir Theorien zur chemischen Bindung. Aufbauend auf Arbeiten des US-Chemikers Gilbert Newton Lewis, stellte er die sog. Oktett-Regel auf, wonach alle Atome versuchen, ihre äußere Elektronenschale mit acht Elektronen zu füllen (analog zu Edelgasen).
Langmuirs private Interessen reichten von der Luftfahrt bis zum Naturschutz. Außerdem war ein ein engagierter Streiter für die Kontrolle der Atomenergie. Sein politisches Engagement mündete 1935 in eine – allerdings erfolglose – Kandidatur für den Stadtrat seiner Heimatstadt.

Irving Langmuir

Ab 1938: Wetterforschung Gegen Ende seiner Laufbahn wurde Langmuir zu einem Pionier der Wetterbeeinflussung: Bei einem Freilandversuch im Sommer 1946 streute sein Mitarbeiter Schaefer mehrere Kilogramm Trockeneis-Bröckchen von einem Flugzeug in eine Wolkenschicht. Als Folge des Experiments entstand ein Schneesturm.
Langmuir starb 1957 mit 76 Jahren in Falmouth bei Schenectady, dem Ort, an dem er über 40 Jahre mit seiner Frau Marion und seinen beiden Kindern gelebt hatte.

Max von Laue

(9.10.1879–24.4.1960)

▸ Doppelter Beweis mit einem Experiment ◂

Der deutsche Physiker bewies 1912 in einem einzigen Experiment sowohl den Wellencharakter der Röntgenstrahlen als auch den gitterartigen Aufbau der Kristalle. Mit seinem unerschrockenen Eintreten gegen die nationalsozialistische Willkür erwarb sich Laue zusätzliches internationales Ansehen.

Laue wurde in Pfaffendorf bei Koblenz geboren. Sein Vater war Jurist in der preußischen Heeresverwaltung und erreichte den Rang eines Generals. Max wuchs in verschiedenen Garnisonsstädten des Deutschen Reichs auf. Schon als zwölfjähriger besuchte er in Berlin Demonstrationsexperimente und Vorträge zur Physik.

1907: Nachweis der Relativitätstheorie In Straßburg nahm Laue das Physikstudium auf, wechselte aber bereits 1899 nach Göttingen, wo er die von ihm angestrebte enge Verbindung von mathematischer und physikalischer Forschung erlebte. Allmählich wandte er sich ganz der theoretischen Physik zu. Ab 1902 studierte er in Berlin bei Max Planck. Er promovierte (1903) und habilitierte (1906) mit Arbeiten aus dem Gebiet der Optik. 1907 gelang ihm ein erster optischer Nachweis der noch umstrittenen Relativitätstheorie von Albert Einstein. 1911 veröffentlichte er die erste einschlägige Monographie über Einsteins Theorie («Die Relativitätstheorie»).

1912: Laue-Diagramme 1910 hatte Laue die Tochter eines Offiziers geheiratet und eine Dozentenstelle an der Universität München angenommen. Dort befaßte er sich mit den Röntgenstrahlen, deren Wellennatur zwar vermutet wurde, aber noch nicht bewiesen war. Es fehlte an einer geeigneten Untersuchungsmethode: Die Strichgitter, die zum Messen der Wellenlänge des Lichts verwendet wurden, waren für die sehr kurzwelligen Röntgenstrahlen zu grob.
Das Hilfeersuchen eines Physikstudenten, der sich mit dem Durchgang des Lichtes durch Kristalle beschäftigte, machte Laue mit der Hypothese vom gitterhaften Aufbau der Kristalle bekannt. Daraufhin baute er seine Experimente nicht mehr auf technischen Strukturen, sondern auf den in der Natur vorkommenden Kristallgitter auf. Für die lückenlose Dokumentation seiner Arbeit sorgten zwei Röntgenspezialisten, die speziell für die Versuchsreihe eine fotografische Apparatur entwickelt hatten, um die Beugungsmuster der Röntgenstrahlen auf Fotoplatten sichtbar zu machen: Die so entstandenen Laue-Diagramme belegten sowohl die vermutete Gitterstruktur der Kristalle als auch die Welleneigenschaften der Röntgenstrahlen.
Bereits zwei Jahre nach seiner Entdeckung erhielt Laue den Nobelpreis für Physik.

Laue-Verfahren

Ein gebündelter Röntgenstrahl trifft senkrecht auf den Kristall und wird an den Gitterpunkten bestimmter Netzebenen des Kristalls gebeugt. Die gebeugten Strahlen belichten eine Fotoplatte, die hinter dem Kristall steht. Auf ihr entstehen zahlreiche Flecken, die das sog. Laue-Diagramm bilden und für die jeweilige Kristallstruktur charakteristisch sind.

Ab 1933: Widerstand gegen NS-Denunziationen Nach Professuren in Zürich (1912–14) und Frankfurt a. M. (1914–19) kehrte Laue nach Berlin zurück. Dort übertrug er seine Theorie auf die 1927 von Clinton Davisson und Lester H. Germer entdeckte Elektronenbeugung und formulierte sie auf der Basis von Erwin Schrödingers Wellenmechanik in seinem Werk «Korpuskular- und Wellentheorie» (1933).
Im Dritten Reich kritisierte der zutiefst religiöse Laue öffentlich die Willkürmaßnahmen der Nationalsozialisten. Vehement setzte er sich für Einstein und dessen von den Nazis verfemte «jüdische Physik» ein und wandte sich gegen die Denunziation der emigrierten Physiker Lise Meitner und Fritz Haber. Als Folge seines Engagements verweigerten ihm die Machthaber ohne Angabe von Gründen die Ernennung zum hauptamtlichen Mitglied der Akademie der Wissenschaften, obwohl Laue von seinen Kollegen einstimmig gewählt worden war. Ein Jahr vor Erreichen der Altersgrenze wurde der 64jährige 1943 von seinen Amtspflichten an der Berliner Universität entbunden.

Max von Laue, 1957

Ab 1946: Wiederaufbau der Wissenschaft Die unnachgiebige Haltung Laues während der NS-Herrschaft verschaffte ihm internationale Anerkennung. Als erster deutscher Physiker nach dem Krieg durfte er 1946 in England bei einem wissenschaftlichen Kongreß auftreten. Ein Jahr später übernahm er eine Professur an der Universität Göttingen, wo er sich u. a. mit Fragestellungen zur Supraleitung auseinandersetzte. Vier Jahre später wurde er Direktor des Fritz-Haber-Instituts der Max-Planck-Gesellschaft in Berlin. Der überzeugte Antimilitarist gehörte 1957 zu den Mitinitiatoren des Göttinger Appells gegen die atomare Bewaffnung der deutschen Bundeswehr. Im Alter von 80 Jahren starb Laue 1960 bei einem Verkehrsunfall auf der Berliner Avus.

Gilbert Newton Lewis

(25. 10. 1875–23. 3. 1946)

▸ Bindung von Elektronenpaaren ◂

Der amerikanische Physikochemiker entwickelte ein neues Verständnis chemischer Bindungen und schuf eine verbesserte Säure-Base-Theorie. Lewis förderte Thermodynamik und Photochemie und stellte erstmals «schweres Wasser» her.

Bereits als dreijähriger konnte der Anwaltssohn, der zu Hause von seinem Vater unterrichtet wurde, lesen. Als Lewis acht Jahre alt war, zog die Familie aus dem kleinen Ort West Newton/Massachusetts (USA) nach Lincoln/Nebraska, wo Lewis ab 1893 Chemie studierte. Zwei Jahre später wechselte er nach Harvard und promovierte schon mit 24 Jahren bei dem späteren Chemie-Nobelpreisträger Theodore W. Richards.

1912: Professur 1900 ging Lewis – wie viele seiner Zeitgenossen – nach Deutschland, um seine Kenntnisse der physikalischen Chemie zu vertiefen. Er verbrachte einige Zeit bei Walther Nernst in Göttingen und bei Wilhelm Ostwald in Leipzig. 1901 kehrte er als Dozent für Thermodynamik und Elektrochemie nach Harvard zurück. Nach einem einjährigen Arbeitsaufenthalt auf den Philippinen wurde er 1905 Mitglied der Fakultät des Massachusetts Institute of Technology. 1912 fand er seine Lebensstellung als Professor an der University of California in Berkeley, wo er sich als Spezialist für Thermodynamik etablierte.

Ab 1916: Experte für Bindungen Mit der Entwicklung eines neuen Atommodells durch Niels Bohr und Ernest Rutherford (1913) stellte sich die Frage, wie die im 19. Jahrhundert formulierte «Strichdarstellung» der chemischen Bindung zu interpretieren sei.
Ab 1916 versuchte Lewis die Rolle der Elektronen in den Bindungen organischer Moleküle zu ergründen. Nach seinen Überlegungen entstanden stabile Bindungen nicht nur durch Elektronenübergänge von einem Atom zum anderen, sondern auch dadurch, daß mehrere Atome sich die Elektronen (sog. Valenzelektronen) «teilen», da jedes Atom versucht, seine äußere Elektronenschale so weit aufzufüllen, daß sie der eines Edelgases entspricht. Ähnliche Theorien wurden etwa zur gleichen Zeit auch von Irving Langmuir entwickelt. Schließlich gelang es dem amerikanischen Chemiker Linus Pauling, mit seiner Valenzbindungstheorie die Ergebnisse von Lewis mit denen der Quantentheorie und der Spektroskopie in Einklang zu bringen und die heute gültigen Vorstellungen von der Natur der chemischen Bindung zu prägen.
Als weitere Folge seiner Beschäftigung mit Elektronenpaaren entwickelte Lewis 1923 eine Theorie der Säuren und Basen, die auf der Ab-

gabe bzw. Aufnahme von Elektronenpaaren basierte und damit über das etwa zur gleichen Zeit entwickelte Säure-Base-Konzept des dänischen Chemikers Johannes Nicolaus Brønsted hinausging.

1923: Standardwerk der Thermodynamik Ein gemeinsam mit seinem Kollegen Merle Randall verfaßtes Lehrbuch avancierte zum Klassiker der physikalischen Chemie. Lewis verstand es, die von seinem Landsmann Josiah W. Gibbs entwickelte chemische Thermodynamik in einer für Studenten verständlichen Weise darzustellen. Zudem führte er verschiedene Neuerungen ein, so z. B. den Begriff der «Aktivität», den er statt der bis dahin üblichen Bezeichnung «Konzentration» verwendete. Während die Konzentration eines Stoffes eine reine Mengenangabe darstellt, trifft die Aktivität eines Stoffes Aussagen über dessen tatsächliche Wirkung. Lewis konnte so zeigen, daß bei Verwendung von Aktivitäten statt Konzentrationen thermodynamische Gleichungen für ideale Systeme (in der Theorie) exakt und allgemeingültig auf reale Systeme (in der Praxis) übertragen werden können.

Ab 1933: Schweres Wasser In den frühen 30er Jahren beschäftigte Lewis sich mit der Suche nach den schweren Isotopen des Wasserstoffs. 1933 gelang es ihm, durch Elektrolyse zum erstenmal eine Wasserprobe zu gewinnen, die ausschließlich das schwere Wasserstoffisotop Deuterium enthielt. Die praktische Bedeutung dieses schweren Wassers zeigte sich vor allem bei der Entwicklung der Atombombe, wo es als «Bremse» für Neutronen diente und so die atomare Kettenreaktion erheblich effizienter machte.

Gilbert Lewis

In den 40er Jahren wandte sich Lewis neuen Aufgaben zu: Er leitete die beiden unterschiedlichen Emissionsbanden, Fluoreszenz (Leuchten von Stoffen bei Bestrahlung) und Phosphoreszenz (Nachleuchten zuvor bestrahlter Stoffe) direkt aus der Quantentheorie ab, womit er die Grundlage für die Entwicklung der Photochemie (chemische Reaktionen durch Licht bzw. sonstige elektromagnetische Strahlung) legte. Lewis starb 1946 im Jahr seiner Emeritierung während eines Experiments in Berkeley.

Fritz Albert Lipmann

(12.6.1899–24.7.1986)

▸ Neue Lehre vom Stoffwechsel ◂

Der amerikanische Biochemiker deutscher Herkunft entdeckte 1947 das Coenzym A und dessen Bedeutung für den Zellstoffwechsel. Vier Jahre später wies Lipmann in einem Experiment nach, daß Acetylen-Coenzym A Kohlenhydrate, Fette und Proteine zur Energiegewinnung umwandelt.

Lipmann, der in Königsberg/Ostpreußen geboren wurde, studierte ab 1917 Medizin an den Universitäten Königsberg, München und Berlin. Während der Ausbildung machte sich bei ihm jedoch zunehmende Skepsis gegenüber dem bestehenden Gesundheitssystem in Deutschland breit. In der Folge wandte er sich deshalb verstärkt der Chemie zu und studierte zunächst Pharmakologie in Amsterdam, später Chemie in Königsberg und Berlin.

Ab 1931: Abwendung von Deutschland 1927 promovierte er bei dem Biochemiker Otto Meyerhof, der ihn förderte und ihm eine Stelle am Kaiser-Wilhelm-Institut für Zellphysiologie in Berlin verschaffte.
Ein Rockefeller-Stipendium führte Lipmann 1931 nach New York. Dort lernte er Elfreda M. Hall kennen, die er noch im selben Jahr heiratete (ein Sohn). Besorgt beobachtete er den wachsenden Einfluß der Nationalsozialisten in Deutschland und beschloß, nicht wieder in seine Heimat zurückzukehren. Mit seiner Frau zog er nach Kopenhagen, wo er am Carlsberg-Institut für Biologische Forschung tätig war. 1939 wanderte Lipmann mit seiner Familie endgültig in die USA aus.

1941: Bedeutung der Phosphatester Ab 1941 leitete Lipmann das Biochemische Forschungslabor am Massachusetts General Hospital und lehrte an der Harvard Medical School. Im selben Jahr fand er eine Erklärung für die Rolle der Phosphatester im Kohlenhydratstoffwechsel. Ester (Kurzform für Essigäther) sind organische Verbindungen, die unter Wasserabspaltung aus organischen Säuren und Alkoholen entstehen.
Lipmann stellte im Zuge seiner Experimente fest, daß Phosphatester beim Verlust ihrer Phosphatgruppe Energie freigeben. Ist diese Energiemenge relativ hoch, handelt es sich um ein energiereiches Phosphat, ist sie niedriger, um ein energiearmes. Im weiteren Verlauf des Kohlenhydratstoffwechsels wird der Energiegehalt verschiedener Nahrungsstoffe auf phosphathaltige Verbindungen übertragen, die wiederum an organische Moleküle in energiearmen Bindungen angehängt werden. Folge: Die energiearme Verbindung verwandelt sich in eine energiereiche und versorgt den Körper mit der notwendigen Energie.

1947: Coenzym A Als Professor an der Harvard Medical School (ab 1943 außerordentlich, ab 1949 or-

Fritz Albert Lipmann (links) mit Hermann Staudinger beim Nobelpreisträger-Treffen in Lindau, 1955

dentlich) widmete er sich der Erforschung der B-Vitamine und der Enzyme. Mit der Entdeckung des Coenzyms A (CoA) schuf er 1947 die Grundlagen für eine völlig neue Stoffwechsellehre. Bei seinen Analysen fand Lipmann eine Verbindung, die die Übertragung zweier Kohlenstoffgruppen von einem Molekül auf ein anderes kontrollierte. Als einen Bestandteil dieser Substanz identifizierte er das als Panthotensäure bekannte Vitamin B, von dem sich bald herausstellte, daß es zur Bildung des CoA notwendig ist. Aufbauend auf dem Zitronensäurezyklus von Hans Adolf Krebs, bestätigte Lipmann 1951 auch experimentell die Bedeutung des CoA für die Fett- und Kohlenhydratumwandlung in der Zelle. Wichtigste Verbindung des CoA mit einem Acetylrest ist das Acetyl-Coenzym A (Acetyl-CoA). Diese sog. aktivierte Essigsäure isolierte der deutsche Biochemiker Feodor Lynen 1951. Mitte der 50er Jahre führte die Kenntnis der Wirkungsweise von CoA und Acetyl-CoA, die Lipmann entscheidend vorangetrieben hatte, zum Verständnis des Fettsäurestoffwechsels.

1953: Medizin-Nobelpreis Für seine Verdienste bei der Erforschung biochemischer Vorgänge in der Zelle erhielt Lipmann 1953 den Nobelpreis. Er teilte sich die Auszeichnung mit Krebs. Vier Jahre später wechselte Lipmann an die Rockefeller University in New York. Dort lehrte er Biochemie und führte unzählige Versuchsreihen zum Zellstoffwechsel durch. 1986 starb er mit 87 Jahren in Poughkeepsie/New York.

Acetyl-Coenzym A (Acetyl-CoA)

Acetyl-CoA steuert die chemischen Prozesse, durch die Nahrungsstoffe in Energie umgewandelt werden. So können Kohlenhydrate oder Aminosäuren aufgebaut werden, umgekehrt Fettsäuren aus Kohlenhydraten und Eiweiß entstehen.

Konrad Lorenz

▸ Der Herr der Graugänse ◂

(7.11.1903–27.2.1989)

Der österreichische Nobelpreisträger (1973) und Mitbegründer der Verhaltensforschung (Ethologie) machte tierisches Verhalten in zahlreichen populärwissenschaftlichen Büchern begreifbar. Die Ergebnisse seiner Aggressionsforschung übertrug er auch auf menschliche Verhaltensweisen.

Seine Kindheit verbrachte der Arztsohn auf dem Familienanwesen in Altenberg/Niederösterreich. Schon als kleiner Junge interessierte er sich für Zoologie, dennoch studierte er nach dem Abitur auf Wunsch seines Vaters Medizin an der Columbia University in New York und in seiner Geburtsstadt Wien (Promotion 1928). Nach der Heirat mit der Ärztin Margarethe Gebhardt (drei Kinder) nahm Lorenz eine Stelle als Assistenzarzt beim Anatomischen Institut der Universität Wien an. Nebenbei folgte er seiner Leidenschaft und studierte Zoologie (1933 Promotion zum zum Dr. phil.). Im Anschluß an seine Habilitierung (1937) und erste Lehraufträge wurde Lorenz 1940 ordentlicher Professor für Vergleichende Psychologie an der Universität Königsberg, dem heutigen Kaliningrad.

Ab 1941: Unterbrechung durch den Krieg Kurz darauf wurde Lorenz zum Wehrdienst eingezogen und geriet 1942 für sieben Jahre in sowjetische Kriegsgefangenschaft. Nach seiner Rückkehr gründete der 45jährige 1949 in Altenberg unter Schirmherrschaft der Österreichischen Akademie der Wissenschaften ein Institut für Vergleichende Verhaltensforschung. Gleichzeitig folgte er einer Berufung der Max-Planck-Gesellschaft als Leiter einer Forschungsstelle für Verhaltensphysiologie und Meeresbiologie in Buldern/Westfalen. Zusätzlich hielt er ab 1953 Vorlesungen an der Universität Münster, ab 1957 in München.

Seit 50er Jahren: Tierbeobachtung Hauptarbeitsplatz aber wurde das Max-Planck-Institut für Verhaltensphysiologie in Seewiesen bei Starnberg/Bayern, das 1955 auf Lorenz' Betreiben gegründet worden war und das er von 1961–73 leitete. Sein Forschungsinteresse galt der Frage, welche Verhaltensweisen angeboren und welche erlernt sind. Lorenz stellte fest, daß es angeborene Instinktbewegungen bei jeder Tierart gibt, deren koordinierte Anwendung aber erlernt werden muß: Ratten, denen während der Aufzucht die Möglichkeit genommen wurde, feste Gegenstände herumzutragen, beherrschten trotzdem die Bewegungen, die zum Nestbau notwendig waren – allerdings nicht in der richtigen Reihenfolge.
Weiteres Augenmerk legte Lorenz auf das Zusammenspiel von stammesgeschichtlich ererbtem Verhalten und der Umwelt. Mit dem Begriff

«Angeborener Auslösender Mechanismus» (AAM) erklärte der Verhaltensforscher die durch Vererbung festgelegte Bereitschaft eines Tieres, auf eine Kombination von Umweltreizen mit einer bestimmten Handlung zu reagieren. Berühmtes Beispiel sind seine Experimente zum Prägungsverhalten gerade geschlüpfter Graugänse. Sie folgen Mensch, Gans oder Attrappe (Ball, Holzgans), wenn diese die richtigen Schlüsselreize (kurze, rhythmisch wiederkehrende Töne) aussenden. Die Geräusche sind auslösende Reize, die Fixierung auf das Objekt ist ein angeborenes Verhaltensschema.

60er Jahre: Neues zur Aggressionsforschung Weltweit bekannt wurde Lorenz durch sein Instinktkonzept der Aggression: Aggression ist danach ein stammesgeschichtlich ererbter Trieb, der sich aufstaut und zur spontanen Entladung drängt – sowohl gegenüber anderen Tierarten als auch bei Artgenossen. Durch Aggressivität bauen Tiere Hierarchien auf; die stärkeren setzen sich durch, die Schwächeren ordnen sich unter. Umstritten waren seine Versuche, tierisches Verhalten auf den Menschen zu übertragen. Nach Lorenz ist die dem Menschen angeborene Aggressivität die mögliche biologische Ursache für Kriege. Nach öffentlicher Kritik schwächte Lorenz seine Sichtweise des Menschen als höherem Säugetier, dessen Verhalten vor allem aus angeborenen Triebmechanismen bestehe, ab.

1973: Nobelpreis Zusammen mit den Verhaltensforschern Nikolaas Tinbergen und Karl von Frisch erhielt

Konrad Lorenz

Lorenz 1973 als erster Verhaltensforscher den Nobelpreis für Medizin. Der Niederländer Tinbergen hatte Ethogramme (Verzeichnis aller Verhaltensweisen) verschiedener Tierarten erarbeitet, Lorenz' Landsmann Frisch entdeckte die «Bienensprache» (Bienen geben durch tanzartige Bewegungsfolgen Informationen über Richtung und Entfernung von Futterplätzen weiter).
Nach seiner Emeritierung 1973 gründete der 69jährige Lorenz in Altenberg ein Institut für Vergleichende Verhaltensforschung mit Schwerpunkt Tiersoziologie. In den 80er Jahren machte er sich besonders für den Erhalt der Natur stark und arbeitete unermüdlich an populärwissenschaftlichen Werken. In seinen letzten Lebensjahren – er starb 1989 in Altenberg – beschäftigte sich Lorenz mit der Meeresbiologie.

Lise Meitner

(7. 11. 1878–27. 10. 1968)

Die aus Österreich stammende Physikerin entdeckte 1917 mit dem Physiker Otto Hahn das Element Protactinium. In den 30er Jahren bereitete sie die kernphysikalischen Experimente mit vor, die 1938 zur ersten Kernspaltung führten, und leistete anschließend deren theoretische Erklärung.

Die in Wien geborene Meitner war eines von acht Kindern einer Rechtsanwaltsfamilie mit jüdischen Vorfahren. Sie besuchte die Bürgerschule, da Mädchen keinen Zutritt zu höheren Lehranstalten hatten. Schon früh zeigte sie starkes Interesse an der Physik und besuchte – unterstützt von ihrem Vater – private Kurse. 1901, zwei Jahre nachdem die österreichischen Universitäten für Frauen geöffnet worden waren, nahm sie ein Studium der Physik und Mathematik in ihrer Heimatstadt auf.

Ab 1907: Zusammenarbeit mit Hahn
1906 promovierte Meitner mit einer Arbeit über Wärmeleitung. Im Jahr darauf ging sie nach Berlin, um ihre Kenntnisse bei Max Planck zu vervollkommnen. Da in Preußen Frauen noch keine Hochschulen besuchen durften, brauchte sie die Erlaubnis Plancks, um sich für seine Vorlesung einschreiben zu können. Kurz darauf erhielt sie ein Angebot des Physikers Otto Hahn, mit ihm zusammenzuarbeiten. Sie willigte ein, doch der Institutsleiter Emil Fischer duldete Frauen weder in seinen Laboratorien noch in seinen Vorlesungen. Dank der Fürsprache Hahns erhielt Meitner schließlich einen Kellerraum als Labor. Bedingung: Sie durfte sich in den Institutsräumen nicht sehen lassen.
In der Folgezeit entstanden die ersten gemeinsamen Arbeiten mit Hahn: 1908 über Actinium, ein radioaktives chemisches Element, ein Jahr später über die Betastrahlung.

1917: Entdeckung von Protactinium
Der 1. Weltkrieg unterbrach die Forschungsarbeiten: Hahn mußte an die Front. Meitner, seit 1913 wissenschaftliches Mitglied des Instituts, führte das Labor eine Zeitlang allein weiter, meldete sich 1915 jedoch freiwillig als Röntgenschwester. 1917 kehrte sie nach Berlin zurück, wo sie Ende des Jahres mit Hahn das Element Nr. 91 im Periodensystem, das Protactinium, entdeckte. Im letzten Kriegsjahr stellte sich Meitner auf die Seite der Sozialdemokraten und damit gegen den Kaiser, was ihr die Mißgunst der überwiegend konservativ eingestellten Wissenschaftskreise einbrachte.

1926: Professorin Nach Kriegsende erhielt Meitner eine eigene Institutsabteilung, was die direkte Zusammenarbeit mit Hahn beendete. Meitner konzentrierte sich auf die Erforschung der Beta- und Gammastrahlung. 1924 erkannte sie, daß

Lise Meitner und Otto Hahn beim Nobelpreisträger-Treffen in Lindau, 1962

Gammastrahlen erst nach dem Zerfallsprozeß abgestrahlt werden. Zwei Jahre später wurde sie Professorin für Physik; Thema ihrer Habilitationsschrift: «Die Bedeutung der Radioaktivität für kosmische Prozesse».

1938: Flucht Wenige Monate nach Machtübernahme der Nationalsozialisten wurden Meitner die Lehrerlaubis und die Leitung der Abteilung entzogen. Sie kooperierte mit Hahn, der versuchte, durch Neutronenbeschuß Atomkerne in neue, künstliche und sehr schwere Elemente umzuwandeln. 1935 stieß der Chemiker Fritz Straßmann zu dem Team. Um der drohenden Verhaftung zu entgehen, mußte die Jüdin 1938 nach Schweden fliehen. Sechs Monate später teilte ihr Hahn mit, daß der Urankern bei den weiteren Experimenten unter hoher Energieabgabe u. a. in Barium und Krypton zerfallen war. Gemeinsam mit ihrem Neffen, den Physiker Otto Robert Frisch, bei dem sie in Stockholm lebte, interpretierte Meitner diese Ergebnisse 1939 als «Kernspaltung» und führte damit diesen Begriff in die Physik ein.

Ab 1946: Schwedische Staatsbürgerin Ende 1945 wohnte Meitner der Verleihung des Chemie-Nobelpreises an Hahn bei. Während er für die Durchführung der ersten Kernspaltung ausgezeichnet wurde, ging die Frau, die die theoretische Erklärung geliefert hatte, leer aus. Meitners anschließender Versuch, wieder an ihrer alten Wirkungsstätte zu arbeiten, scheiterte: Der «verschleierte Blick» ihrer ehemaligen Weggefährten gegenüber dem Naziterror machte ihr nach eigenen Worten ein Leben in Deutschland «unmöglich». 1946 nahm sie die schwedische Staatsbürgerschaft an und arbeitete am Kernphysikalischen Institut in Stockholm. Ihre letzte Veröffentlichung befaßte sich mit «Spaltung und Schalenmodell der Atomkerne» (1950). 1966 erhielt Meitner als erste Frau und erste Nichtamerikanerin den Enrico-Fermi-Preis (mit Hahn und Straßmann). 1968 starb sie im Alter von 89 Jahren in Cambridge.

Otto Meyerhof

(12.4.1884–6.10.1951)

▸ Glykolyse erschließt Muskeltätigkeit ◂

Der deutsch-amerikanische Biochemiker lieferte wichtige Beiträge zur Aufklärung von Zellreaktionen. Seine größte Leistung war die Analyse der chemischen Prozesse bei der Muskelarbeit. Meyerhof erhielt 1923 den Medizin-Nobelpreis für 1922.

Die Familie des Unternehmersohns zog kurz nach Meyerhofs Geburt von Hannover nach Berlin. Mit 16 Jahren mußte er wegen eines hartnäckigen Nierenleidens für vier Monate zur Erholung nach Ägypten, wobei er von seinem Onkel Max, einem Experten für arabische Kultur, begleitet wurde. Da sich auch seine Mutter sehr für Meyerhofs geisteswissenschaftliche Bildung einsetzte, besaß der belesene und intelligente Gymnasiast bald ein außergewöhnliches Allgemeinwissen. Besonders die Philosophie beschäftigte ihn sein ganzes Leben. Ab 1903 studierte Meyerhof Medizin in Freiburg, Berlin und Straßburg, sechs Jahre später promovierte er in Heidelberg mit dem psychiatrischen Thema «Die Psychologie des Wahns».

Ab 1910: Zellphysiologische Forschung Schließlich nahm Meyerhof eine Stelle in der Universitätsklinik in Heidelberg an, wo er Kollege des Biochemikers Otto Warburg wurde. Warburg weckte Meyerhofs Interesse für Zellphysiologie, wobei er die Funktion von chemischen und physikalischen Laboruntersuchungen zur Erklärung physiologischer Vorgänge weit höher bewertete als die Möglichkeiten der Biologie.

1912 nahm Meyerhof eine Stelle am Physiologischen Institut der Universität Kiel an; sechs Jahre später erhielt er eine Professur. Seine Untersuchungen zur Atmung, Gärung und zum Energiegewinn der Zelle durch Verwendung von Hefeextrakten und tierischen Enzymen führten 1913 zu seiner Publikation «Zur Energetik der Zellvorgänge», in der er die Herkunft der für die Zellen notwendigen Energie beschreibt. In wenigen Jahren hatte er durch Experimente mit Froschmuskeln den Zyklus aufgeklärt, in dem Glykogen (Polysaccharid, das schnell in Kohlenhydrate umgesetzt werden kann) im Muskel zu Milchsäure oxidiert und diese wieder zu Glykogen umgewandelt wird. Dabei entdeckte er, daß bei der Oxidation der Milchsäure Energie freigesetzt wird.

Ab 1913: Untersuchungen zur Wärmeerzeugung im Muskel 1913 hatte der englische Physiologe Archibald Vivian Hill erkannt, daß nicht während, sondern nach der Muskelkontraktion Wärme entwickelt wird, d. h. wenn der Muskel im Ruhezustand ist. Meyerhof gelang die Beschreibung dieses Prozesses mit chemischen Begriffen. Während der Muskelkontraktion wird Glykogen

abgebaut, und es entsteht Milchsäure. Dieser Abbau geschieht ohne Sauerstoffverbrauch (anaerob) und ohne Freisetzung von Wärme. Ist der Muskel über längere Zeit aktiv, werden weitere Kontraktionen durch Anreicherung von Milchsäure verhindert (Erschöpfungszustand).
Nach Meyerhofs Auffassung wird die Milchsäure in der folgenden Erholungsphase des Muskels unter Sauerstoffverbrauch und Wärmebildung wieder zu Glykogen oxidiert. 1940 widerlegte das deutsch-amerikanische Forscherehepaar Cori diese Annahme: Die Milchsäure des Muskels wird durch das Blut in die Leber transportiert und erst dort in Glykogen umgewandelt.

Otto Meyerhof

1923: Nobelpreis für Medizin Zu Beginn der 20er Jahre gelang es Meyerhof, die einzelnen Substanzen zu identifizieren, die während der Muskelarbeit beim schrittweisen Abbau des aus Glykogen gebildeten Traubenzuckers (Glukose) zu Milchsäure entstehen. Dieser in allen Organismen gleichartige Abbaumechanismus der Glukose wurde fortan als «Glykolyse» bezeichnet. Es zeigte sich, daß sie die Oxidation von Glukose unter Bildung der universellen Energiequelle ATP bei Abwesenheit immer in der gleichen Weise vollzieht – ob im tätigen Muskel oder in der Bakterienzelle. Für seine Entdeckungen bekam Meyerhof 1923 gemeinsam mit Hill den Medizin-Nobelpreis für 1922.

1938: Flucht aus Deutschland 1924 wurde Meyerhof Leiter der eigens für ihn eingerichteten Biochemischen Abteilung am Kaiser-Wilhelm-Institut für Biologie in Berlin. Fünf Jahre später übernahm er die Leitung des Instituts für Medizinische Forschung in Heidelberg. Nach der Machtübernahme der Nationalsozialisten mußte Meyerhof als Jude ab 1933 zunehmend mit Schwierigkeiten kämpfen, so daß er 1938 nach Frankreich emigrierte, wo er in Paris als Leiter der Forschungsabteilung des Instituts für Physikalisch-Chemische Biologie tätig war. Nach der deutschen Besetzung der französischen Hauptstadt entkam er seiner Verhaftung nur durch Flucht mit seiner Frau Hedwig (Heirat 1914) und seinen drei Kindern in die USA. Er erhielt eine Professur an der Universität von Pennsylvania und beschäftigte sich weiterhin mit der Untersuchung von Zellreaktionen. 1951 starb Meyerhof im Alter von 67 Jahren in Philadelphia an einem Herzanfall.

Robert Andrews Millikan

(22.3.1868–19.12.1953)

▸ Ermittlung der Elementarladung ◂

Der amerikanische Experimentalphysiker war der herausragende Repräsentant der US-Naturwissenschaften zu Beginn des 20. Jahrhunderts. In einer Versuchsreihe bestimmte er die Ladung eines Elektrons als nicht mehr teilbare Elementarladung (1909–13).

Millikan kam als zweites von sechs Kindern einer puritanischen Predigerfamilie in Morrison/Illinois im Mittleren Westen der USA zur Welt. Er wurde streng erzogen und mußte von klein auf in der elterlichen Landwirtschaft mithelfen. Seine schulische Laufbahn beendete er mit hervorragenden Leistungen.

Ab 1905: Erfolg als Lehrbuchautor An einem kleinen College in Illinois studierte Millikan ab 1887 zunächst alte Sprachen und hielt zur Finanzierung seines Studiums Vorbereitungskurse in Physik ab. Nach dem Hochschulabschluß wechselte der 25jährige nach Chicago und promovierte 1895 in Physik. Anschließend führte ihn ein akademisches Jahr nach Berlin und Göttingen; ab 1896 wirkte er wieder in Chicago. Dort heiratete er 1902 die Fabrikantentochter Greta Blanchard (drei Söhne). Große Erfolge als Lehrbuchautor für Physik sowie Beiträge zur Entwicklung pädagogischer Konzepte führten 1907 zur Ernennung zum Professor für Physik. Erst danach wandte sich Millikan verstärkt der experimentellen Forschung zu.

1909: Öltröpfchenmethode In einer 1909–13 durchgeführten Versuchsreihe bestimmte Millikan mit Hilfe von ionisierten Öltröpfchen die elektrische Elementarladung (Öltröpfchenmethode). In einem elektrischen Feld verlangsamte und beschleunigte er mikroskopisch kleine Öltröpfchen und berechnete deren Ladung. Dabei stellte er fest, daß die elektrische Ladung immer ein ganzzahliges Vielfaches der kleinsten Ladungsportion, der sog. Elementarladung, betrug.

1915: Bestätigung der Einsteinschen Gleichung Nach der Rückkehr von einer Vortragsreise durch Deutschland startete Millikan 1912 eine Versuchsreihe zum Photoeffekt (Lösung von Elektronen aus ihrer Bindung im Atom durch Lichtquanten). In deren Verlauf konnte er 1915 die zugehörige Einsteinsche Gleichung erstmals direkt aus Meßwerten bestätigen. Zudem gelang es ihm, einen exakten Wert für das Plancksche Wirkungsquantum (Konstante, die den Wert aus dem Verhältnis von Energiebeitrag und Strahlungsfrequenz angibt) zu bestimmen. Für diese Leistung sowie für seine Arbeiten über die Elementarladung erhielt Millikan 1923 den Physik-Nobelpreis, denn – so die Laudatio – «wenn diese Untersuchungen ein anderes Resultat ergeben hätten, das Gesetz von Einstein wäre ohne Wert und die Theorie von Bohr ohne Stütze».

1924: Spektrallinien Im 1. Weltkrieg war Millikan Direktor des Nationalen Forschungsrats der USA. Ab 1918 übernahm er die Leitung des Norman Bridge Laboratory am California Institute for Technology in Pasadena, das sich in der Folgezeit zu einem der weltweit angesehensten Strahlenforschungszentren entwickelte. Mitte der 20er Jahre erschloß Millikan experimentell den Teil des elektromagnetischen Spektrums, der zwischen der ultravioletten und der Röntgenstrahlung liegt. Dabei identifizierte er mehr als 1000 Spektrallinien aus diesem Bereich. Als elektromagnetisches Spektrum werden alle überhaupt möglichen Wellenlängen (auch die nicht sichtbaren) bezeichnet.

1926: Kosmische Strahlung Parallel dazu befaßte sich Millikan mit einem anderen Bereich des elektromagnetischen Spektrums. Er wies nach, daß die von dem österreichischen Physiker Victor Franz Hess 1912 in der oberen Atmosphäre entdeckte ionisierende Strahlung kosmischen Ursprungs ist. Millikan verglich die Ionisationsraten der Strahlung in der Atmosphäre und beim Durchgang durch Wasser von Hochgebirgsseen. Ergebnis: Die kosmische Strahlung ist weitaus energiereicher als die härteste bekannte Gammastrahlung. Allerdings bewies der amerikanische Physiker Arthur Compton in den 30er Jahren, daß die kosmische Strahlung entgegen Millikans Annahme geladene Partikel enthält.

Robert Millikan

Diesen Beleg wollte Millikan viele Jahre nicht akzeptieren. Ab Mitte der 30er Jahre konzentrierte sich Millikan auf seine Professur in Pasadena, die er bis zu seiner Emeritierung 1946 innehatte.

80er Jahre: Zweifel an «sauberer» Arbeit Drei Jahre vor seinem Tod in Pasadena veröffentlichte er 1950 seine Autobiographie, in der er sich nach Meinung vieler Kritiker jedoch allzu sehr als Erfolgsmensch darzustellen versuchte. Dieser Erfolg wurde in den 80er Jahren zunehmend in Frage gestellt, da sich herausstellte, daß er bei seinen Messungen zur Bestimmung der Elementarladung einige Meßwerte, die aus dem Konzept gefallen waren, unterschlagen hatte.

Peter Dennis Mitchell

(29.9.1920–10.4.1992)

▸ Chemiosmotische Theorie verändert Bioenergetik ◂

Der britische Biochemiker entschlüsselte die von Enzymen gesteuerten chemischen Prozesse bei der Energieversorgung von Körperzellen und die Übertragung der Energie zwischen den Zellen. 1978 erhielt Mitchell den Nobelpreis für Chemie.

Mitchell, in Mitcham in der englischen Grafschaft Surrey geboren, studierte zunächst am Queens College in Taunton, wechselte aber bald nach Cambridge, wo er mit 23 Jahren am Jesus College seinen Abschluß erhielt. 1951 promovierte er am gleichen Institut in Biochemie und blieb bis 1955 Mitarbeiter im College. In seiner Dissertation beschäftigte sich Mitchell mit dem Wirkmechanismus von Penicillin.

Ab 1955: Energieumsetzung in Zellen Anschließend begann der frischernannte Leiter des Biochemischen Arbeitskreises am Institut für Zoologie in Edinburgh, sich mit Stofftransporten durch Zellmembranen zu beschäftigen. Ein Jahr später zog sich Mitchell aufgrund eines akuten Magenleidens von seinem Posten zurück und gründete zusammen mit seiner Mitarbeiterin Jennifer Moyle das private Glynn-Forschungsinstitut in Bodmin/Cornwall, dessen Direktor er wurde. Die Untersuchung chemischer Prozesse bei der Energieumsetzung in Zellen blieb Mitchells Arbeitsfeld. Gegen Ende der 50er Jahre veröffentlichte er erste Ergebnisse, nach denen von Enzymen ausgelöste Reaktionen an Zellmembranen in einer bestimmten Richtung ablaufen. Wenn Enzymkomplexe in eine Zellmembran eingebracht werden, können sie chemische Reaktionen anregen und beeinflussen (katalysieren), bei denen Ionen durch die Membran transportiert werden.

1961: Chemiosmotische Theorie der Phosphorylierung In den 50er und frühen 60er Jahren herrschte noch weitgehend Unklarheit über die Frage, wie die Synthese von Adenosintriphosphat (ATP), einem wichtigen Energieüberträger bei zahlreichen biochemischen Reaktionen, mit dem Transport von Elektronen gekoppelt ist. Die Speicherung von Energie in der Zelle, wie sie z.B. bei der Lichtreaktion der Photosynthese gewonnen wird, erfolgt durch Bildung von ATP aus Adenosindiphosphat (ADP) und Phosphat. Die für diese Reaktion erforderliche Energie wird durch einen Elektronentransport entlang einer Kette von Proteinen gewonnen, die jeweils an der Doppelmembran der Mitochondrien (kleine, von Membranen umgebene Zellorganellen) verankert sind.
1961 postulierte Mitchell, daß gleichzeitig mit dem Elektronentransport ein Übergang von Protonen, also positiven Wasserstoffionen, aus der

Doppelmembran heraus erfolgt. Auf diese Weise wird zwischen den beiden Seiten der äußeren Membran eine elektrische Differenz (Potentialdifferenz) aufgebaut. Mitchell folgerte nun, daß durch diese Differenz wie in einer Batterie die Energie gespeichert wird, die erforderlich ist, um ADP in ATP umzuwandeln. Diese sog. chemiosmotische Hypothese wurde zunächst von den meisten Biochemikern abgelehnt, da sie im Widerspruch zu den bis dahin bekannten biochemischen Mechanismen, wie z. B. dem Calvin-Zyklus, steht, bei dem ein Energiefluß durch verschiedene, miteinander gekoppelte chemische Reaktionen erfolgt. Ein biologischer Reaktionsmechanismus, der ausschließlich auf einem elektrochemischen Phänomen basieren sollte, war deshalb nur schwer zu akzeptieren, zumal Mitchell, der sich 1962 habilitierte, zunächst keine eindeutigen Beweise vorlegen konnte. Daher suchten die meisten Forscher weiterhin nach einem chemischen Bindeglied, das sie «Kopplungsintermediat» nannten, um so einen Zyklus chemischer Reaktionen formulieren zu können.

1978: Chemie-Nobelpreis In seinem Forschungsinstitut führte Mitchell zusammen mit Jennifer Moyle und wenigen Mitarbeitern über mehr als zehn Jahre die verschiedensten theoretischen und experimentellen Studien durch, um den entdeckten Protonenfluß und seine Rolle bei der Kopplung der Atmungskette bzw. der Photosynthese mit der ATP-Synthese zu erforschen und so seine Hypothese zu untermauern. Als sich die Indizien für die Richtigkeit seiner

Peter Dennis Mitchell

Theorie häuften und gleichzeitig die Suche nach dem Kopplungsintermediat erfolglos geblieben war, wurde die chemiosmotische Hypothese zu Beginn der 70er Jahre auch von bisherigen Kritikern allgemein akzeptiert. Für seinen Beitrag zum Verständnis von Energietransport und -speicherung in der Zelle erhielt der 58jährige Mitchell 1978 den Nobelpreis für Chemie.
Obwohl zahlreiche Forschungsteams in der ganzen Welt sich weiterhin mit diesem Problemkreis, der in der Fachwelt als Bioenergetik bekannt ist, beschäftigen, ist der Mechanismus auf molekularer Ebene immer noch nicht vollständig geklärt. Mitchell selbst führte seine bioenergetischen Forschungsarbeiten bis kurz vor seinem Tod 1992 fort. Im Alter von 71 Jahren starb der englische Wissenschaftler in Cornwall.

Jacques Lucien Monod

(9.2.1910–31.5.1976)

▸ Eiweißbildung im Organismus ◂

Der französische Biochemiker entdeckte zusammen mit seinen Landsleuten André Lwoff und François Jacob die Regulationsmechanismen, durch die Gene biochemische Prozesse steuern. Durch seine wissenschaftlichen und gesellschaftspolitischen Beiträge zur Genetik hatte er entscheidenden Anteil an der revolutionären Entwicklung dieser Wissenschaft.

In Paris geboren, wurde der Sohn eines französischen Malers und einer Amerikanerin durch das künstlerisch-intellektuelle Klima seines Elternhauses geprägt. Während des 1. Weltkriegs zog die Familie 1917 nach Südfrankreich. Nach dem Krieg kehrte Monod 1928 in die Hauptstadt zurück und begann ein Studium der Naturwissenschaften.

30er Jahre: Beschäftigung mit Genetik In den frühen 30er Jahren entwickelte Monod Interesse an der Genetik, die zur damaligen Zeit noch in ihren Anfängen steckte. Seine Lehrer an der Universität, die dieser Wissenschaft skeptisch gegenüberstanden, versuchten, ihn von der Beschäftigung mit der Genetik abzubringen. Folge: Der ausgezeichnete Cellist wandte sich der Musik zu und wollte zeitweilig die Naturwissenschaften aufgeben. Als Universitätsassistent am Zoologischen Institut konnte Monod ab 1932 seine Arbeiten schließlich doch fortsetzen. Fünf Jahre später erhielt er überdies ein Stipendium der Rockefeller-Stiftung, um für ein Jahr bei dem renommierten Genetiker Thomas Hunt Morgan am Institut für Technologie in Kalifornien zu lernen.

Nach seiner Rückkehr promovierte er 1941 zum Dr. rer. nat. und vertiefte sich in die Erforschung des Wachstums von Bakterienkulturen. Während des 2. Weltkriegs konnte er diese Arbeiten jedoch nicht fortführen. Monod schloß sich der Résistance (Widerstandsbewegung gegen die deutschen Besatzer) an und wurde Kommandeur einer militärischen Untergrundeinheit.

Ab 1946: Genforschung Nach Ende des 2. Weltkriegs trat Monod in die von dem Mikrobiologen André Lwoff geleitete Abteilung für Mikrobielle Physiologie am Pasteur-Institut ein. In den folgenden 15 Jahren arbeitete er mit Lwoff und François Jacob, der 1950 hinzukam, an den Forschungsprojekten, die 1965 zur Verleihung des Nobelpreises für Medizin führten.

Ab 50er Jahre: DNA-Forschung 1953 hatten die amerikanischen Biologen James Dewey Watson und Francis Crick die Struktur der DNA, Trägerin der genetischen Information, aufgeklärt. Die DNA befindet sich im Zellkern und enthält sämtliche Informationen zur Bildung körpereigener Proteine. Zwar war be-

Jacques Monod (links) mit seinen Kollegen André Lwoff und François Jacob. Die drei Wissenschaftler erhielten 1965 gemeinsam den Nobelpreis für Medizin

reits erforscht, daß die Proteine nicht im Zellkern, sondern im umgebenden Zellplasma erzeugt werden, es war aber nahezu nichts bekannt über die Übertragung der Erbinformation vom Zellkern zum Zellplasma. Monod, Jacob und Lwoff entwickelten als Ergebnis ihrer Bakterienforschung ein Modell, das die Informationsübertragung erklärte. Danach erstellt das DNA-Molekül im Zellkern eine genaue Kopie einer seiner Ketten (DNA besteht aus zwei spiralförmig gedrehten Ketten), die als Boten-RNA durch die Hülle des Zellkerns ins Zellplasma wandert, um sich dort an spezielle Zellkörper, die Ribosomen, anzuheften. An den Ribosomen findet dann die Bildung von Proteinen statt.

Weiterhin beschäftigten sich Monod und seine Kollegen mit der Frage, warum sich verschiedene Zellen in einem Körper chemisch unterschiedlich verhalten, obwohl sie die gleiche genetische Ausstattung besitzen. Sie entwickelten die These, daß Gene nicht immer gleichmäßig arbeiten: In den Zellen kommen verschiedene Substanzen (Repressor und Induktor) vor, die die Gentätigkeit blokkieren oder in Gang setzen. Diese Substanzen werden von einem Regulator-Gen über den genetischen Code, den der indische Biochemiker Har Gobind Khorana 1965 entschlüsselte, gesteuert.

1959 bekam Monod einen Lehrstuhl an der Universität von Paris, wo er in den späten 60er Jahren die Proteste der Studenten nach politischen Reformen unterstützte.

1970: Evolution als Zufall Durch sein Buch «Zufall und Notwendigkeit» wurde Monod 1970 berühmt. Darin stellte er die These auf, daß purer Zufall die Grundlage der Evolution sei und auch der Schöpfung des Menschen keinerlei Plan zugrunde liege. Ein Jahr später wurde Monod zum Direktor des Pasteur-Instituts ernannt. In den 70er Jahren nahm er an vielen Kongressen teil, die sich mit ethischen Fragen zur Rolle der Wissenschaften in der Gesellschaft beschäftigten. Monod starb mit 66 Jahren in Cannes.

Luc Montagnier

(* 18. 8. 1932)

Der französische Mediziner und Virologe entdeckte 1984 als erster Wissenschaftler den Aids-Virus, dessen Isolierung die Voraussetzung für die Entwicklung von Medikamenten ist.

Montagniers Begeisterung für naturwissenschaftliche Forschung wurde in seiner Kindheit durch seinen Vater geweckt, der gemeinsam mit seinem Sohn im heimischen Hobby-Labor experimentierte. Nach Beendigung der Schule verließ Luc Montagnier seine Geburtsstadt Chabris/Indre-et-Loire, um in Poitiers Medizin zu studieren. 1955 wechselte er an die Sorbonne nach Paris, wo er eine Stelle als Assistent am naturwissenschaftlichen Fachbereich erhielt. 1961 heiratete Montagnier seine Freundin Dorothea Ackermann (drei Kinder).

Ab 60er Jahre: Beginn mit Krebsforschung Nach seiner Promotion zum Dr. med. (1960) beschäftigte sich Montagnier weiterhin mit einem Gebiet medizinischer Forschung, das ihn schon während seines Studiums besonders interessiert hatte: der Untersuchung von Viren. Speziell versuchte er den Einfluß von Retroviren auf Krebserkrankungen zu analysieren. Wie viele seiner Kollegen führte Montagnier – ab 1965 Laborchef der Abteilung für Radium am Nationalen Wissenschaftlichen Forschungszentrum in Paris – Tierexperimente durch, um sich möglichen Therapieformen beim Menschen zu nähern – jedoch ohne Erfolg.

Ab 70er Jahre: Aids-Forschung In den 70er Jahren alarmierte eine Krankheit die Welt, die aufgrund ihrer schnellen Verbreitung durch Geschlechtskontakte «Lustseuche» oder auch «Schwulenpest» genannt wurde. Da die Krankheit zumeist tödlich verlief, versuchte Montagnier, der einen Virus als Ursache der Krankheit vermutete, den Erreger zu finden. 1982 übernahm er die Leitung der Virologischen Abteilung des Pariser Pasteur-Instituts. Bei der Suche nach einem verbesserten Hepatitis-Impfstoff analysierte Montagnier 1984 routinemäßig Blutkonserven auf Retroviren, wobei er den Virus der Krankheit entdeckte, die seit 1982 offiziell als Aids (acquired immune deficiency syndrome) bezeichnet wird. Mit dem Virus Infizierte können beispielsweise an einer eher harmlosen Infektion oder einem Tumor sterben, weil das Immunsystem neue Krebszellen nicht mehr zerstören kann.

Anfang der 80er Jahre hatte der amerikanische Mikrobiologe und Virologe Robert Charles Gallo einen Leukämie-(oder auch Blutkrebs-) Virus entdeckt, den er HTLV 1 nannte. Da Gallo fast zeitgleich mit Montagnier den Aids-Virus (HTLV III; heute zumeist HIV: Human Immunodeficiency Virus genannt) gefunden hatte, entbrannte zwischen den Wissenschaftlern ein jahrelanger Streit, wer die Entdeckung zuerst gemacht hatte, und somit auch deren mögliche wirtschaftliche Vorteile für sich beanspruchen könne. Die Auseinandersetzung eskalierte, so daß sich sogar die französische und die amerikanische Regierung mit dem Thema beschäftigten und 1987 beschlossen, alle Einkünfte, die durch die Entdeckung gemacht werden, zu teilen.

1991: Montagnier als alleiniger Entdecker 1991 wurde durch weitere Recherchen endgültig geklärt, daß Gallo den Erreger erst nach seinem Pariser Kollegen entdeckt hatte. Gallo zog seinen Anspruch auf Urheberschaft zurück, gilt jedoch weiterhin als Vater des ersten Aids-Tests, der seit Mitte der 80er Jahre die Bildung von Antikörpern durch den HTLV-Virus im Blut nachweisen kann und die Überprüfung von Blutkonserven ermöglicht.
Montagnier, der 1986 weitere Formen von Aids-Viren (HIV-2) gefunden hatte, versucht seitdem, Gründe für die unterschiedlich schnelle Ausbreitung der Krankheit zu finden und ein Medikament gegen Aids zu entwickeln. So vermutet er den Grund für die Aids-Epidemie im Zusammenwirken des in Afrika entstandenen Virus mit einer Bakterienart, dem Mykoplasma, die sich fast ausschließlich in den Industrienationen gebildet hatte.
Auch Mitte der 90er Jahre bestehen noch keine Heilungschancen für Aids-Kranke, da der Virus schnell auf Abwehrversuche und Gegenmaßnahmen reagiert.

Luc Montagnier, 1985

Aids

Die Immunschwächekrankheit, gegen Ende des 20. Jahrhunderts eine der größten Bedrohungen für Leben und Gesundheit, trat zuerst in Afrika auf, wurde ab 1979 in Amerika nachgewiesen und ist mittlerweile über die ganze Welt verbreitet. Zunächst kam Aids überwiegend in der Homosexuellen-Szene vor, inzwischen resultieren die meisten Neuinfektionen aus heterosexuellen Kontakten. Bei mehr als drei Millionen Menschen ist das Vollbild der Aids-Krankheit bisher ausgebrochen, die meisten sind bereits gestorben. Die Weltgesundheitsbehörde in Genf schätzt die Zahl der mit Aids infizierten Menschen inzwischen auf über 15 Mio. Nach Expertenschätzungen wird es im Jahr 2000 zwischen 40 und 110 Millionen Infizierte geben. Problemgebiete Nummer 1 sind die Entwicklungsländer der dritten Welt, vor allem in Afrika, wo über die Hälfte aller Aidsopfer leben.

Thomas Hunt Morgan

(25.9.1866–4.12.1945)

▸ Begründer der modernen Genforschung ◂

Der amerikanische Biologe gilt als Pionier der modernen Vererbungslehre. Er entdeckte die Prinzipien der Übertragung genetisch festgelegter Merkmale durch Chromosomen als Träger der Erbanlagen.

Morgan wurde in Lexington/Kentucky geboren – im selben Jahr, in dem Gregor Mendel seine Kreuzungsexperimente mit Erbsenpflanzen veröffentlicht hatte. Der junge Thomas besuchte verschiedene Dorfschulen und ab 1882 das College von Kentucky in Lexington, wo er natur- und geisteswissenschaftliche Fächer belegte. Nach einem Abschluß in Zoologie setzte er seine zoologischen Studien an der Universität in Baltimore (1886–91) fort. Er promovierte zum Dr. phil. und nahm eine Lehrtätigkeit am Bryn Mawr College in der Nähe von Philadelphia an (1891–1904). Seit seiner Zeit am Bryn Mawr College verbrachte er jeden Sommer in der biologischen Marinestation bei Woods Hole am Cape Cod/Massachusetts oder in der Stazione Zoologica bei Neapel. Hier befaßte sich Morgan hauptsächlich mit Grundfragen der Embryologie. 1904 heiratete der 37jährige Lilian Vaughan Sampson, mit der er vier Kinder hatte.

Ab 1900: Experimentelle Biologie
Um die Jahrhundertwende gab es zwei grundlegende Richtungen in der Biologie. Die eine war eine morphologisch oder naturalistisch geprägte Denkrichtung, die sich mit der Struktur von Gesamtorganismen beschäftigte, auf der anderen Seite standen die physiologisch forschenden Experimentalwissenschaftler, die sich mit den Teilfunktionen des Organismus auseinandersetzten. Zunächst hatte Morgan die damals führende Richtung der Morphologen verfolgt, u. a. in seiner Doktorarbeit zur Embryologie und Entwicklungsgeschichte der Seespinne. Am Bryn Mawr College wurde er jedoch zu einem überzeugten Anhänger der experimentellen Biologie.

1910: Vererbung nach Geschlechtern
1904 nahm Morgan eine Forschungsprofessur an der Columbia-Universität in New York an. Er freundete sich mit Hugo de Vries an, einem der Wissenschaftler, die um 1900 die jahrzehntelang unbeachteten Arbeiten Mendels wiederentdeckt hatten. Zur Überprüfung der Mendelschen Gesetze experimentierte Morgan mit der Taufliege (Drosophila melanogaster), die im Labor einfach zu halten war. Die Suche nach Mutationen war lange Zeit erfolglos, bis er 1910 plötzlich eine männliche Fliege mit weißen Augen entdeckte. Er überprüfte die vermeintliche Mutation in Kreuzungsexperimenten: Bei der Kreuzung des weißäugigen Männchens mit einem rotäugigen Weibchen hatten alle Nachkommen

rote Augen, was darauf schließen ließ, daß Weißäugigkeit rezessiv vererbt wurde. In der Folgegeneration tauchten rot- und weißäugige Fliegen auf, aber in Abweichung von den Mendelschen Gesetzen waren alle weißäugigen Fliegen männlich. Morgan hatte somit als erster Forscher Merkmale entdeckt, die geschlechtsgebunden vererbt werden. Der Mendelsche Faktor, oder das Gen, das die Augenfarbe weiß festlegte, war demnach auf demselben Chromosom zu finden, das die Geschlechtsmerkmale festlegt.
Chromosomen waren bereits um 1850 entdeckt worden. Der Einfluß der Chromosomen auf die Vererbung blieb aber zunächst strittig. Morgan hatte zu Beginn seiner genetischen Untersuchungen angenommen, daß Umwelteinflüsse starke Auswirkungen auf die Geschlechtsausbildung besitzen. Seine Untersuchungen ließen die Zweifel an der Bedeutung von Chromosomen mehr und mehr verstummen.

Thomas Morgan

Ab 1912: Genkarten Zwischen 1910 und 1915 stellte Morgan eine Arbeitsgruppe zusammen, die sich mit der Identifizierung der verschiedenen Erbanlagen auf den Chromosomen beschäftigte. Daraus entwickelten die Wissenschaftler in der Folgezeit kontinuierlich präzisierte Genkarten. Außerdem erforschte die Gruppe das Phänomen des Umbaus der Chromosomen während der Reduktionsteilung (Meiose) durch das sog. Crossing over.
1915 veröffentlichte die Arbeitsgruppe um Morgan ihre Resultate unter dem Titel «The Mechanism of Mendelian Heredity», die von der Fachwelt schnell akzeptiert wurden. Elf Jahre später folgte Morgans Werk «Theory of the Gene», das als eine der wissenschaftlichen Grundlagen der Molekularbiologie gilt. Morgan avancierte zum führenden Genetiker seiner Zeit. Auf Wunsch des späteren Physik-Nobelpreisträgers Robert Andrews Millikan übernahm Morgan 1928 (bis 1942) die Abteilung für Biologie am California Institute for Technology (Caltech) in Pasadena, der damals bedeutendsten wissenschaftlichen Institution der USA. Morgans Buch «Die wissenschaftliche Grundlage der Evolution» faßte 1932 die aktuellen Erkenntnisse der Evolutionstheorie in klarer Form zusammen. Der Medizin-Nobelpreisträger von 1933 starb 1945 im Alter von 79 Jahren in Pasadena.

Hermann Joseph Muller

(21.12.1890–5.4.1967)

▸ Weltverbesserer durch Erbanlagen ◂

Der amerikanische Genetiker arbeitete die molekularbiologisch wichtigen Zusammenhänge zwischen Röntgenstrahlen und Mutationen bei Taufliegen heraus. Gleichzeitig warnte der Befürworter genetischer Manipulation bei Menschen vor Röntgenstrahlen und radioaktive Strahlung.

Der aus New York stammende Muller interessierte sich von Jugend an für die Biologie und vor allem die Evolutionslehre. Bereits mit neun Jahren verlor er seinen Vater, so daß ihn seine Mutter aus finanziellen Gründen nicht aufs College schicken konnte. Ein staatliches Stipendium ermöglichte ihm aber 1907 doch den Besuch des Columbia College (der heutigen Columbia-Universität), wo er neue Denkanstöße zur Vererbungslehre erhielt.

Ab 1907: Chromosomenforschung Mullers besonderes Interesse galt den Chromosomen. Während er an seiner Doktorarbeit schrieb, wirkte er in einer interdisziplinären Arbeitsgruppe mit, die unter Führung des amerikanischen Biologen Thomas Hunt Morgan die Chromosomen als Träger der Erbsubstanzen identifizierte und erste Genkarten anlegte. Nach der Promotion (Ph. D; 1916; Thema zur Übertragung von Nervenimpulsen) nahm der 25jährige Muller eine Lehrtätigkeit am Rice Institute in Houston/Texas auf (bis 1918). Anschließend kam er für zwei Jahre an die Columbia-Universität zurück, wo er seine Untersuchungen über die Regeln der Vererbung kontinuierlich fortsetzte.

1921–32: Professur in Austin Als Professor an der Universität von Texas in Austin untersuchte er die Mutationsrate bei Taufliegen (Drosophila melanogaster), die auch Morgan als Forschungsorganismen verwendet hatte. Es hatte sich gezeigt, daß Mutationen unter natürlichen Bedingungen nur sehr selten auftreten. Muller fand heraus, daß die Wahrscheinlichkeit für Mutationen bei Taufliegen bei erhöhter Temperatur zunahm. Er führte diesen Anstieg auf eine stärkere Vibration der Moleküle in den Genen zurück.
Ab 1924 untersuchte er die Wirkung von Röntgenstrahlen auf die Mutationsrate von Taufliegen. Resultat: Die Raten stiegen drastisch an. Seine Ergebnisse veröffentlichte er 1927 in dem berühmten Artikel «Artificial Transmutation of the Gene» für die Zeitschrift «Science». Die künstliche Auslösung von Mutationen ließ sich in der Folge bei der Aufklärung der genetischen Struktur von Chromosomen einsetzen und eröffnete ein neues Arbeitsgebiet, die Molekularbiologie.
Muller sah allerdings auch die Probleme beim Umgang mit Röntgenstrahlen und trat konsequent für deren vorsichtigen Einsatz ein. Ebenso warnte er auch vor den Folgen radio-

aktiver Strahlung. So wendete er sich z. B. gegen die in den 30er Jahren vielfach angewendete Methode der Bestrahlung der Eierstöcke bei sterilen Frauen, die dadurch ihre Chancen für eine Schwangerschaft erhöhen wollten.

1932/33: Flucht aus USA und aus Deutschland Die Unterstützung einer kommunistischen Studentenbewegung und die zunehmende Beeinflussung seiner Lehrtätigkeit durch die sog. Scientisten, die ein gesetzliches Verbot zur Verbreitung der Evolutionstheorie (1921) vor allem im Süden der USA bewirkt hatten, führten zu einem Bruch mit der Universitätsleitung. Muller verließ Texas und ging an das Kaiser-Wilhelm-Institut für Hirnforschung in Berlin. Nach der Machtübernahme durch die Nationalsozialisten kam er 1933 nach Moskau an das dortige Genetische Institut, um beim Aufbau des Sozialismus zu helfen.

Inzwischen war Muller zum Verfechter der Eugenik geworden, als deren Ziel er die «Verbesserung» der menschlichen Rasse durch genetische Manipulation ansah. Er schlug sogar vor, daß sich Frauen mit dem Samen geistig herausragender Männer befruchten lassen und auf eigene Kinder mit ihren Männern verzichten sollten. Insbesondere Familien, in denen erblich bedingte Krankheiten (z. B. Diabetis oder Mongolismus) aufgetreten waren, sollten auf diese Weise ihr Erbgut verbessern.

1937: Abreise aus Moskau Muller verließ die UdSSR 1937, da die sowjetischen Machthaber seine Konzepte zur genetischen Manipulation

Hermann Joseph Muller

ablehnten, obwohl er – im Gegensatz zur nationalsozialistischen Eugenik – das Wohlergehen der Menschheit vor Augen hatte. Neben der Herausbildung von Gesundheit, Intelligenz und Kreativität hoffte er vor allem auf die Ausprägung sozialer Komponenten zur Schaffung einer friedlichen Welt. Muller ging nach Edinburgh (Schottland) und nach dem Ausbruch des 2. Weltkriegs zurück in die USA, wo er zunächst in Massachusetts und anschließend von 1945 bis zu seinem Tod 1967 (in Indianapolis) an der Indiana-Universität in Bloomington arbeitete. Der Medizin-Nobelpreisträger von 1947, der für die Nachfolgegenerationen der Atombombenopfer in Japan das Auftreten aller denkbaren Folgeerscheinungen prognostiziert hatte, forderte 1955 die Beendigung aller Atomwaffenversuche.

Robert Sanderson Mulliken

(7.6.1896–31.10.1986)

▸ Mikromoleküle werden berechenbar ◂

Der amerikanische Physiker und Chemiker entwickelte die Molekülorbitaltheorie zur quantenmechanischen Erklärung von chemischen Bindungen. Damit gelang es Mulliken, die Ergebnisse spektroskopischer Messungen zu deuten und vorherzusagen.

Der Sohn eines Chemieprofessors aus Newburyport im Bundesstaat Massachusetts (USA) begann durch den Einfluß des Vaters, aber auch aufgrund eigenen Interesses an der Natur eine naturwissenschaftliche Ausbildung. Er schloß die Oberschule 1913 als Zweitbester seines Jahrgangs ab. Schon der Vortrag, den er während der Abschlußfeier hielt, beschrieb Mullikens späteres Forschungsgebiet: «Elektronen: Was sie sind und was sie tun». Aufgrund seiner guten Noten erhielt er – wie vor ihm sein Vater – ein Stipendium für das Chemiestudium am Massachusetts Institute of Technology (MIT), das er 1917 beendete. Während des 1. Weltkriegs arbeitete Mulliken für einige Zeit in einem militärischen Kampfgas-Labor in Washington D.C., erlitt dort einen schweren Laborunfall und verbrachte ein halbes Jahr im Hospital. Anschließend ging er für eine kurze Zeit zur New Jersey Zinc Co., wo er als Chemiker in der Gummiforschung tätig war. Mullikens großes Interesse für die Forschung zog ihn jedoch zurück an die Hochschule.

20er Jahre: Ausbildung in Harvard und Europa 1920/21 schrieb Mulliken an der Universität Chicago seine Doktorarbeit zur destillativen Trennung von Isotopen. Anschließend wechselte er für zwei Jahre nach Harvard und entdeckte dort seine Leidenschaft für die Spektroskopie (wissenschaftliche Untersuchung von Wellenlängen). Zwischen drei Aufenthalten in Europa, wo er neben namhaften Spektroskopikern wie den deutschen Physikern James Franck in Göttingen und Friedrich Paschen in Berlin auch mit Theoretikern wie Niels Bohr und Friedrich Hund zusammentraf, trat Mulliken 1926 eine Professur für Physik an der New Yorker Universität an. Zwei Jahre später wurde er als Professor für Physik an die Universität von Chicago berufen; ein Jahr darauf heiratete er seine langjährige Freundin Mary Helen von Noé (zwei gemeinsame Töchter).

Ab 1928: Molekülorbitaltheorie Von 1931 bis 1935 veröffentlichte Mulliken insgesamt 14 Aufsätze zum Thema «Elektronische Strukturen mehratomiger Moleküle und Valenz». Mit diesen Arbeiten formulierte er die Grundlagen der Molekülorbitaltheorie aus Sicht der Spektroskopie, an denen er seit 1928 gearbeitet hatte. Die theoretischen und mathematischen Ansätze für diese Theorie entwickelte er gemeinsam mit Friedrich Hund, mit dem ihn eine tiefe Freundschaft verband. Mulliken führte den Begriff des «Orbitals» ein, mit dem er den Übergang von den Bohrschen Umlaufbahnen der Elektronen zur molekularen Quantenmechanik vollzog, und unterschied zwischen Atom- und Molekülorbitalen (AO's und MO's). Auf der Grundlage gruppentheoretischer Methoden entwickelte er eine Typisierung der Molekülorbitale anhand ihrer Symmetrie-Eigenschaften.

Neben diesen allgemeinen Betrachtungen faßte Mulliken die Erkenntnisse über verschiedene Stoffgruppen zusammen und lieferte eine umfassende Beschreibung der Struktur von Molekülen, soweit sie durch spektroskopische Methoden zugänglich sind. Die von ihm entwickelte MO-Theorie bildete gewissermaßen den Gegenpol zu Linus Paulings «Valenzbindungs-Methode».

Während Paulings Erklärungsansatz weitgehend der Vorstellung der Chemiker entspricht, daß Bindungen gemeinsame Elektronenpaare zwischen Atomen darstellen, ist die MO-Theorie besser für eine mathematische Behandlung der chemischen Bindung geeignet. Der theoretische Physiker John C. Slater, ein Freund und Landsmann Mullikens, konnte später durch seine Untersuchungen zeigen, daß beide Methoden bei vollständig durchgeführter Berechnung zum gleichen Ergebnis führen und somit äquivalent sind. Trotz dieses Nachweises blieb auch weiterhin eine gewisse berufliche Rivalität zwischen Pauling und Mulliken bestehen.

Robert Mulliken, 1968

Ab 1942: Forschung für Atombombenprojekt Während des 2. Weltkriegs war Mulliken als Direktor der Abteilung für Informationswesen im Manhattan-Projekt tätig, das der Universität von Chicago angegliedert war. Nach dem Abwurf der ersten Atombombe (1945), an deren Realisierung er seit 1942 mitgewirkt hatte, erwog er zunächst, weiter in der Kernforschung zu arbeiten, wandte sich dann aber doch wieder der Molekülspektroskopie zu. In den folgenden Jahren befaßte sich Mulliken mit Problemen der Molekülstrukturen, wobei auch hier das Wechselspiel zwischen Theorie und Experiment, Berechnung und spektroskopischer Messung von molekularen Eigenschaften seine Stärke blieb. Mitte der 50er Jahre zog es ihn als Gastprofessor in Oxford und Amsterdam wieder nach Europa, wo er 1955 zudem wissenschaftlicher Attaché in Großbritannien wurde. Im Alter von 65 Jahren wurde Mulliken 1961 emeritiert, fünf Jahre später erhielt er den Nobelpreis für Chemie. Mulliken starb 1986 mit 90 Jahren in Arlington/Virginia.

Walther Hermann Nernst

(25.6.1864–18.11.1941)

▸ Erforscher der Thermodynamik ◂

Der deutsche Physiker zählt zu den Begründern der physikalischen Chemie. Mit dem nach ihm benannten Wärmetheorem (1906) führte er die Quantentheorie in die Chemie ein.

Der Sohn eines Landrichters wurde im westpreußischen Briesen (Chabrzezno) geboren und studierte ab 1883 Chemie in Zürich, Berlin und Graz. 1887 promovierte er in Würzburg mit einer Arbeit über den galvanomagnetischen Effekt. Diesen sog. Nernst-Effekt hatte er während seiner Zeit in Graz entdeckt: Beim Durchgang von Strom durch einen Leiter bildet sich in Stromrichtung ein Temperaturgefälle.

1889: Funktionsweise von chemischen Stromquellen Nach der Promotion wechselte Nernst nach Leipzig an das Physikalisch-Chemische Institut, wo er sich mit Fragen des Elektrizitätstransports in Flüssigkeiten auseinandersetzte. In seiner Habilitation (1889) erklärte er – auf Grundlage der Prinzipien der Thermodynamik –, wie in chemischen Stromquellen eine Spannung aufgebaut wird.

1893: «Theoretische Chemie» 1891 wurde Nernst Professor für Physikalische Chemie in Göttingen. Zwei Jahre später veröffentlichte er sein Werk «Theoretische Chemie», in dem er die klassische Vorstellung von elektrochemischen Erscheinungen mit thermodynamischen Begriffen verband. Im selben Jahr konnte er die Ionisation von chemischen Verbindungen bei der Auflösung in Wasser erklären: Wasser gehört zu den Substanzen, die eine große Dielektrizitätskonstante (Wert für die elektrischen Eigenschaften) besitzen. In ihnen wird die elektrische Anziehung von positiven und negativen Teilchen geschwächt. Folge: Der Zusammenhalt der Moleküle des gelösten Stoffs wird schwächer, bis sie schließlich zerfallen.

1897: Nernst-Lampe Nernst entwickelte 1897 eine Lampe, deren Glühkörper aus Oxiden seltener Edelmetalle bestanden und die einen doppelt so hohen Wirkungsgrad hatte wie die damals üblichen Kohlestofflampen. Die AEG erwarb das Patent, doch die Investition lohnte sich nicht, da kurz darauf die Wolfram-Lampe auf den Markt kam.

1906: Wärmetheorem Nachdem er 1899 die Grundlage einer Theorie der elektrischen Nervenfasern geschaffen hatte, widmete Nernst sich in seinen letzten Göttinger Jahren der Berechnung von Reaktionsgleichgewichten aus thermischen Daten. Damit bereitete er seine bedeutendste Entdeckung vor – den 3. Hauptsatz der Thermodynamik. Dieses sog. Nernstsche Wärmetheorem besagt, daß bei der Annäherung der Temperaturen an den absoluten Nullpunkt auch die Entropie (Maß für den Grad der Unordnung bei chemischen Vermischungsprozessen) gegen Null geht, diesen Wert jedoch nicht erreicht. Diese Erkenntnis ermöglicht es, chemische Gleichgewichtszustände aus thermodynamischen Daten vorauszuberechnen. Die experimentelle Bestätigung des Nernstschen Wärmetheorems leitete einen steilen Aufstieg der Tieftemperaturphysik ein. Nernst wurde für seine Arbeit 1920 mit dem Chemie-Nobelpreis ausgezeichnet.

Walther Nernst

Ab 1910: Werben um Unterstützung

In seiner Zeit an der Berliner Universität (ab 1905) bemühte sich Nernst um die Schaffung staatlicher Forschungsinstitutionen und erreichte 1912/13 die Gründung des ersten Kaiser-Wilhelm-Instituts. 1918 lieferte er eine Erklärung der chemischen Kettenreaktionen von Chlor und Wasserstoff unter Lichteinwirkung. Ab 1920 entwickelte er Verfahren, mit denen sich spezifische Wärme bei extrem hohen und niedrigen Temperaturen bestimmen ließ. Nach seiner Emeritierung 1933 war Nernst starkem Druck seitens der Nazis ausgesetzt, da zwei seiner Töchter mit jüdischen Männern verheiratet waren. 1941 starb der deutsche Physiker im Alter von 77 Jahren in Zibelle (Niwica) in der Oberlausitz.

Thermodynamik

Die Thermodynamik (Wärmelehre) befaßt sich mit den physikalischen und chemischen Erscheinungen, die bei Temperaturänderungen in festen Stoffen sowie in Substanzen auftreten.

1. Hauptsatz (Satz von der Erhaltung der Energie)

Wärme ist eine bestimmte Form der Energie und kann in andere Energieformen umgewandelt werden. In einem geschlossenen System bleibt die Summe aller Energiearten konstant.

2. Hauptsatz (Entropie-Satz)

Die Entropie eines geschlossenen thermodynamischen Systems kann sich nur durch Austausch mit der Umgebung verändern. Wärme kann nicht von selbst von einem kälteren auf einen wärmeren Körper übergehen.

3. Hauptsatz (Nernstsches Wärmetheorem)

Die Entropie eines festen oder flüssigen Körpers kann sich dem absoluten Nullpunkt annähern, ihn aber nie erreichen.

John von Neumann

(28.12.1903–8.2.1957)

▸ Rechengenie für Computer und Bomben ◂

Der amerikanische Mathematiker ungarischer Herkunft verband Mathematik und theoretische Physik: Neumann beschäftigte sich erfolgreich mit Quantenmechanik, Computerkonstruktion, schuf eine neue Form der Algebra und entwickelte eine Spieltheorie, die schnell zur Grundlage der Wirtschaftsmathematik wurde. Zudem war er an der Konstruktion von Atom- und Wasserstoffbombe beteiligt.

Johann Baron von Neumann wurde in Budapest geboren. Schon kurz nach der Einschulung fiel seinen Lehrern das ausgezeichnete Gedächtnis des Jungen auf. Sein Vater, ein Bankdirektor, machte Johann bereits in jungen Jahren mit der Mathematik vertraut. Folgerichtig studierte Neumann Mathematik in seiner Heimatstadt sowie in Berlin, wo er zudem Chemie belegte. 1926 erlangte er sein Chemie-Diplom in Zürich und promovierte in Budapest in Mathematik. In seiner Dissertation beschäftigte er sich mit Fragen zur Mengenlehre, für die er Grundannahmen präzisierte und neu entwickelte. So arbeitete er an der axiomatischen Grundlage der natürlichen Zahlen. Ein Jahr später erhielt er ein Stipendium der Rockefeller-Stiftung bei David Hilbert in Göttingen und war anschließend als Privatdozent in Hamburg und Berlin tätig.

Ende der 20er Jahre: Arbeiten zur Quantenmechanik Schwerpunkt von Neumanns wissenschaftlicher Forschung war zunächst die Entwicklung mathematischer Grundlagen für die Quantenmechanik. Dabei stellte er fest, daß die Geometrie von Vektoren im unendlichen Raum die glei-che mathematische Charakteristik aufweist wie die Zustände eines quantenmechanischen Systems. Außerdem schuf Neumann die Axiome (Operatorentheorie) für den sog. Hilbert-Raum und wandte Hilberts Spektraltheorie auf unbeschränkte Operatoren an. Sein Hauptwerk «Mathematische Grundlagen der Quantenmechanik» faßte alle Ergebnisse zusammen und wurde zur Pflichtlektüre für studentische Folgegenerationen.

1932: Beweis des Ergodentheorems Seine Erfahrungen mit der Quantenmechanik weitete Neumann auf die statistische Mechanik aus und bewies das sog. schwache Ergodentheorem, womit er auch hier die mathematische Basis gelegt hatte. Drei Jahre später nahm der amerikanische Mathematiker George David Birkhoff Neumanns Erkenntnisse auf und entwickelte den individuellen Ergodensatz, der sich mit den mathematischen Eigenschaften von endlos wiederholten sog. Markowschen Ketten beschäftigt. Solche Markowschen Ketten sind bedeutsam z. B. für die Genetik, da mit ihrer Hilfe strukturelle Veränderungen über Generationen hinweg beschrieben werden können. Mit Neumanns Ansatz wurde es möglich, die Wahrscheinlichkeit zu bestimmen, welchen Zustand (Wert) ein beobachtetes Element einer Kette zu einem beliebigen Zeitpunkt aufweist.

30er Jahre: Neumann-Algebra 1933 wurde Neumann, der sich nun den Vornamen John zulegte, Professor in Princeton/USA, wo er ab 1930 häufig als Gastdozent Vorlesungen gehalten hatte. Nachdem er zunächst bei seiner Beschäftigung mit den sog. kompakten Gruppen das 1900 von Hilbert formulierte fünfte von 23 Problemen der Mathematik gelöst hatte (Erklärung der Gruppen auf topologischer Basis), widmete sich Neumann stärker der Funktionalanalysis: Mit Hilfe des sog. Banachraums formulierte er seine Idee eines lokalkonvexen Raums. Durch seine Untersuchungen der sog. Operatorenringe (auch «von Neumann-Algebra») wurde es möglich, auch einen Raum mathematisch zu beschreiben, der seine Dimensionen ständig verändert.

1944: Spieltheorie 16 Jahre nach seinen ersten Arbeiten zur Spieltheorie veröffentlichte Neumann 1944 sein Werk «Theory of Games and Economic Behavior» (gemeinsam mit Oskar Morgenstern), in dem er seine Spieltheorie auf Kriegführung und Wirtschaft anwandte. Kernpunkt ist das Minimaxtheorem, in der zwei Kontrahenten nach einer (Spiel-) Strategie suchen, um ihren Verlust (sog. Minimaxwert) so gering wie möglich zu halten.

John von Neumann

Ab 1944: Rechenanlagen für Atombombenprojekt Dank seiner mathematischen und physikalischen Kenntnisse konzipierte Neumann im 2. Weltkrieg eine detaillierte Programmsteuerung für zwei US-Großrechner, die er mitentwickelte. Außerdem arbeitete er über die Möglichkeit, spaltbares Material zur Explosion zu bringen, und fungierte als Berater für das US-Atombombenprojekt in Los Alamos. Gleichzeitig beschäftigte er sich mit den Vorarbeiten für die Entwicklung der Wasserstoffbombe (Bau ab 1949; erster Test 1952).

Der glühende Verfechter weiterer Atomwaffenversuche, der bis Anfang der 50er Jahre entscheidend am Bau neuer elektronischer Rechner mitgewirkt und die Idee sich selbst reproduzierender Automaten entwickelt hatte, wurde 1954 in die amerikanische Atomenergiekommission aufgenommen. Im Alter von 53 Jahren starb Neumann 1957 in Washington an Krebs.

Amalie Emmy Noether

(23.3.1882–14.4.1935)

▸ Eine Frau verändert die Mathematik ◂

Die deutsche Wissenschaftlerin gilt als wichtigste Mathematikerin des 20. Jahrhunderts. Noether veränderte mit ihren Arbeiten – besonders zum Noetherschen Ring (herausragende Bedeutung für die Zahlentheorie) und zum Noetherschen Theorem – das algebraische Wissen.

Das mathematische Talent wurde Emmy Noether schon in die Wiege gelegt: Ihr Vater Max, Universitätsprofessor in Erlangen, wo auch Emmy geboren wurde, gilt als Begründer der algebraischen Geometrie. Nach Abschluß des Gymnasiums und einer Lehrerinnenprüfung (1900) studierte Emmy Noether mit einer Sondergenehmigung – Frauen waren vom regulären Studium in Deutschland noch ausgeschlossen – Englisch, Französisch und Mathematik in ihrer Heimatstadt. Nach einem Jahr in Göttingen (1903) verschrieb sie sich anschließend ganz der Mathematik. 1907 schloß sie ihre Promotion erfolgreich ab.

1918: Noethersches Theorem Auf freiwilliger Basis arbeitete sie danach am Mathematischen Institut in Erlangen weiter und kehrte 1915 nach Göttingen zurück, wo sie die sog. Invariantentheorie und – gemeinsam mit dem Mathematiker David Hilbert – das nach Noether benannte Theorem entwickelte. Ihr mathematischer Ansatz, der auch als Invariantentheorie bezeichnet wird, hatte entscheidenden Einfluß auf die theoretische Physik, besonders für Feldtheorie und Quantenphysik, da sich das Noethersche Theorem an den physikalischen Erhaltungssätzen (Energie-, Impuls- und Drehimpulssatz) orientierte: Die Wissenschaftlerin stellte fest, daß die Erhaltungssätze unabhängig vom betrachteten Bezugssystem im vierdimensionalen Raum bestehen (Invarianz).
Obwohl Noether in Göttingen mit Hilbert und seinem Kollegen Felix Klein prominente Fürsprecher hatte, wurde ihr eine Habilitation trotz fachlicher Kompetenz bis 1919 verweigert, als die Weimarer Verfassung erstmals gleiche Rechte für Frauen in Deutschland garantierte.

20er Jahre: Allgemeine Idealtheorie 1922 wurde Noether außerordentliche Professorin und erhielt erste Lehraufträge in Göttingen. Vier Jahre später präsentierte sie ihre Arbeiten zu Noetherschem Ring und Idealtheorie: Ein Noetherscher Ring sind z. B. alle ganzen Zahlen. Für diese Ringe legte sie Ideale fest, z. B. die Menge der ganzen Zahlen, die durch acht teilbar sind. Aus den Zahlen eines Ideals können durch Addition oder Multiplikation mit beliebigen anderen Zahlen weitere Elemente des Ideals gebildet werden. So liegt die Summe aus 16 und 24 wieder im Ideal, da auch 40 durch 8 teilbar ist (sog. Abgeschlossenheit

der Addition). Darüber hinaus muß das Ideal für das jeweils negative Element (sog. Inversenbildung) sowie für null gelten.
Noether untersuchte nun Idealketten: Alle Zahlen, die durch acht teilbar sind, müssen auch in der Menge aller durch vier dividierbaren Zahlen enthalten sein und diese wiederum in der Menge aller durch zwei teilbaren Zahlen. An diesem Punkt kann die Kette nicht mehr weiter fortgesetzt werden, die Idealkette wird «stationär». Die Eigenschaft, daß jede Kette irgendwann ihren stationären Zustand erreicht, wird seitdem als «noethersch» bezeichnet. Wenn ein Ring (z. B. alle ganzen Zahlen) nur solche stationären Idealketten besitzt, liegt ein Noetherscher Ring vor.

Emmy Noether

Hermann Weyl (9. 11. 1885–8. 12. 1955)

Der in Elmshorn geborene Mathematiker und Physiker beschäftigte sich außer mit Integral- und Differentialgleichungen mit der Relativitätstheorie, für die er in seinem Werk «Raum, Zeit, Materie» (1918) mathematische Basisarbeit lieferte. Das gleiche gelang ihm für die Quantenmechanik. Darüber hinaus befaßte er sich mit einer allgemeinen Theorie der Mathematik sowie der Verbindung von Mathematik und Naturwissenschaften. Weyl, der 1933 in die USA fliehen mußte, starb mit 70 Jahren in Zürich.

Ab 1927: Abstrakte Algebra Mit ihren Untersuchungen zur abstrakten Algebra erweiterte Noether die Grundlage der Zahlentheorie. Dabei schaffte sie es, die Theorieansätze verschiedener Mathematiker zu einem einheitlichen Konstrukt zu vereinigen. Ihre Ergebnisse veröffentlichte sie in dem 1930 erschienenen Lehrbuch «Moderne Algebra» ihres Schülers Bartel Leendert van der Waerden.
Die erfolgreiche Theoretikerin war bei ihren Studenten äußerst beliebt, da sie es verstand, die schwierige Materie allgemeinverständlich zu vermitteln und überdies Begeisterung für ihre Beschäftigung zu wecken. Als Noethers Lehrer Hilbert 1930 emeritierte, wurde jedoch nicht sie, sondern ihr Züricher Kollege und frühere Hilbert-Schüler Hermann Weyl sein Nachfolger.

1933 emigrierte die Jüdin in die USA, nachdem ihr in Göttingen die Lehrerlaubnis entzogen worden war. Als Gastprofessorin arbeitete Noether am Mädchencollege von Bryn Mawr/Pennsylvania, wo sie 1935 nach einem ärztlichen Eingriff im Alter von 53 Jahren starb.

Julius Robert Oppenheimer

(22.4.1904–18.2.1967)

▸ Der Vater der Atombombe ◂

Der amerikanische Physiker leitete ab 1942 das sog. Manhattan-Projekt zum Bau der ersten Atombombe. Wegen seiner ablehnenden Haltung gegenüber der Entwicklung der Wasserstoffbombe und seiner Tätigkeit für die Kommunistische Partei mußte er sich 1954 in einem mehrwöchigen Hearing öffentlich verteidigen und verlor seine vorherige Vertrauensposition. Erst 1963 wurde Oppenheimer rehabilitiert.

Oppenheimer, geboren in New York, entstammte einem jüdischen Elternhaus. Sein Vater war ein aus Deutschland eingewanderter Geschäftsmann, seine Mutter Malerin. Mit 17 Jahren machte Oppenheimer Abitur und schloß in zehn Fächern mit Bestnote ab. Ein Jahr später begann das Sprachgenie in Harvard ein Studium der klassischen Sprachen Griechisch und Latein sowie der Chemie.

Ab 1925: Weg zum Physiker 1925 promovierte Oppenheimer in Chemie mit einer Arbeit «Zur Quantentheorie kontinuierlicher Spektren». Aus Interesse hatte er während des Studiums Vorlesungen zur Experimentalphysik besucht und ging noch im selben Jahr zu Ernest Rutherford nach Cambridge. Schnell zeigte sich, daß Oppenheimer Probleme mit dem Wissenschaftsbetrieb hatte – Einsamkeit und Heimweh führten zum psychischen Zusammenbruch. Nach der Genesung setzte er seine Studien bei dem deutschen Physiker Max Born in Göttingen fort und veröffentlichte eine Arbeit über Aspekte der Quantentheorie. 1929 wurde Oppenheimer Professor für Theoretische Physik an der University of California in Berkeley, zugleich unterrichtete er am California Institute of Technology in Pasadena. Trotz seiner unumstrittenen Fachkenntnisse war er bei den Studenten wenig beliebt, da es ihm an pädagogischen Fähigkeiten mangelte.

Ab 1936: Engagement für Kommunisten 1936 begann Oppenheimer eine Affäre mit der Psychologiestudentin Jean Tatlock, einem aktiven Mitglied der Kommunistischen Partei. Nach wenigen Monaten wurde er Ortsgruppensekretär der linksorientierten Lehrergewerkschaft und unterstützte die KP in Aufrufen und mit Geldspenden. Oppenheimer trat der Partei nie bei, blieb ihr jedoch auch nach der Trennung von Jean Tatlock (1939) verbunden. 1940 heiratete Oppenheimer die gebürtige Deutsche Katherine Harrison.

1941: Plan für Atombombenkonstruktion Anfang der 40er Jahre wurde US-Präsident Franklin D. Roosevelt durch Gerüchte aufgeschreckt, die Deutschen entwickelten eine Atombombe. Auf Ratschlag britischer Physiker sowie des emigrierten Albert Einstein stellte er finanzielle Mittel zum beschleunigten Bau einer amerikanischen Atombombe zur Verfügung. Zu den Wissenschaftlern, die an den Entwicklungsarbeiten beteiligt waren, gehörte der Physiker Ernest O. Lawrence, der 1929/30 das Zyklotron (Teilchenbeschleuniger) entwickelt hatte. 1941 bat er seinen Freund Oppenheimer um Hilfe. Lawrence baute das Zyklotron um, damit es das Uranisotop U-235 aus der Uranmasse abtrennen konnte. Oppenheimer berechnete die für eine Atombombe benötigte Menge des U-235 und legte einen detaillierten Konstruktionsplan für die Massenvernichtungswaffe vor.

J. Robert Oppenheimer

1942–45: Manhattan-Projekt Im Mai 1942 übernahm Oppenheimer die Leitung des sog. Manhattan-Projekts zur Herstellung der Atombombe. Bis auf eine Millionstelsekunde genau berechnete der oft arrogant wirkende Physiker die Zeitspanne, innerhalb derer im Bombeninneren die atomare Kettenreaktion in Gang gesetzt werden mußte. Auf Oppenheimers Vorschlag hin errichtete das Militär Anfang 1943 in der Wüste bei Los Alamos / New Mexico ein Labor zum Bau der Bombe, die innerhalb von nur 30 Monaten entstand. Am 16. Juli 1945 fand die erste Erprobung in Los Alamos statt, drei Wochen später warf die US-Luftwaffe Atombomben über Hiroshima (6.8.) und Nagasaki (8.8.) ab, um die Japaner zur Kapitulation zu zwingen. Oppenheimer bezeichnete den Einsatz der Massenvernichtungswaffe als «rein politische Entscheidung» und lehnte jede Verantwortung für die Folgen ab.

1954: Hearings Oppenheimer wurde 1947 Direktor des Institute for Advanced Studies in Princeton. Die Entwicklung der Wasserstoffbombe, wie sie von der US-Regierung 1949 beschlossen worden war, lehnte er aus technischen und moralischen Gründen ab. Daraufhin fiel der politisch einflußreiche Oppenheimer bei Präsident Dwight D. Eisenhower in Ungnade, mußte sich 1953/54 wegen seiner Tätigkeit für die Kommunistische Partei einem Untersuchungsverfahren unterwerfen und in öffentlichen Hearings (12.4.–6.5.1954) verteidigen. Oppenheimer verlor seinen Posten in der Atomenergiebehörde, der Zugang zu geheimen Regierungsakten wurde ihm untersagt. Erst 1963 rehabilitierte ihn Präsident John F. Kennedy. Noch im selben Jahr erhielt Oppenheimer den Enrico-Fermi-Preis, die höchste Auszeichnung der Atomenergiebehörde. 1967 starb er mit 62 Jahren in Princeton / New Jersey.

Wolfgang Pauli

(25.4.1900–15.12.1958)

▸ Das Gewissen der Physik ◂

Das nach dem in Österreich geborenen Physiker benannte Prinzip stellte eine der wesentlichen Neuerungen der Quantentheorie und Atomphysik dar. Der Nobelpreisträger von 1945 bemühte sich außerdem um die erkenntnistheoretischen Voraussetzungen der Wissenschaft.

Der Sohn eines Professors für Physikalische Chemie in Wien studierte ab 1918 theoretische Physik bei Arnold Sommerfeld in München, dem bald die große Begabung Paulis auffiel. So erhielt Pauli schon in seinem dritten Studiensemester den Auftrag, einen Beitrag über die Relativitätstheorie für die «Enzyklopädie der Mathematischen Wissenschaften» zu verfassen, einen Aufsatz, den eigentlich Einstein selber schreiben sollte. In einer Rezension von Paulis Arbeit sprach Einstein von einem «reifen und großangelegten Werk». Im Juli 1921, ein halbes Jahr nachdem auch Werner Heisenberg zu Sommerfeld nach München gekommen war, promovierte Pauli mit Bestnote. Anschließend ging er zunächst nach Göttingen zu Max Born und dann zu Niels Bohr nach Kopenhagen. 1923 wurde Pauli Mitglied der Physikalischen Fakultät der Universität Hamburg, wo er bis 1928 blieb, um dann an die ETH Zürich zu wechseln.

Ab 1918: Von der Relativitäts- zur Quantentheorie Die Diskussionen, die Pauli mündlich und in zahllosen Briefen mit Heisenberg, Born und Bohr führte, trugen wesentlich zur Formulierung der Heisenbergschen Matrizenmechanik bei, einem ersten mathematischen Deutungsversuch der Quantentheorie. Pauli gelang es, die neue Theorie erfolgreich auf das Wasserstoffatom anzuwenden. Heisenberg sandte jedes seiner Manuskripte zunächst an Pauli, der somit zu einer ersten Prüfungsinstanz für die neuen Theorien wurde. Kurz nach der Veröffentlichung der Matrizenmechanik erhielt Pauli im Februar 1926 Kenntnis von der von Erwin Schrödinger entwickelten Wellenmechanik. Schon nach zwei Monaten fand er den Beweis, daß Heisenbergs und Schrödingers Ideen mathematisch äquivalent sind. Zu diesem Zeitpunkt hatte Schrödinger jedoch ebenfalls diesen Beweis gefunden und bereits zur Veröffentlichung eingereicht.

1924/25: Pauli-Postulat Das damals anerkannte Bohr-Sommerfeld Atommodell ging davon aus, daß die Elektronen eines Atoms den Kern auf bestimmten Bahnen umkreisen, deren Energieniveaus durch insgesamt drei sog. Quantenzahlen beschrieben werden konnten. Dies galt zwar für das Wasserstoffatom, bei Atomen mit mehreren Elektronen versagte diese Theorie jedoch. Pauli schloß die Lücke zwischen der alten

Wolfgang Pauli (rechts) wird Ehrendoktor der Universität Hamburg, 1958

Atomtheorie und den neuesten experimentellen Ergebnissen, indem er eine zusätzliche Quantenzahl einführte (später Spin-Quantenzahl genannt). Diese Zahl kann nur zwei Werte annehmen, weshalb der Vergleich mit einer Eigenrotation (engl.: spin) – mit dem und gegen den Uhrzeigersinn – nahelag. Paulis Arbeiten mündeten in das sog. Pauli-Postulat, welches besagt, daß keine zwei Elektronen in einem quantenmechanischen System in allen vier Quantenzahlen übereinstimmen dürfen. Die Forderung hatte weitreichende Auswirkungen auf die Vorstellung vom Aufbau der Atome und Moleküle. Im selben Jahr forderte Pauli zur Erklärung der sog. Hyperfeinstruktur der Elektronenspektren, daß auch Atomkerne einen Spin besitzen.

1931: Neutrino-Hypothese Anfang der 30er Jahre beschäftigte sich Pauli mit dem Problem, daß die Energie abgestrahlter Betateilchen geringer ist als theoretisch (Gesetz der Energieerhaltung) anzunehmen. 1931 erklärte er den Betazerfall damit, daß bei der Emission eines Betateilchens gleichzeitig ein unsichtbares, ungeladenes Teilchen abgestrahlt wird, was dem Gesetz der Energieerhaltung entspräche. Dieses Teilchen, von Enrico Fermi kurz darauf als Neutrino bezeichnet, wurde erst 1956 experimentell nachgewiesen – 25 Jahre nachdem Pauli seine Existenz theoretisch gefordert hatte.

In den folgenden Jahren leistete er mit Heisenberg erste Beiträge zur Quantenfeldtheorie. Nach seiner Ausreise in die USA beschäftigte er sich in Princeton von 1940 bis 1945 mit der Mesonentheorie. 1945 erhielt Pauli den Nobelpreis für Physik; im selben Jahr nahm er die amerikanische Staatsbürgerschaft an. Ein Jahr später kehrte er nach Zürich zurück, wo er Quantenfeldtheorie und Teilchenphysik betrieb. Ab Anfang der 50er Jahre führte er mit Heisenberg eine Diskussion über dessen einheitliche Theorie der Materie («Weltformel»). Im Alter von 58 Jahren starb Pauli 1958 in Zürich.

Linus Carl Pauling

(28.2.1901–20.8.1994)

▸ Vom Genie zum Enfant terrible ◂

Der amerikanische Chemiker übertrug die Gesetze der Quantenmechanik auf die Chemie, entdeckte die Spiralstruktur von Eiweißkörpern und begründete die Molekularbiologie. Pauling war einer der wenigen Wissenschaftler, die zwei Nobelpreise (Chemie 1954, Frieden 1962) erhielten.

Durch einen Freund, der ein kleines Heimlabor besaß, entstand das Interesse des 13jährigen Linus Pauling an der Chemie. Am Oregon State College in seinem Geburtsort Portland beendete er mit 21 Jahren das Grundstudium. Drei Jahre später promovierte er über die Röntgenstrukturanalyse anorganischer Verbindungen am California Institute of Technology in Pasadena, wo er fortan forschte und unterrichtete. 1926 ging er für ein Jahr nach Europa, um bei Arnold Sommerfeld, Erwin Schrödinger und Niels Bohr seine Kenntnisse der Quantentheorie zu vertiefen.

Ab 30er Jahre: Elektronegativität
Paulings Interesse galt der Quantenchemie und der Frage, wie – nach Rutherfords Atomtheorie – das Zustandekommen chemischer Bindungen erklärt werden kann. Er entwarf eine Theorie, nach der die Elektronen in Form von Wellen paarweise aufeinander einwirken und so einen stabileren Zustand erreichen, als sie es getrennt vermögen.
Pauling erweiterte diese Theorie der kovalenten Bindung, indem er eine Polarisierung der Elektronenpaarbindung zwischen unterschiedlichen Atomarten postulierte. Unter der Annahme, daß in Molekülen die elektrische Ladung auch ungleichmäßig auf die Atome verteilt sein kann, ohne daß eine echte Ionenbindung vorliegt, konnten zahlreiche Phänomene in der organischen Chemie erklärt werden. Die Stärke der Polarisierung quantifizierte Pauling durch sein Konzept der Elektronegativität. Stärker elektronegative Elemente wie Sauerstoff und die Halogene haben eine größere Tendenz, Elektronen anzuziehen, als Elemente mit geringer Elektronegativität, wie die Alkalimetalle Natrium und Kalium.
Ein weiteres von Pauling entwickeltes Konzept ist die Theorie der Resonanz. Mit ihr erklärte er die besondere Stabilität bestimmter organischer Moleküle wie z. B. des Benzols. Danach ist das alternierende Auftreten von Einfach- und Doppelbindungen zwischen Kohlenstoffatomen die Hauptursache einer spezifischen energetischen Stabilisierung. 1939 veröffentlichte der 38jährige Amerikaner sein grundlegendes Werk «Die Natur der chemischen Bindung», in dem er seine wissenschaftlichen Forschungserkenntnisse zusammenfaßte. Es ist bis heute eines der wichtigsten Lehrbücher der Quantenchemie geblieben.

1954: Chemie-Nobelpreis In den 40er Jahren wandte sich Pauling der Untersuchung der Struktur von Biomolekülen zu. Ein Jahrzehnt später war er einer der ersten, die in den 50er Jahren die These vertraten, daß Proteinmoleküle eine Helixstruktur aufweisen. Bald darauf veröffentlichten der amerikanische Wissenschaftler James Dewey Watson und sein britischer Kollege Francis Crick ihre revolutionären Ergebnisse über die Struktur der Desoxyribonukleinsäure (DNA), die als Doppelhelix vorliegt. Zur gleichen Zeit untersuchte Pauling verschiedene Blutkrankheiten und brachte sie mit abnormal veränderten Strukturen des Blutfarbstoffs Hämoglobin in Verbindung. 1954 wurde ihm für seine Arbeiten zur Struktur der Moleküle der Chemie-Nobelpreis verliehen.

1962: Friedens-Nobelpreis Pauling hatte sich neben seiner wissenschaftlichen Arbeit einem weiteren großen Ziel verschrieben, der Bekämpfung der atomaren Bedrohung. Zusammen mit Kollegen wie J. Robert Oppenheimer, der sich geweigert hatte, an der Entwicklung der Wasserstoffbombe mitzuwirken, war er deshalb in den USA Anfeindungen ausgesetzt. 1958 überreichte er dem Generalsekretär der Vereinten Nationen einen von ihm verfaßten und von über 11000 Wissenschaftlern aus 49 Ländern unterzeichneten Appell für ein internationales Abkommen über die Einstellung von Atomwaffenversuchen. Wegen seines unbeugsamen Eintretens für den Frieden und eine Welt der friedlichen Koexistenz wurde ihm 1963 der Friedens-Nobelpreis für 1962 verliehen.

Linus Pauling, 1981

Ab 70er Jahre: Vitamine gegen alles In den 70er Jahren erregte Pauling Aufsehen mit seiner – von vielen Kollegen vehement abgelehnten – These, die regelmäßige Einnahme großer Dosen von Vitamin C schütze vor Krebs. Er selbst nahm jeden Tag 10 Gramm Vitamin C zu sich und avancierte bis in die 90er Jahre zum populären «Wunderheiler», der aus seinem Institut in Palo Alto / Kalifornien mit plakativen Formeln («Vitamine, Vitamine!») gegen zahlreiche medizinische Probleme zu Felde zieht. Sein Engagement für den Frieden ließ Pauling auch im hohen Alter nicht ruhen. Noch in den 80er Jahren trat er auch in Europa bei Veranstaltungen gegen die Stationierung US-Mittelstreckenraketen auf.
Pauling starb 1994 mit 93 Jahren auf seiner Farm in Big Sur / Kalifornien an Krebs.

Iwan Petrowitsch Pawlow

(14. 9. 1849–27. 2. 1936)

▸ Hund weist Weg zu menschlichem Verhalten ◂

Der russische Mediziner und Physiologe erforschte bei Tieren die Verdauungsabläufe sowie den Einfluß des Nervensystems auf die dafür notwendige Sekretbildung. Dabei entdeckte Pawlow den konditionierten Reflex, den er auf das Verhalten von Menschen übertrug.

Der Sohn eines Dorfgeistlichen aus Rjasan (Rußland) besuchte eine kirchliche Schule, nach deren Abschluß er Theologieseminare belegte. Mit 20 Jahren wechselte Pawlow auf die Universität in St. Petersburg, um Physiologie und Chemie zu studieren. Gleichzeitig ließ er sich ab 1875 an der Medizinischen Akademie in St. Petersburg ausbilden, wo er als Assistent ein geringes Einkommen für sich und seine Frau (Heirat 1881) bezog. Im Anschluß an seine Dissertation setzte er seine Ausbildung ab 1884 in Leipzig und Breslau fort, wo die Physiologen Carl Ludwig und Rudolf Heidenhain seine wichtigsten Lehrer waren.

Ab 1884: Untersuchungen an Tieren Pawlows Interesse galt zunächst dem Einfluß von Nerven auf Herzfunktionen bei Tieren. Zurück in St. Petersburg, untersuchte er ab 1888 das Nervengeflecht am Herzen und stellte fest, daß die Stimulierung der Nervenenden sowohl den Blutdruck als auch den Herzschlag veränderte. 1890 erhielt Pawlow eine Professur an der Petersburger Akademie. Der Physiologe, der zumeist nur an unbetäubten Tieren seine Untersuchungen durchführte, richtete ein Forschungszentrum ein, in dem alle Eingriffe und Experimente nach genau festgelegten Regeln vorgenommen und die Tiere optimal betreut wurden.

Ab 1890: Physiologie der Verdauung Im letzten Jahrzehnt des 19. Jahrhunderts begann Pawlow mit der Erforschung von Verdauungssekreten. Er hatte bei seinen Versuchstieren besondere Magenausgänge an der Körperoberfläche (sog. Fisteln) angelegt, ohne die Nervenleitungen zu zerstören. Auf diese Weise konnte er die Magensekretion im Langzeitstudium verfolgen. 1897 legte er sein Buch «Die Arbeit der Verdauungsdrüsen» vor, das die physiologischen Abläufe im Magen beschrieb. Bei seiner Arbeit war Pawlow auf ein Phänomen gestoßen, das er «psychische Sekretion» nannte: Die Produktion von Magensäften wurde bei Hunden schon beim Anblick des Futters aktiviert.

1901: Bedingte und unbedingte Reflexe Um die Frage zu klären, wie der Speichelfluß bei Tieren zustande kommt, führte Pawlow sein inzwischen berühmtes Hunde-Experiment durch: Er fütterte das Tier grundsätzlich erst nach dem Klingeln einer Glocke. Bald stellte er fest, daß der Speichelfluß unabhängig vom Futter schon dann einsetzte, wenn das Läuten zu hören war. Die Möglichkeit, den Speichelfluß durch externe Reize auszulösen, bezeichnete Pawlow als konditionierten (bedingten) Reflex, während er die Speichelproduktion beim Fressen – also dem direkten Kontakt mit der Nahrung – unbedingten (da immer gleichen) Reflex nannte. Die bedingten (erlernten) Reflexe ordnete er den höheren Nervenzentren zu, während er den angeborenen unbedingten Reflex den niederen Nervensystemen zuschrieb. Die höhere Nerventätigkeit wird nach Pawlow durch Erregung bzw. Hemmung der einzelnen Nerven gesteuert. Die Menge des Speichels diente ihm dabei als quantifizierbares Maß für die Erregung des Tieres. 1904 erhielt Pawlow für seine Entdeckungen den Nobelpreis für Medizin.

Ab 1905: Übertragung auf den Menschen Pawlow, der auch die Bedeutung der Gehirntätigkeit sowie des Schlafes auf Erregung bzw. Hemmung der höheren Nerven hervorhob, sah die Sprache als Hauptmöglichkeit an, bedingte Reflexe auszulösen. Als wichtigste Konsequenz seiner Anschauungen interpretierte er menschliches Verhalten als eine Kette bedingter Reflexe, womit er den Grundstein neuer wissenschaftlicher Verhaltenstheorien (z. B. Behaviorismus) legte, aber auch die Physiologie auf eine neue Grundlage stellte. In den 30er Jahren wurden seine Erkenntnisse beispielsweise in der psychiatrischen Therapie umgesetzt: Psychische Krankheiten wurden auf Hemmung der höheren Nervenfunktionen zurückgeführt und als Schutz gegenüber der Umwelt verstanden, weshalb die Behandlung ohne externe Stimuli (d. h. in karger Umgebung und unter ständiger Ruhe) ablief.

Iwan Pawlow

Ab 1922: Politischer Konflikt Obwohl Pawlow auch nach der russischen Oktoberrevolution 1917 materiell bestens unterstützt wurde, um seine Arbeiten fortzuführen, galt er als Kritiker des Kommunismus in der UdSSR. Als der religiös erzogene Pawlow 1924 miterlebte, daß ein Priestersohn von der Leningrader Akademie verbannt werden sollte, verzichtete er auf seinen Lehrstuhl, schloß in den 30er Jahren jedoch seinen Frieden mit der Regierung von Stalin. Pawlow starb 1936 mit 86 Jahren in Leningrad (St. Petersburg) an Lungenentzündung.

Max Karl Ernst Ludwig Planck

(23.4.1858–4.10.1947)

▸ Erleuchtung durch Strahlenforschung ◂

Mit seiner Quantentheorie schaffte der deutsche Physiker die Basis für den Übergang von der klassischen zur modernen Physik. Plancks Entdeckungen ebneten auch den Weg für das Verständnis der Atomphysik.

Kurz nach der Geburt ihres Sohnes Max zogen Plancks Eltern von Kiel nach München. Hier verbrachte er seine Jugend, später studierte er Physik in Berlin. Planck promovierte 21jährig über Thermodynamik, verbrachte fünf Jahre in München und trat schließlich eine Professur in Kiel an. 1889 akzeptierte er einen Ruf nach Berlin, wo er zunächst als außerordentlicher Professor, ab 1892 als Ordinarius arbeitete und lehrte. Das von ihm geleitete Institut für Theoretische Physik war für viele seiner Kollegen zunächst ungewöhnlich, denn die Physik verstand sich damals weniger als theoretische denn als praktische Wissenschaft, in der man aus einer Vielzahl von Beobachtungen ein Erklärungsmodell formulierte.

1900: Quantentheorie In Berlin widmete sich Planck einem Problem, das zuerst von seinem Lehrer Gustav Kirchhoff beschrieben worden war: dem sog. schwarzen Körper, der aufgrund seiner Farbe alle Frequenzen des Lichts absorbiert und daher auch bei Erhitzung in allen Frequenzen des Spektrums strahlen sollte. Da aber die Anzahl der hohen Frequenzen viel größer ist als die der niedrigen Frequenzen (genauso, wie es mehr große als kleine Zahlen gibt), sollte der schwarze Strahler überwiegend Licht im hochfrequenten, also violetten Bereich emittieren. Dies war in der Praxis aber nicht der Fall, und die Theorien des ausgehenden 19. Jahrhunderts konnten hierfür keine Erklärung liefern. Zwar existierten Gleichungen von Wilhelm Wien und von Lord Rayleigh, doch waren sie lediglich für einen Teil des Spektrums korrekt. Die Strahlungsformel Wiens stimmte für hohe Frequenzen, Rayleighs Gleichung nur für niedrige Frequenzen mit dem Experiment überein.
1900 gelang es Planck, eine einfache Formel aufzustellen, die für das gesamte Spektrum galt. Entscheidend für den weiteren Verlauf der Physik war jedoch die Annahme, auf der diese Gleichung basierte. Planck legte nämlich zugrunde, daß Energie nicht beliebig teilbar war, sondern wie Materie in Form kleinster Einheiten existierte. Diese kleinsten Einheiten nannte er «Quanten», die den Grundstein für die Quantentheorie bildeten.

Um 1900: Plancksche Konstante Außerdem postulierte Planck eine direkte Beziehung zwischen der Energie elektromagnetischer Strahlung und ihrer Frequenz: Je höher die Frequenz, desto energiereicher die

Strahlung. Deshalb ist violettes Licht erheblich energiereicher als z. B. rotes Licht. Dies erklärt, warum ein Körper bei Erhitzung zunächst dunkelrot, dann orange, gelb und schließlich bläulich strahlt. Je geringer seine Temperatur, desto energieärmer die von ihm emittierte Strahlung. Der Proportionalitätsfaktor zwischen der Energie einer Strahlung und ihrer Frequenz wird seitdem als «Plancksches Wirkungsquantum» bezeichnet (Symbol: h). Diese neue Theorie war so revolutionär, daß sie zunächst nicht akzeptiert wurde, und auch Planck selbst vermutete in seinem Ansatz jahrelang einen rein mathematischen Trick ohne tatsächliche physikalische Bedeutung. Auch nachdem Albert Einstein 1905 den sog. Photoelektrischen Effekt mit Hilfe der Quantentheorie erklärte, war Planck nicht überzeugt, während er die im selben Jahr publizierte spezielle Relativitätstheorie bereitwillig akzeptierte.

Erst 1913, als Niels Bohr ein quantentheoretisches Modell des Atoms entwickelte und damit zahlreiche Phänomene erklären konnte, die zuvor nicht interpretierbar waren, erlebte die Quantentheorie ihren endgültigen Durchbruch.

Max Planck, 1947

1918: Physik-Nobelpreis 1918 wurde Planck, dem langjährigen Vorsitzenden der Deutschen Physikalischen Gesellschaft und Mitherausgeber der renommierten «Annalen der Physik», der Nobelpreis verliehen. 1929 stiftete die Deutsche Physikalische Gesellschaft zu seinem goldenen Doktorjubiläum die «Max-Planck-Medaille», deren erster Preisträger er selbst und Albert Einstein waren. Während des Dritten Reichs blieb Planck im Gegensatz zu vielen Kollegen zwar in Deutschland, unterstützte jedoch Hitler nicht, sondern versuchte vielmehr seine jüdischen Kollegen zu schützen. 1937 mußte er als Direktor der Kaiser-Wilhelm-Gesellschaft zurücktreten. Plancks jüngerer Sohn Erwin wurde wegen seiner Beteiligung an der Widerstandsaktion vom 20. Juli 1944 gegen Hitler von den Nazis hingerichtet.

Nach Ende des 2. Weltkriegs erhielt die Kaiser-Wilhelm-Gesellschaft zur Förderung der Wissenschaften den Namen «Max-Planck-Gesellschaft». Sie ist heute Trägerin zahlreicher Max-Planck-Institute, Großforschungseinrichtungen in den verschiedensten wissenschaftlichen Disziplinen. Ihr Namensgeber starb mit 89 Jahren in Göttingen, wo er seinen Lebensabend verbracht hatte.

Fritz Pregl

(3.9.1869–13.12.1930)

▸ Mit Handarbeit zur quantitativen Mikroanalyse ◂

Der österreichische Chemiker konstruierte hochempfindliche Meßinstrumente und schuf damit die Voraussetzungen für die sog. quantitative Mikroanlayse. Die für die chemische Analyse notwendigen Stoffmengen konnten bis auf ein Fünfzigstel reduziert werden, wodurch sich auch seltene Substanzen erstmals mit ökonomisch vertrebarem Aufwand analysieren ließen.

Pregl, Sproß einer gutbürgerlichen Familie, wurde in Laibach (Ljubljana) geboren, wo er auch das Gymnasium besuchte. 1887 nahm er in Graz das Medizinstudium auf, das er sieben Jahre später abschloß. Schon während des Studiums war Pregls Lehrern sein praktisches Denken bei der Entwicklung von Analysemethoden aufgefallen, und so erhielt er eine Assistentenstelle bei dem Physiologen Alexander Rollett.

Ab 1900: Wissensverbreiterung 1899 habilitierte sich der praktizierende Augenarzt für das Fach Physiologie, wollte jedoch sein Wissen ausbauen und begann ein Chemiestudium. Als nach dem Tod seines Mentors Rollett (1903) dessen Lehrstuhl für Physiologie vakant war, übernahm ihn Pregl kommissarisch. Während einer einjährigen Studienreise (1904/05) erweitertete er seine chemischen Kenntnisse und ging nach seiner Rückkehr an das Medizinisch-Chemische Institut der Universität Graz.

1907: Analyseproblem Gallensäure Bei der Beschäftigung mit den Gallensäuren stieß Pregl an die Grenze von herkömmlichen Analyseverfahren. Für die Elementaranalyse, die bei Untersuchungen an Naturstoffen verwendet wurde, benötigte man relativ große Mengen der zu untersuchenden Substanz (bis zu 1 Gramm je Analyse). Gallensäuren sind jedoch kompliziert aufgebaute organische Verbindungen, die sich nur in sehr geringen Mengen aus der Galle isolieren lassen. Der österreichische Wissenschaftler, der eine Vorliebe für das Erfinden neuer Experimentiermethoden besaß, betrachtete die Suche nach einer besseren Analysemethode als persönliche berufliche Herausforderung.

1910–13: Der Weg zur quantitativen Mikroanalyse Nachdem er 1909 erste bescheidene Erfolge bei der Arbeit mit nur geringen Substanzmengen verzeichnen konnte, entwickelte Pregl – seit 1910 Professor für Chemie in Innsbruck – die Grundzüge der quantitativen Mikroanalyse. In mühevoller Kleinarbeit baute er hochempfindliche Meßgeräte zum Wiegen kleinster Mengen. Bei der komplizierten Entwicklungsarbeit kam Pregl seine handwerkliche Geschicklichkeit zugute: In der Jugend hatte er gelernt, wie man Glas bläst, und konnte deshalb die erforderlichen Glasapparaturen selbst anferti-

gen. Zudem konnte er auf ein bereits im Handel befindliches Produkt zurückgreifen: Eine Hamburger Firma vertrieb eine Probierwaage für Edelmetalle, die Wägungen unter 20 Gramm mit Abweichungen im Tausendstel-Milligrammbereich erlaubte und die Pregl in seine Versuchsanordnung miteinbezog.
1913 war Pregls Methode für die Elemente Kohlenstoff, Stickstoff, Wasserstoff, Schwefel sowie für Halogene ausgereift: Nur 5 bis 13 Milligramm reichten aus, um diese Stoffe zu bestimmen.

Chemische Analyse vor Pregl

Die Grundlagen der chemischen Analyse schuf Mitte des 19. Jahrhunderts der deutsche Chemiker Justus von Liebig (1803–1873), der ebenso wie Pregl seine Apparaturen selbst anfertigte. Zu den wichtigsten Liebig-Schöpfungen gehörte ein aus fünf kugelförmigen Gläsern bestehender Kaliapparat für die Analyse komplex aufgebauter organischer Stoffe. Liebig, Begründer des chemischen Hochschulstudiums, forschte vorwiegend auf dem Gebiet der organischen Chemie und bemühte sich um deren praktische Anwendung in der Landwirtschaft (z. B. chemischer Dünger).

Ab 1913: Weiterentwicklung Von einer Publikation seiner Entwicklungen sah Pregl vorerst ab – erst wollte er genügend Erfahrung bei der praktischen Anwendung sammeln, um alle denkbaren Eventualitäten miteinbeziehen zu können. Dennoch hielt er seine Apparaturen nicht unter Verschluß, sondern führte regelmäßig Kurse durch, in denen er Hunderte von Chemikern aus aller

Fritz Pregl

Welt mit seiner Analysemethode vertraut machte. Erst 1917 erschien sein Werk «Die quantitative organische Mikroanalyse», in der der 48jährige Pregl seine Forschungen zusammenfaßte. Seine Apparaturen hatte er inzwischen weiter verbessert, so daß nahezu alle organischen Verbindungen in geringsten Spuren nachweisbar waren.

1923: Chemie-Nobelpreis Zu Beginn der 20er Jahre war Pregls Methode in organischer Chemie und Biochemie weit verbreitet, denn der sparsame Einsatz von Untersuchungsmaterial bedeutete gleichzeitig geringeren Zeit- und Personalaufwand. 1923 wurde der Österreicher mit dem Chemie-Nobelpreis ausgezeichnet. Bis zu seinem Tod 1930 lehrte er als Professor an der Universität in Graz, wo er 61jährig starb.

Vladimir Prelog

(*23.7.1906)

▸ Stereochemie organischer Moleküle ◂

Der Schweizer Chemiker bosnischer Herkunft gilt durch seine Untersuchungen von großmolekularen Naturstoffen als Pionier der Stereochemie. Im sog. CIP-System klassifizierte Prelog organische Verbindungen, insbesondere die sog. asymmetrischen Moleküle.

Prelog wurde in Sarajevo, im heutigen Bosnien-Herzegowina, geboren, verbrachte seine Jugend aber größtenteils in Zagreb. Mit 18 Jahren ging er nach Prag, um Chemie zu studieren; 1929 promovierte er in organischer Chemie. Nachdem er einige Jahre in einem Labor in der tschechoslowakischen Hauptstadt hochreine Chemikalien hergestellt hatte, kehrte er 1935 nach Zagreb zurück. Hier erhielt er eine Anstellung als Dozent an der Technischen Fakultät der Universität, wurde aber bald darauf zum außerordentlichen Professor für Organische Chemie berufen.

Ab 1941: Untersuchung von Naturstoffen Kurz nach der Besetzung seiner Heimat durch die Deutschen 1941 ging Prelog nach Zürich. Hier begann er als Privatdozent an der Eidgenössischen Technischen Hochschule (ETH), stieg zum außerordentlichen Professor auf und erhielt schließlich eine ordentliche Professur für Organische Chemie. In Zürich begann Prelog die Zusammenarbeit mit seinem Landsmann Leopold Ruzicka, der bereits seit 1929 Professor für Organische Chemie an der ETH war und 1939 mit dem Nobelpreis für seine Arbeiten über Naturstoffe und organische Ringverbindungen ausgezeichnet worden war. Prelog beschäftigte sich ebenfalls mit Naturstoffen, und es gelang ihm, die Strukturen verschiedener Steroide sowie der sog. Ionone (Vitamin-A-Baustein und Duftstoff) aufzuklären und Synthesemethoden zu entwickeln.

40er Jahre: Alkaloid-Forschung Seit seiner Studentenzeit hatte sich Prelog für die Raumstruktur organischer Moleküle interessiert. Insbesondere Naturstoffe mit ihrer häufig hochkomplizierten Stereochemie boten ihm daher ein weites Betätigungsfeld. So untersuchte er verschiedene Alkaloide und klärte ihre Struktur auf. Unter anderem konnte er zeigen, daß die Formeln, die von dem englischen Chemiker Robert Robinson für die strychninähnlichen Alkaloide vorgeschlagen worden waren, überarbeitet werden mußten. 1954 bestätigte der amerikanische Chemiker Robert Woodward durch die Totalsynthese von Strychnin die von Prelog vorgeschlagenen Strukturen. Bei seinen Arbeiten bediente sich Prelog zumeist klassischer organisch-chemischer Methoden wie Analyse und Synthese, benutzte jedoch auch schon früh Röntgentechniken, um seine Resultate zu untermauern.

Ab 1946: Stoffwechsel-Forschungen Nach den Alkaloiden und Steroiden wandte Prelog sich den Stoffwechselprodukten von Mikroorganismen zu. Diese Untersuchungen führten zur Entdeckung von zahlreichen neuen Naturstoffen, die zum Teil sehr interessante biologische Eigenschaften aufwiesen, wie z. B. die antibiotisch wirkenden Makrotetrolide oder Ferrimycine, sowie Boromycin, der erste Naturstoff, der das Element Bor enthält. Eine Gemeinsamkeit all dieser neuentdeckten Verbindungen sind ihre großen Ringsysteme. Dies nahm Prelog zum Anlaß, sich mit den Zusammenhängen zwischen Struktur und Reaktivität vielgliedriger Ringmoleküle zu beschäftigen. 1946 stellte er durch Röntgenuntersuchungen fest, daß die teilweise anomalen Eigenschaften, die bei Ringen dieser Größe beobachtet werden, Folge der räumlichen Anordnung von Atomen in Molekülen sind (sog. Konformationseffekte).

Ab 1957: CIP-System In weiteren Untersuchungen beschäftigte sich Prelog mit dem Verlauf sog. asymmetrischer oder auch stereoselektiver Synthesen. Bei derartigen Reaktionen werden Moleküle erzeugt, deren Atome eine bestimmte räumliche Anordnung aufweisen. Die Gesetzmäßigkeiten, die Prelog bei der Untersuchung dieser Reaktionsklasse fand, lieferten wichtige Hinweise für die Strukturaufklärung von Naturstoffen wie Steroide und Terpene. Ermutigt durch seine Erfolge, begann Prelog, asymmetrische Synthesen in biologischen Systemen zu untersuchen. Er entdeckte, daß bestimmte Mikroorganismen in der Lage sind, zyklische Carbonylverbindungen mit extrem hoher Stereospezifität zu Alkoholen umzusetzen. Indem er diese Reaktion in Anwesenheit eines bestimmten, aus den Mikroorganismen isolierten Enzyms durchführte, gewann Prelog neue Einblicke in die Wechselwirkung von Enzym und Substrat bei biochemischen Reaktionen.

Vladimir Prelog, 1986

Nach der Pensionierung seines Lehrers Ruzicka 1957 wurde Prelog zu dessen Nachfolger berufen. Zusammen mit seinen englischen Kollegen Robert Cahn und Christopher Ingold entwickelte er ein Benennungssystem für asymmetrische Moleküle, das nach den Initialen der Chemiker als «CIP-System» bekannt wurde. 1959 wurde Prelog Schweizer Staatsbürger. Ein Jahr vor seiner Pensionierung erhielt er 1975 für seine Leistungen in der Stereochemie den Nobelpreis für Chemie.

Ilya Prigogine

(*25.1.1917)

▸ Chaos bringt Weltbild ins Wanken ◂

Aus den Untersuchungen des belgischen Physikochemikers zur Thermodynamik irreversibler Prozesse und zur Theorie dissipativer Strukturen entwickelte sich die Chaos-Theorie. Dieser heftig diskutierte Ansatz versucht, natürliche Ordnung und ihre Bewahrung zu erklären.

Der in Moskau geborene Sohn russischer Eltern verbrachte seine Kindheit ab dem zwölften Lebensjahr in Belgien. Im Anschluß an seine Schulzeit begann er Ende der 30er Jahre ein Chemiestudium in Brüssel, wo er 1941 promovierte. Nach dem Ende des 2. Weltkriegs nahm er 1947 eine Tätigkeit als Dozent an der Universität auf.

Seit 40er Jahren: Thermodynamik irreversibler Prozesse Schon in seinem Studium hatte sich Prigogine mit Arbeiten des aus Norwegen stammenden amerikanischen Physikochemikers Lars Onsager beschäftigt. Onsager, der 1968 den Chemie-Nobelpreis erhielt, hatte in den 30er Jahren die Relation zwischen Wärme und elektrischem Potential für elementare Naturprozesse untersucht und damit die Thermodynamik unumkehrbarer natürlicher Prozesse als Wissenschaft begründet.
1947 legte Prigogine seine ersten Forschungsresultate in der Publikation «Étude Thermodynamique des Phénomènes Irréversibles» vor, der in den 50er Jahren weitere Veröffentlichungen folgten. Darin kritisierte er die klassische Thermodynamik, die sich nur an – den äußerst seltenen – Zuständen in der Natur ausgerichtet hatte, die in einer bestimmten prognostizierbaren Ordnung, einem Gleichgewicht ablaufen. Prigogine erweiterte die Theorie um die Untersuchung von Abläufen in der Natur, die kein vorhersagbares Gleichgewicht erreichen. So kann die Erdatmosphäre z. B. nie ein solches thermodynamisches Gleichgewicht herstellen, da ein ständiger Energiefluß aus dem Sonnensystem den Zustand unablässig verändert.

Seit 50er Jahren: dissipative Strukturen Prigogine, ab 1951 Professor an der Freien Universität in Brüssel, entdeckte, daß oft nur ein kleiner Anlaß ausreichte, um zuvor geordnete Prozesse in Unordnung zu bringen. Wird ein Pendel bei jeder Schwingung mit vorher festgelegter Präzision angestoßen, so läuft der Schwingungsprozeß zunächst berechenbar («ordentlich») ab. Erreicht die Anstoßstärke aber eine bestimmte Intensität, so schlägt das Pendel unberechenbar aus. Wie Prigogine feststellte, folgen diese aus dem Gleichgewicht geratenen, nichtlinearen Abläufe in Wahrheit ebenfalls einer Art Ordnung, die er als sog. dissipative (mit Energieverlust verbundene) Strukturen bezeichnete.

Ilya Prigogine (links) mit dem belgischen Ministerpräsidenten Tindemans, 1977

Diese dissipativen Strukturen entwickeln eine Selbstorganisation, durch die komplexe, nichtlineare Naturabläufe sowie die Aufrechterhaltung von Ordnung in der Natur erklärt werden können.

1959 ging Prigogine an die Universität von Austin/Texas, 1961 wurde er Professor in Chicago. Im selben Jahr heiratete er seine Freundin Marina Prokopowicz (zwei Kinder). Sechs Jahre später kehrte er nach Austin zurück, um den Vorsitz des neugegründeten Ilya-Prigogine-Zentrums für Statistische Mechanik und Thermodynamik zu übernehmen. 1977 faßte Prigogine die Erkenntnisse in seinem Hauptwerk «Self-Organization in Non-Equilibrum Systems, from Dissipative Structures to Order through Fluctuations» zusammen. Im selben Jahr erhielt er den Chemie-Nobelpreis.

Seit 80er Jahren: Chaos-Kult Aufbauend auf den Ergebnissen Prigogines entwickelte sich die sog. Chaos-Theorie, die als Fazit aller Arbeiten des Wissenschaftlers betrachtet werden kann. Gemeinsam mit seiner Mitarbeiterin Isabelle Stengers veröffentlichte er 1984 das Buch «Order out of Chaos – Man's New Dialogue with Nature». Durch diese Publikation sowie durch die Beiträge zahlreicher Kollegen entstand eine kontroverse Diskussion, wie sie in den Naturwissenschaften seit Albert Einsteins Relativitätstheorie nicht mehr vorgekommen war. Während viele Experten einen Paradigmenwechsel der Naturwissenschaften – und damit ein neues Weltbild – erwarten, sehen Kritiker in der Chaos-Theorie ein überschätztes Spektakel. In den Fachstreit mischten sich auch Laien ein, deren Interesse durch gutgemachte Computerbilder zur Selbstorganisation «chaotischer» Prozesse geweckt wurde. Der sog. Schmetterlingseffekt (der Flügelschlag eines Schmetterlings in Brasilien könne einen Wirbelsturm in der Karibik auslösen), 1961 per Computer von dem amerikanischen Wetterforscher Edward Lorenz simuliert, wurde zur Lieblingsmetapher der Chaos-Anhänger.

Chandrasekhara Venkata Raman

(7.11.1888–21.11.1970)

▸ Neue Linien bei der Streuung von Licht ◂

Der indische Physiker entdeckte 1928 den nach ihm benannten Effekt, daß bei der Streuung von Licht in Flüssigkeiten neben den Spektrallinien noch andere Linien entstehen. Damit schuf Raman, erster asiatischer Nobelpreisträger für Physik, die Voraussetzung zur Entwicklung neuer Untersuchungsmethoden für die Molekülanalyse.

Raman wurde in Madras, einer Hafenstadt im Südosten Indiens, geboren. Sein Vater war Lehrer für Mathematik und Physik. Schon früh interessierte sich sein Sohn für seine Arbeiten. Neben den Naturwissenschaften beschäftigte sich Raman vorwiegend mit Musik.

1918: Schwingungstheorie von Saiteninstrumenten Ab 1902 studierte Raman Physik an der Universität Madras, erlangte bereits als 16jähriger den ersten akademischen Grad und schloß das Studium 1907 mit Auszeichnung ab. Gesundheitliche Gründe verhinderten einen Forschungsaufenthalt in Großbritannien. Da es in Indien keine Möglichkeiten für eine weitere wissenschaftliche Betätigung gab, arbeitete er in den folgenden zehn Jahren als Beamter der indischen Finanzverwaltung in Kalkutta. Im selben Jahr heiratete er die Künstlerin Lokabundari, die sein Interesse an Musikinstrumenten teilte. In seiner Freizeit nutzte Raman das Labor der Indischen Gesellschaft zur Pflege der Wissenschaften für Untersuchungen auf den Gebieten der Akustik, wobei er sich speziell den Schwingungen bei Saiteninstrumenten und Trommeln widmete. 1917 nahm er unter erheblichen finanziellen Einbußen eine Professorenstelle am neugegründeten Institut für Physik an der Hindu-Universität in Kalkutta an und faßte seine bereits in der Studentenzeit begonnenen Forschungen 1918 in einer Theorie von Saiten-, Blas- und Schlaginstrumenten zusammen. Das Buch entwickelte sich rasch zu einem international anerkannten Standardwerk auf dem Gebiet der Musiktheorie. 1919 wurde Raman ehrenamtlicher Geschäftsführer der Indischen Gesellschaft zur Pflege der Wissenschaften und setzte sich in dieser Funktion energisch und wirkungsvoll für die Förderung junger Physiker ein.

1928: Raman-Effekt Auf der Rückreise von einem Kongreß in England (1921) beeindruckte den Physiker das intensive opalartige bläuliche Schimmern (sog. Opaleszenz) des Mittelmeers nachhaltig. Raman begann, die Streuung des sichtbaren Lichts in Flüssigkeiten systematisch zu untersuchen. 1928 wies er nach, daß neben den Spektrallinien des einfallenden Lichts durch Energieaustausch zwischen den Photonen (Energieteilchen einer elektroma-

gnetischen Strahlung) des Lichts und Flüssigkeitsmolekülen zusätzliche schwache Linien entstehen. Bei Zusammenstößen können die Photonen Energie aufnehmen oder Energie an die Moleküle abgeben, wodurch sich deren innere Energie ändert. Entsprechend verringert oder vergrößert sich die Wellenlänge des Lichts. In den sog. Raman-Spektren zeigen sich deshalb für jede Flüssigkeit zusätzliche und charakteristische Spektrallinien. Aus ihnen lassen sich Schlußfolgerungen über den Aufbau der Moleküle ziehen.
Einen ähnlichen Effekt hatte der amerikanische Physiker Arthur Holly Compton 1923 bei der Streuung von Röntgenstrahlen in Atomen entdeckt und beschrieben.

1930: Nobelpreis 1929 wurde Raman wegen seinen herausragenden wissenschaftlichen Leistungen vom britischen König Georg VI. geadelt, ein Jahr später erhielt er den Nobelpreis für Physik. Am Ausbau des von ihm entdeckten Effekts zu einer wirkungsvollen chemischen Untersuchungsmethode zur Strukturanalyse komplizierter organischer Moleküle beteiligte sich Raman nicht mehr. Statt dessen wandte er sich der Streuung von Ultraschallwellen in Flüssigkeiten und der Theorie der Gitterschwingungen in Kristallen zu. Über diese Theorie kam es in den 30er Jahren zu einem wissenschaftlichen Disput mit dem deutschen Physiker Max Born, der als Emigrant eine Gastprofessur in Indien übernommen hatte. Raman ging aus der Auseinandersetzung als zweiter Sieger hervor – Borns Theorie setzte sich durch.

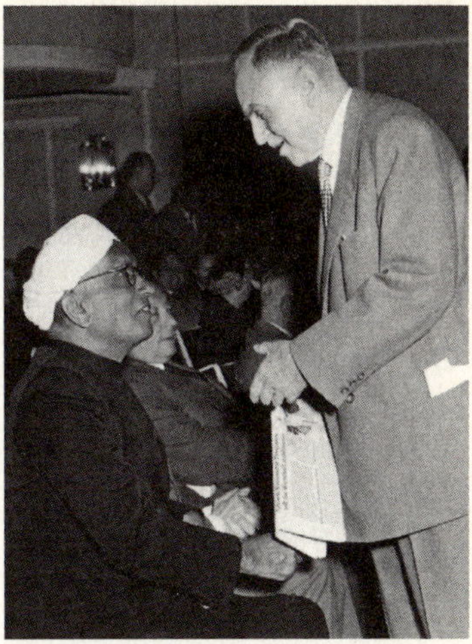

Chandrasekhara Raman (links) mit Otto Hahn beim Nobelpreisträger-Treffen in Lindau, 1960

Ab Mitte der 30er Jahre: Verdienste um Physik in Indien Neben seinen Forschungsarbeiten bemühte sich Raman zeit seines Lebens um den Aufbau einer Wissenschaftsinfrastruktur für Physik in Indien. Bereits 1926 hatte er die erste physikalische Fachzeitschrift seines Heimatlandes gegründet. Ab 1933 leitete er die Physikalische Abteilung im Indischen Institut der Wissenschaft in Bangalore; 1934 rief er die Indische Akademie der Wissenschaften ins Leben. Nach der Unabhängigkeit des Landes (1948) ernannte ihn die Regierung zum Direktor des nach ihm benannten ersten nationalen Forschungsinstituts in Bangalore. In seiner weiteren wissenschaftlichen Arbeiter beschäftigte sich Raman, der 1970 mit 82 Jahren in Bangalore starb, mit der Physiologie menschlicher Farbwahrnehmung.

Bertrand Arthur William Earl of Russell

(18. 5. 1872–2. 2. 1970)

▸ Vom Mathematiker zum Philosophen ◂

Der walisische Naturwissenschaftler versuchte, die Mathematik auf reiner Logik aufzubauen. Der Pazifist, Sozialreformer und Philosoph erhielt 1950 den Literatur-Nobelpreis. Nach dem 2. Weltkrieg avancierte Russell zum Vorkämpfer für Frieden und Abrüstung.

Der dritte Earl of Russell wurde in Trelleck (Wales) als Nachkomme einer alten englischen Adelsfamilie, die seit 1694 die Herzogswürde von Bedford trug, geboren. Seine Eltern, die beide eine tiefe Abneigung gegen Autoritäten verspürten und sich für verschiedene Reformen (z. B. Geburtenkontrolle und Frauenwahlrecht) einsetzten, starben früh. Die atheistische, moderne Erziehung war zu Ende, als Bertrand als vierjähriger in die Obhut seiner Großeltern kam. Sein Großvater, Lord John Russell, war zweimal, 1846–52 und 1865/66, britischer Premierminister und wurde zum ersten Earl of Russell ernannt. Als elfjähriger entdeckte Bertrand Russell die Mathematik, neben Sexualität und Religion nach eigenem Bekunden seine Hauptinteressen als Jugendlicher.

Ab 1902: «Principia Mathematica» 1890 ging er nach Cambridge und promovierte vier Jahre später über die Grundlagen der Geometrie. Er erhielt eine Anstellung am Trinity College (bis 1901). In Cambridge war der Mathematiker und Philosoph Alfred North Whitehead einer seiner Lehrer. 1902 beendete Russell das Manuskript der «Grundlagen der Mathematik» und begann noch im selben Jahr mit der Arbeit an seinem größten mathematischen Werk, «Principia Mathematica»: Nach einer Begegnung mit dem italienischen Logiker Giuseppe Peano war Russell von dem Gedanken fasziniert, nachzuweisen, daß die Mathematik aus rein logischen Voraussetzungen aufgebaut ist und nur solche Begriffe verwendet, die logisch definierbar sind. In Kooperation mit seinem Lehrer Whitehead, der den Großteil der mathematischen Probleme bearbeitete, während Russell sich den mehr philosophischen Aspekten widmete, entstanden 1902–10 die «Principia Mathematica» (veröffentlicht 1910–13). Unter anderem entwickelte Russell darin die sog. Typentheorie, eine Formalisierung der klassischen Arithmetik und Analysis.

Ab 1914: Pazifist und Politiker Neben mathematischer Logik beschäftigte Russell sich insbesondere mit der Erkenntnistheorie, er nahm aber auch immer wieder Stellung zu politischen und sozialen Fragen. 1910 trat Russell eine außerordentliche Professur am Trinity College an und unterstützte im selben Jahr als Radikalliberaler den Wahlkampf der Liberalen Partei.

Der überzeugte Pazifist setzte sich während des 1. Weltkriegs vehement für Kriegsdienstverweigerer ein und wurde deshalb zu verschiedenen Geldstrafen und einer sechsmonatigen Haft verurteilt. Aufgrund seiner politischen Einstellung wurde sein Dozentenvertrag in Cambridge zunächst nicht verlängert; erst nach Kriegsende erhielt er seine Professor zurück. 1922 kandidierte er erfolglos bei den Parlamentswahlen für die Labour Party. Nach der Veröffentlichung der zweiten Auflage von «Principia Mathematica» (1925) stellte Russell seine mathematischen Studien ein, veröffentlichte aber noch zwei erfolgreiche populärphilosophische Bücher über Quantentheorie, Atombau und Einsteins Relativitätstheorie.

1950: Literatur-Nobelpreis Ende der 20er Jahre gründete Russell eine Privatschule, in der seine Kinder nach eigenen Vorstellungen mit anderen Kindern aufwachsen sollten, da ihm keine der bestehenden Schulen gefiel. Das Grundprinzip dieser Schule war eine möglichst weitgehende persönliche Freiheit. Von 1940 bis 1944 lebte Russell in den USA, wo er jedoch nach einer Kampagne der Kirche wegen seiner publizierten Ansichten über Sexualität und Moral seine Anstellung an einem New Yorker College verlor. 1950 erhielt er für sein Buch «Ehe und Moral» (1929) den Literatur-Nobelpreis. Vor dem 2. Weltkrieg hatte Russell sich zunehmend vom Pazifismus entfernt, vertrat ihn aber mit dem Aufkommen des Wettrüstens und der Kriege in Indochina mit größerer Vehemenz als zuvor.

Bertrand Russell

Ab 1955: Diplomat des Friedens 1955 formulierten Russell und Albert Einstein ein Manifest mit dem Ziel, durch eine internationale Gelehrtenkonferenz die Zusammenarbeit von kommunistischen und nichtkommunistischen Staaten zu fördern (ab 1957 «Pugwash-Bewegung»). 1958 wurde Russell Vorsitzender der «Campaign for Nuclear Disarmament», 1966 des Internationalen Tribunals über Kriegsverbrechen in Vietnam. Während der Kuba-Krise (1962) verhandelte er mit dem US-Präsidenten John F. Kennedy und dem sowjetischen Parteichef Nikita Chruschtschow, beim chinesisch-indischen Grenzkonflikt (1962) mit den Staatschefs Chou Enlai und Pandit Nehru. Bis zu seinem Tod in Penrhyndeudraeth (Wales) im Jahr 1970 veröffentlichte Russell über 70 philosophische, politische und sozialkritische Werke.

Ernest Rutherford

(30.8.1871–19.10.1937)

▸ Experimente mit radioaktiven Stoffen ◂

Der erste Experimentalphysiker der Wissenschaftsgeschichte erkannte 1897 verschiedene radioaktive Strahlungsarten (Alpha-, Beta-, Gammastrahlen). Fünf Jahre später prägte er in seinem radioaktiven Zerfallsgesetz den Begriff «Halbwertszeit». 1911 entwickelte Rutherford das nach ihm benannte Atommodell, das aus einem kugelförmigen Gebilde aus Kern und Hülle besteht.

Der Sohn britischer Auswanderer wurde in Brightwater bei Nelson auf South Island (Neuseeland) geboren und wuchs mit elf Geschwistern auf. Die Mutter war Lehrerin, der Vater baute eine Flachsmühle auf. Mit einem Stipendium kam Ernest 1889 ans College, das er vier Jahre später mit einer Arbeit über die Magnetisierung von Eisen abschloß.

1897: Alpha- und Betastrahlen 1894 bewarb sich Rutherford mit einer Forschungsarbeit um ein Stipendium. Zwar erhielt der 23jährige nur den zweiten Preis, doch der Gewinner verzichtete. Im September 1895 traf Rutherford in England ein; das Geld für die Überfahrt hatte er sich leihen müssen.
Nachdem Conrad Röntgen die X-Strahlen entdeckte hatte, machte sich Rutherford an die Messung der von ihnen erzeugten Ionisation (Versetzung von Atomen in einen elektrisch geladenen Zustand). Dabei erkannte er 1897 verschiedene Arten von radioaktiven Strahlen, die vom Uran ausgehen und Ionisierung bewirken: Die positiv geladenen und magnetisch abgelenkten Strahlen nannte er «Alphastrahlen», die negativ geladenen «Betastrahlen» und die vom Magnetfeld nicht abgelenkten «Gammastrahlen» Im selben Jahr wechselte Rutherford an die Universität von Montreal. Bevor er nach Kanada reiste, heiratete er in Neuseeland Mary Newton, mit der er seit der Collegezeit verlobt war.

1902: Das radioaktive Zerfallsgesetz 1896 hatte der französische Physiker Henri Becquerel herausgefunden, daß Körper in der Nähe radioaktiver Quellen ebenfalls radioaktiv werden. In seinen Versuchen (1900/01) bewies Rutherford nun, daß die radioaktiven Substanzen nicht nur Strahlen, sondern auch Gase freisetzen. 1902 bestimmte er die Radioaktivität als Umwandlung der Elemente und formulierte gemeinsam mit dem englischen Chemiker Frederick Soddy das radioaktive Zerfallsgesetz: Danach zerfällt jedes radioaktive Atom mit einer zeitlich bestimmbaren Wahrscheinlichkeit. Die Zeitspanne bis zum Zerfall der Hälfte der radioaktiven Substanz nannten sie Halbwertszeit.

1908: Chemie-Nobelpreis Rutherford kehrte 1907 nach England zurück. Ein Jahr später erhielt er «für seine Untersuchungen über den Zerfall der Elemente und die Chemie der radioaktiven Stoffe» den Chemie-Nobelpreis. Als Professor in Manchester setzte er seine Experimente auf dem Gebiet der Atom- und Kernphysik fort. Das dafür notwendige Radium lieh ihm die Wiener Akademie der Wissenschaften. Als die englische Regierung das Radium nach dem 1. Weltkrieg als «Eigentum des Feindes» konfiszieren wollte, bestand Rutherford auf korrekter Bezahlung. Den Erlös ließ er dem inzwischen verarmten Wiener Institut zukommen.

1911: Atommodell Ein Student von Rutherford entdeckte 1911 die Streuung der Alphastrahlen beim Durchgang durch dünne Goldfolie. Aus dieser Beobachtung entwickelte Rutherford sein Atommodell: Die gesamte positive Ladung und die Masse konzentrieren sich auf kleinstem Raum, dem sog. Atomkern. Dieser wird von negativ geladenen Elektronen umkreist, die in ihrer Gesamtheit die Atomhülle bilden. Die Umlaufgeschwindigkeit ist stets so bemessen, daß die daraus resultierende Fliehkraft genausogroß ist wie die elektrostatische Anziehung zwischen schwerem Kern und leichten Elektronen. Folge: Das kugelförmige Atom wird zusammengehalten. Rutherfords Hypothesen ignorierten allerdings die Erkenntnisse der klassischen Elektrodynamik. Danach müßte jedes Elektron, das um den Atomkern kreist, ständig Energie abstrahlen, sich auf einer spiralförmigen Bahn dem Kern nähern und in ihn hineinstürzen. Diese Aspekte verarbeitete Niels Bohr 1913 in seinem Atommodell.

Ernest Rutherford

1919: Erste Kernreaktion Während des 1. Weltkriegs arbeitete Rutherford in Forschungslabors der Alliierten. 1919 gelang ihm die erste künstliche Kernumwandlung: Mit Alphateilchen beschoß er einen Stickstoffkern und zertrümmerte ihn dabei in Wasserstoff- und Sauerstoffisotope. Im selben Jahr wurde Rutherford Professor in Cambridge und übernahm die Leitung des Cavendish Laboratoriums. Von der Forschungsarbeit zog er sich allmählich zurück. 1931 wurde er zum Peer geschlagen und gehörte damit dem britischen Oberhaus an. In sein Familienwappen ließ der frischgebackene Baron of Nelson die Zerfalls- und Wachstumskurve radioaktiver Substanzen aufnehmen. Rutherford starb 1937 im Alter von 66 Jahren in seinem Wohnort Cambridge.

Frederick Sanger

(*13.8.1918)

▸ Zwei Nobelpreise mit Insulin und DNA ◂

Dem englischen Biochemiker gelang durch die Anwendung neuer Methoden die Strukturaufklärung komplexer körpereigener Baustoffe. Für die Ermittlung der Insulinstruktur erhielt er 1958 den Nobelpreis für Chemie, der ihm 1980 für die Analyse von Nukleinsäuren – wichtig für die Untersuchung genetischer Informationen – ein weiteres Mal zugesprochen wurde.

Seine naturwissenschaftliche Berufung wurde dem in Rendcomb/Gloucestershire geborenen Sanger schon in die Wiege gelegt: Sein Vater, ein Landarzt und späterer Missionar in China, gehörte zu den Pionieren bei der Erforschung von Antikörpern im Blut.

Ab 1936: Lehrjahre in Cambridge
Nahezu seine gesamte wissenschaftliche Laufbahn verbrachte Sanger in Cambridge. Ab 1936 studierte er Chemie am St. John's College, wo er drei Jahre später als Bachelor of Arts der Naturwissenschaften abschloß. 1940 heiratete Sanger Margaret Joan (drei Kinder). Der versierte Wassersportler begann seine biochemischen Untersuchungen 1940 im Universitätsinstitut für Biochemie, ohne zunächst dafür bezahlt zu werden (Promotion 1943). In seiner Doktorarbeit befaßte er sich mit dem Aminosäurestoffwechsel und ab 1943 mit der Erforschung von Eiweißstoffen im Körper.
Da er einer Quäkerfamilie angehörte, entging er einem Militärdienst im 2. Weltkrieg. Ab 1944 erhielt Sanger, der sich inzwischen mit medizinischer Forschung beschäftigte, ein Stipendium, das seinen Lebensunterhalt für die nächsten sieben Jahre sicherte. Anschließend arbeitete er im Biochemischen Institut der Universität Uppsala.

Insulinforschung

1869 hatte der deutsche Mediziner Paul Langerhans in seiner Doktorarbeit die nach ihm benannten Langerhansschen Inseln in der Bauchspeicheldrüse beschrieben. Wurde Hunden die Pankreas entfernt, so bekamen sie Diabetes. 1921 isolierten seine kanadischen Kollegen Frederick Grant Banting und Charles Herbert Best aus den Langerhansschen Inseln erstmals das Insulin, das zur Behandlung der Zuckerkrankheit eingesetzt wird. Nachdem Sanger die Struktur des Insulins aufgeklärt hatte, gelang dem amerikanischen Biochemiker Robert Bruce Merrifield 1965 auch dessen Synthese. Heutzutage wird Insulin in großen Mengen gentechnologisch hergestellt.

1952: Erfolg bei Insulinforschung
Nach zwölfjährigen akribischen Untersuchungen entschlüsselte Sanger 1952 die Primärstruktur, d.h. den Aufbau des Insulins. Mit seiner sog. Sequenzanalyse (Bestimmung der Reihenfolge) wies Sanger nach, daß

das in der Bauchspeicheldrüse gebildete Eiweißhormon Insulin aus zwei Aminosäure-Ketten aufgebaut ist, die mit Schwefelatomen verbunden sind (A-Kette: 21 Aminosäuren; B-Kette: 30 Aminosäuren). Die Hormone Insulin und Glukagon regeln als Gegenspieler den Kohlenhydratstoffwechsel des Körpers. Mit der Strukturaufklärung des Insulins brachte Sanger auch die medizinische Forschung voran, wobei er an Ergebnisse von Archer Martin und Richard Synge anknüpfte – britische Nobelpreisträger von 1952, die die Verteilungs-Chromatographie, ein chemisches Analyseverfahren, erfunden hatten. 1958 erhielt er für seinen Erfolg den Chemie-Nobelpreis.

Ab 1977: Nukleotidforschung 1951 wurde Sanger leitender Angestellter des Medizinischen Forschungsrats (MRC) in Cambridge. Geichzeitig war er in den MRC-Laboratorien für Molekularbiologie tätig, wo er ab 1961 das Seminar für Protein- und Nukleinsäurechemie leitete. Seine Methoden zur Strukturaufklärung verschiedener Eiweißstoffe wurden weltweit übernommen.
1977 veröffentlichte die Arbeitsgruppe des englischen Biochemikers am MRC die genaue Reihenfolge aller Nukleotid-Bausteine der Desoxyribonukleinsäure (DNA), Trägersubstanz der genetischen Information, für den Bakterienvirus Phi x 174. Durch ihre Entdeckung erhöhten sich die Kenntnisse über die Entstehung von Krebserkrankungen. Sanger war es gelungen, die Erbsubstanz des Virus Phi X 174 zu entschlüsseln, die aus 5375 Nukleotiden pro Einzelstrang aufgebaut ist.

Frederick Sanger

Seit 80er Jahren: Neue Pläne für Entschlüsselung der DNA-Struktur Die Bestimmung der DNA-Nukleotidsequenz erschien lange Zeit wegen der immensen Sequenzlängen als aussichtslos. Mit Hilfe von ihm entwickelter Methoden spaltete Sanger die DNA in kleinere Bruchstücke, deren Aufbau er mühelos untersuchen konnte, nachdem er sie radioaktiv markiert hatte. 1980 erhielt der 62jährige Sanger für diesen Erfolg ein weiteres Mal den Nobelpreis für Chemie, den er sich mit seinen amerikanischen Kollegen Walter Gilbert und Paul Berg teilen mußte, die unabhängig von Sanger mit einer anderen Methode zum gleichen Resultat gelangt waren.
Seitdem arbeitet Sanger mit seinen Kollegen an der vollständigen Aufklärung einer DNA-Struktur, die aus insgesamt rund 17000 Nukleotid-Bausteinen besteht.

Erwin Schrödinger

(12. 8. 1887–4. 1. 1961)

▸ Vater der Wellenmechanik ◂

Der österreichische Physiker begründete 1926 die Wellenmechanik. Er führte die Welleneigenschaften der Elektronen in die bisherigen Atommodelle ein und schuf mit der Schrödinger-Gleichung eine Differentialgleichung zur Beschreibung von Elektronen in Atomen.

Schrödinger, der einer Wiener Tuchfabrikantenfamilie entstammte, wuchs in materieller Sicherheit auf. Schon auf dem Gymnasium fiel er als herausragender Schüler auf. In der Freizeit lernte er als Autodidakt zahlreiche Sprachen und widmete sich literarischen und naturwissenschaftlichen Studien.

1906–14: Akademische Ausbildung Schrödinger studierte ab 1906 an der Wiener Universität Mathematik und Physik. Schon bald konzentrierte er sich ganz auf die theoretische Physik. Im Anschluß an seine Promotion 1910 beschäftigte er sich u. a. mit der atmosphärischen Radioaktivität. Nach der Habilitation wurde er 1914 zum Kriegsdienst eingezogen. Seinen Einsatz an einem relativ ruhigen Frontabschnitt nutzte er zur Einarbeitung in Albert Einsteins allgemeine Relativitätstheorie. 1920 heiratete Schrödinger und zog als Professor nach Zürich.

1926: Wellenmechanik Schrödinger übertrug die Vorstellung von Materiewellen, die der französische Physiker Victor Louis de Broglie 1924 vorhergesagt hatte, zunächst auf die Gastheorie und dann auf das Atommodell von Niels Bohr. Die Physik stellte sich die Elektronen als winzige elektrisch geladene Kugeln vor. Schrödinger betrachtete diese Sichtweise lediglich als Bild, das zudem nur eine Seite des Elektrons darstellte. Laut de Broglie sind an Elektronen- und Atomstrahlen ebenso wie an Lichtstrahlen sog. Interferenzerscheinungen (Wellenüberlagerungen) zu beobachten.
Hierauf baute Schrödinger seine Wellenmechanik auf und lieferte dadurch einen Zugang zum Verhalten von Elektronen in Atomen: Elektronen sind keineswegs scharf umgrenzten Gebilde, sondern ähneln einer Wolke (sog. Ladungswolke). Entsprechend gibt es in Schrödingers Atommodell keinen Kern mehr, den Elektronen auf bestimmten Bahnen umlaufen (wie bei Bohr), sondern einen Kern, der den Mittelpunkt eines Feldes stehender Wellen bildet. Je nach Energiegehalt nimmt die Ladungswolke unterschiedliche geometrische Formen an. Das Verhalten der dreidimensionalen Elektronenwellen faßte Schrödinger in einer Differentialgleichung zusammen (Schrödinger-Gleichung).
Max Born entwickelte auf der Basis von Schrödingers Erkenntnissen die Quantentheorie weiter, indem er aus der Wellenfunktion Aufenthalts-

wahrscheinlichkeiten für Elektronen in genau definierten Abschnitten der Kernhülle bestimmte (Wahrscheinlichkeitsräume). Diese rein statistische Deutung lehnte Schrödinger zeit seines Lebens ab.
Schrödingers Wellenmechanik zeichnete sich durch größere Anschaulichkeit aus als die etwa zeitgleich entstandene Matrizenmechanik von Werner Heisenberg. In den Folgejahren zeigte Schrödinger, daß trotz völlig verschiedener mathematischer Formeln beide Beschreibungsformen gleichwertig sind.

1933: Erste Emigration 1927 wurde Schrödinger als Nachfolger von Max Planck an die Berliner Universität berufen und erhielt damit einen der angesehensten Lehrstühle Deutschlands. Unter dem Eindruck der politischen Entwicklungen und dem Erstarken der Nationalsozialisten emigrierte er im Sommer 1933 nach England. Bei seiner Ankunft in Oxford erfuhr er, daß ihm für seine Beiträge zur Quantentheorie der Physik-Nobelpreis zugesprochen worden war (gemeinsam mit Paul Dirac).

1939–56: Professur in Dublin Aus Heimweh kehrte Schrödinger 1936 nach Österreich zurück und übernahm eine Professur in Graz, die ihm 1938 – nach dem «Anschluß» Österreichs an das Deutsche Reich – entzogen wurde. Er ging nach Belgien, wo ihn der Einmarsch der deutschen Wehrmacht ein Jahr später wieder vertrieb. Die Ruhe zur wissenschaftlichen Arbeit fand er erst 1939 wieder, als ihm der irische Premierminister und Völkerbundpräsident Eamon de Valera die Leitung des

Erwin Schrödinger

neugegründeten Institute for Advanced Studies in Dublin übertrug. Hier scheiterte Schrödinger mit seinen Bemühungen, die Einsteinsche Gravitationstheorie in eine einheitliche Feldtheorie zu überführen. Die von ihm initiierte, jährlich abgehaltene «Summer School» entwickelte sich zu einem angesehenen internationalen Diskussionsforum aktueller Probleme der Physik.
In den 40er Jahren widmete er sich der Molekularbiologie, einer neu entstandenen Wissenschaftsrichtung im Grenzgebiet zwischen Physik und Biologie, und befaßte sich mit den Grundprinzipien der genetischen Informationsspeicherungen. 1956 kehrte er nach Österreich zurück und wandte sich verstärkt erkenntnistheoretischen und philosophischen Fragen der Physik zu. 1961 starb er mit 73 Jahren in Wien.

Nikolai Nikolajewitsch Semjonow

(15.4.1896–25.9.1986)

▸ Funktionsweise der Kettenreaktion ◂

Der sowjetische Chemiker, der großen Anteil am Aufbau der Chemieforschung in seiner Heimat hatte, untersuchte die Mechanismen chemischer Reaktionen. In den 30er Jahren fand er eine theoretische Erklärung für den Ablauf von Kettenreaktionen; in den 50er Jahren leistete er Vorarbeiten für die Konstruktion von Verbrennungsmotoren.

Der Sohn eines Beamten stammte aus Saratow, einer Stadt am nördlichen Ufer des Wolga-Stausees. Nach dem Besuch der Realschule studierte er an der Universität in St. Petersburg Physik und Mathematik (Abschluß: 1917). Anschließend arbeitete er bei verschiedenen Forschungsinstitutionen und erhielt 1920/21 eine Assistentenstelle am Physikalisch-Technischen Institut in Leningrad. Sieben Jahre später wurde er Professor am dortigen Polytechnischen Institut.

1924: Thermisches Verhalten von Gasgemischen Improvisationstalent kennzeichnete den Beginn der Forschungstätigkeit Semjonows in den 20er Jahren, denn die sowjetische Wirtschaft war von 1. Weltkrieg, Revolution und Bürgerkrieg zerrüttet. Bei Untersuchungen des thermischen Gehalts von Gasgemischen erkannte er 1924, daß sich Phosphordämpfe nur bei einem bestimmten «kritischen» Sauerstoffdruck entzünden. Semjonow entwickelte nun eine Methode, mit der er die Verbrennungsprozesse verfolgen konnte: Er gab ein inertes (reaktionsträges) Gas zu, so daß das zu untersuchende Gasvolumen größer wurde. In der Folge spielte sich der Verbrennungsprozeß unterhalb des kritischen Drucks und oberhalb des kritischen Durchmessers des Reaktionsgefäßes ab (d. h., der Durchmesser des Gefäßes war groß genug, um die Vorgänge in allen Einzelheiten beobachten zu können).

1926–34: Theorie der Kettenreaktion Semjonow nutzte seine Methode für Experimente mit gasförmigen Verbindungen (u. a. Wasserstoff und Kohlendioxid), studierte das Verhalten der Moleküle und klärte Einleitung und Abbruch von Kettenreaktionen. Damit schuf er die Voraussetzung zur Entwicklung vieler Kunststoffe, denn nun waren Polymerisationen (Vereinigung kleinerer Moleküle zu größeren) im großtechnischen Maßstab durchführbar.
Bei seinen Experimenten entdeckte Semjonow auch die bis dahin unbekannte verzweigte Kettenreaktion sowie drei neuartige Reaktionen mit unverzweigten Ketten. Seine Ergebnisse veröffentlichte er zeitgleich mit dem britischen Chemiker Cyril N. Hinshelwood, der unabhängig von ihm zu den gleichen Schlußfolgerungen über den Ablauf von Kettenreaktionen gekommen war.

Kettenreaktion

Physikalischer, chemischer oder kernchemischer Vorgang, der nach seiner Einleitung von selbst kettenartig um sich greift. Die Kettenreaktion ist eine Folge von Einzelreaktionen, die sich beliebig viele Male hintereinander wiederholen. Dabei entstehen instabile Zwischenverbindungen, die den weiteren Reaktionsablauf beeinflussen.

Ab 1931: Wissenschaftlicher Aufbau in der UdSSR Noch während Semjonow seine Forschungsergebnisse und Theorien in Aufsätzen und Büchern publizierte, wurde er 1931 wissenschaftlicher Leiter des neugegründeten Instituts für Chemische Physik der Akademie der Wissenschaften in Leningrad. Innerhalb kürzester Zeit entwickelte er das Institut zu einem Zentrum für kinetische Untersuchungen. Ab Mitte der 30er Jahre leitete er federführend den Aufbau der wichtigsten physikalischen und chemischen Forschungsinstitutionen in der Sowjetunion – u. a. in Charkow und Moskau, wohin er 1944 wechselte.

1956: Nobelpreis In den 40er Jahren setzte Semjonow, der mit Hinshelwood in engem Briefkontakt stand, die Erforschung chemischer Vorgänge bei Explosionen fort. Seine Arbeiten hatten große Bedeutung für die Konstruktion von Verbrennungsmotoren und die Entwicklung der Sprengstofftechnik.
Als erster sowjetischer Wissenschaftler erhielt Semjonow 1956 gemeinsam mit Hinshelwood den Nobelpreis für Chemie.

Nikolai Semjonow, 1970

Cyril N. Hinshelwood (19. 6.–9. 10. 1967)

Der britische Chemiker erforschte die Geschwindigkeit chemischer Reaktionsprozesse, insbesondere die von Gasreaktionen. In den 40er Jahren befaßte sich Hinshelwood, 1937–64 Professor an der Universität Oxford, mit der Kinetik (Lehre von der Bewegung durch Kräfte) des Bakterienstoffwechsels.

Das Aushängeschild der Sowjetforschung machte eine rasante (wissenschafts)politische Karriere: 1963 wurde er Vizepräsident der Akademie der Wissenschaften (bis 1971) und war Kandidat des ZK der KPdSU. Semjonow, der genauso viele Ehrendoktortitel wie Leninorden erhielt (jeweils sieben), zog sich 1971 aus der Wissenschaft zurück. 1986 starb er 90jährig in Moskau.

Charles Scott Sherrington

(27.11.1857–4.3.1952)

▸ Funktion des zentralen Nervensystems ◂

Der britische Physiologe erarbeitete die ersten umfassenden theoretischen Vorstellungen über die Tätigkeit des Nervensystems und begründete damit die moderne Neurophysiologie. Einzelnen Gehirnfeldern ordnete er die von ihnen abhängigen Körperregionen zu.

Der in London geborene Sohn eines Zahnarztes studierte ab 1875 Medizin in London und Edinburgh. 1879 wechselte er an die Universität Cambridge, wo er sich ab Beginn der 80er Jahre der Untersuchung des Nervensystems widmete. Nach dem Abschlußexamen 1885 wandte sich Sherrington zunächst von der Neurophysiologie ab und beschäftigte sich mit der Erforschung der Cholera. An Expeditionsreisen nach Spanien und Italien schloß sich ein zweijähriger Forschungsaufenthalt in den Labors von Robert Koch an. Die Epidemieforschung übte allerdings bei weitem nicht die Anziehungskraft auf Sherrington aus, wie dies die Nervenforschung getan hatte, und so kehrte er 1887 nach London zurück. Er wurde Dozent für Physiologie und vier Jahre später Professor am Londoner Brown Institute, einer tierklinischen Forschungseinrichtung.

1890er Jahre: Arbeiten zur Nervenforschung Ab Anfang der 90er Jahre entstanden zahlreiche Arbeiten über das periphere Nervensystem: 1892 analysierte Sherrington die vorderen (motorischen) Rückenmarkswurzeln, um festzustellen, wie sie die einzelnen Muskeln versorgten. 1894 grenzte er die Hautpartien voneinander ab, die von den hinten gelegenen sensorischen Rückenmarkswurzeln abhängig waren. Zahlreiche Experimente, bei denen er Versuchstieren das Rückenmark an verschiedenen Stellen durchtrennte, offenbarten ihm jeweils spezifische Ausfallerscheinungen. Muskeln werden demnach nicht ausschließlich motorisch gesteuert, vielmehr sind viele der zu den Muskeln ziehenden Nerven sensorischer Natur und dienen der Rückmeldung.

1906: Zentrales Nervensystem In «The Integrative Action of the Nervous System» (1906) stellte Sherrington seine Theorie über die Ordnungsfunktion des zentralen Nervensystems auf und begründete damit die moderne Neurophysiologie. Das Nervensystem realisiert seine integrative Funktion über ein veränderliches Muster von Erregungen und Hemmungen im System der neuronalen Verbindungen. Folge ist eine optimale Bewegungskoordination des Organismus, die das Gehirn mittels Reflexkoppelung kontrolliert und steuert.

Sherrington, seit 1895 Professor an der Universität Liverpool, führte zudem zahlreiche neue grundlegende Begriffe in die Neurophysiologie ein,

Aufbau und Funktion von Nervenzellen bei Menschen und Tieren

In den Nervenzellen entstehen nervöse Erregungen, die über verschieden lange Fortsätze, die Nervenfasern, weitergeleitet werden. Die Fasern mehrerer Nervenzellen schließen sich zu einem Faserbündel, dem Nerv, zusammen. Nervenzellen und ihre Fortsätze bilden in ihrer Gesamtheit das sog. Neuron.

darunter die Bezeichnung «Synapse» für die Kontaktstellen zwischen den Nervenzellen, an denen nervöse Reize von einem Neuron auf das andere weitergeleitet werden. Er bewies die motorische Einheit von Nervenfasern und zugehörigen Muskelfasern und identifizierte die neuromuskulären Synapsen als entscheidendes Kettenglied.

Ab 1913: Reflextätigkeit 1913 erhielt Sherrington eine Professur an der Universität Oxford. Seine Forschungen konzentrierten sich auf die Reflextätigkeit. Er untersuchte die sog. Reflexbögen, die beispielsweise bewirken, daß ein Mensch aufrecht stehen kann, ohne sich des dafür notwendigen ständigen Muskelspiels bewußt zu werden.
Während des 1. Weltkriegs war der glühende Patriot als ungelernter Arbeiter in einer Munitionsfabrik tätig. Aus Sorge, in sein Labor zurückgeschickt zu werden, legte er sich einen Decknamen zu.

Ab 1920: Gehirnkarte Nach dem Krieg erarbeitete Sherrington ein detailliertes Kartenwerk der Bewegungszentren der Großhirnrinde.

Charles Scott Sherrington

Den einzelnen motorischen Gehirnfeldern ordnete er die von ihnen abhängigen Körperregionen zu. 1922 wurde er geadelt. 1932 erhielt Sherrington, gemeinsam mit seinem Landsmann Edgar D. Adrian, den Medizin-Nobelpreis für «ihre Entdeckungen auf dem Gebiet der Funktionen der Neuronen».
Sherrington, der sich in seiner Freizeit mit dem Studium der englischen Literatur befaßte, wurde 1935 emeritiert. Anschließend machte er sich als Verfasser philosophischer Abhandlungen einen Namen. In dem 1937/38 entstandenen Werk «The Nature of Man» vertrat er die These, daß der menschliche Geist keine Beziehung zu den physiologischen Vorgängen im Gehirn habe. Sherrington, der insgesamt 22 Ehrendoktortitel erhielt, starb im Alter von 94 Jahren in Eastbourne/Sussex.

George Davis Snell

(*19. 12. 1903)

▸ Mäuse ebnen Weg zur Transplantation ◂

Der amerikanische Genetiker schuf die Voraussetzungen zur Entwicklung erfolgreicher Gewebe- und Organtransplantationsmethoden. Dazu identifizierte er die genetischen Faktoren des Immunsystems von Mäusen, die für die Akzeptanz oder die Abstoßung körperfremden Zellgewebes verantwortlich sind. Als entscheidenden, für die Akzeptanz verantwortlichen Genort machte Snell den sog. Haupthistokompatibilitätskomplex aus.

Der in Bradford/Massachusetts geborene Snell lebte mit seinen Eltern und den beiden Geschwistern ab seinem vierten Lebensjahr bei seinem Urgroßvater in Brooklin/Massachusetts. 1922 ging Snell, der sich bereits in früher Kindheit für Naturwissenschaften begeistert hatte, auf das Dartmouth College, wo er erste Genetikkurse belegte. Anschließend studierte er Biologie in Harvard und promovierte 1930 über die genetischen Zusammenhänge der Fellfarbe bei Mäusen.

Ab 1931: Karrierestart mit Mißerfolg Im selben Jahr erhielt er einen Lehrauftrag für das Fach Zoologie an der Universität von Brown, kurz darauf an der Universität von Austin/Texas, um sich als Stipendiat der Nationalen Forschungsgesellschaft im Labor von Hermann Joseph Muller ganz der genetischen Forschung zu widmen. Basierend auf den Erkenntnissen Mullers, der bei Taufliegen künstliche Mutationen durch Röntgenstrahlen untersucht hatte, wollte Snell ähnliche Versuche bei Säugetieren durchführen. Er scheiterte jedoch mit seiner Absicht und wechselte an die Washington University nach St. Louis. 1935 nahm er eine Stelle am neugegründeten Roscoe B. Jackson Memorial Laboratory in Bar Harbor/Maine an, das zum weltweit führenden Institut zur Erforschung der Genetik von Säugetieren avancierte. 1937 heiratete Snell seine Freundin Rhoda Carson (drei Söhne).

Ab 1941: Transplantationsforschung In einem von ihm herausgegebenen Buch beeindruckte Snell 1941 ein Aufsatz über Gewebetransplantationen von Clerance Little, dem Gründer der Forschungseinrichtung von Bar Harbor. Snell beschloß, ein Forschungsprogramm über Gewebetransplantationen bei Mäusen aufzubauen, zumal seine an Mäusen durchgeführten Röntgenexperimente keine Erkenntnisse erbracht hatten.

In der bisherigen Transplantationsforschung hatte sich gezeigt, daß der Organismus Haut- und Gewebetransplantate, die von einem Individuum auf ein anderes übertragen wurden, häufig als fremd erkannte und daher abstieß. Little hatte beobachtet, daß die Chancen für erfolgreiche Transplantationen stiegen, wenn Spender und Empfänger genetisch verwandt waren, da bei Inzuchtlinien Unverträglichkeitsreaktionen selten auftraten. Snell vermutete genetische Ursachen für die Abstoßungserscheinungen.

1948: Haupthistokompatibilitätskomplex 1937 hatte Peter Gorer, ein späterer Mitarbeiter Snells, das sog. H-2-Antigen identifiziert, das den Abstoßungsprozeß nach Transplantationen auslöst. Anfang der 40er Jahre begann Snell, durch Rückkreuzungsexperimente (Kreuzung eines Individuums der Elterngeneration mit einem Mitglied der ersten Folgegeneration) Inzuchtlinien mit genetisch gleichen Mäusen aufzubauen, die sich nur in der für die Bildung des H-2-Antigens zuständigen Genposition unterschieden. Bis 1946 hatte er einige Dutzend Inzuchtlinien herausgearbeitet, als ein Feuer im Labor die mehrjährige Arbeit vernichtete.
Kurz nach Wiederaufnahme der Arbeiten brachten seine Untersuchungen den gewünschten Erfolg: Er identifizierte die Gene, die über die Annahme oder die Abstoßung von körperfremdem Gewebe entscheiden. In einem 1948 veröffentlichten Artikel («Methods for Study of Histocompatibility Genes») erläuterte Snell seine Techniken zur Erstellung genetisch identischer Linien sowie das Ergebnis seiner Untersuchungen zur Identifikation der genetischen Ursachen für die Abstoßung körperfremder Transplantate. Die Verträglichkeit einer Gewebetransplantation wird demnach von verschiedenen Genen bestimmt, die im sog. Haupthistokompatibilitätskomplex liegen, der sich bei Mäusen im 17. Chromosom befindet. Die Identifizierung der Genorte war der entscheidende Schritt auf dem Weg zu erfolgreichen Gewebeverpflanzungen. Es zeigte sich allerdings, daß die hohe Zahl der Genorte die Wahrscheinlichkeit minimierte, zwei Individuen zu finden, bei denen eine Transplantation zu keiner Abstoßungsreaktion führte (ausgenommen genetisch identische Inzuchtindividuen, deren Transplantate beliebig austauschbar sind).

George Snell

1968 zog sich Snell aus seinem Forschungslabor zurück. Zwölf Jahre später wurde dem 76jährigen Wissenschaftler für die Entdeckung der genetischen Zusammenhänge von Abstoßungsreaktionen bei Zelltransplantationen der Medizin-Nobelpreis zuerkannt.

Frederick Soddy

(2.9.1877–22.9.1956)

▸ Isotope erweitern Periodensystem ◂

Der britische Chemiker entdeckte die Isotope (Atome mit gleichen chemischen Eigenschaften und unterschiedlichen Massen) und ordnete sie in das Periodensystem der chemischen Elemente ein. Soddy untersuchte die radioaktive Zerfallsreihe und erhielt 1921 den Chemie-Nobelpreis.

Der Sohn eines Londoner Kaufmanns aus Eastbourn in der Grafschaft Sussex wurde von seiner Halbschwester nach kalvinistischer Tradition erzogen. Am Eastbourne College faßte er den Entschluß, in Oxford Chemie zu studieren, wo er 1898, nach einer Prüfung bei William Ramsay, mit Bestnote abschloß. Er verbrachte noch zwei Jahre als Forscher in Oxford und ging im Mai 1900 nach Kanada.

Ab 1900: Theorie der Radioaktivität Zwar wurde Soddy in Toronto an seiner Wunsch-Universität abgelehnt, erhielt jedoch eine Anstellung an der McGill-Universität in Montreal. Hier arbeitete er mit Ernest Rutherford an Untersuchungen, die eine theoretische Erklärung der Radioaktivität lieferten. Es gelang den beiden, eine Deutung des radioaktiven Zerfalls von Thorium und Uran zu formulieren. Diese radioaktiven Elemente zerfallen unter Abgabe subatomarer Teilchen in andere Elemente, die ebenfalls zerfallen, bis am Ende dieser «Zerfallsreihe» Blei entsteht. Bis in die 90er Jahre des 20. Jahrhunderts wurden drei solcher Zerfallsreihen in der Natur entdeckt und eine vierte künstlich erzeugt. Soddy und Rutherford wiesen nach, daß die Strahlung, die während des Zerfalls frei wird, partikulärer Natur ist und die Zerfallsrate dem Zeitgesetz einer monomolekularen chemischen Reaktion folgt.

Ab 1913: Isotope 1903 kam der 25jährige Soddy zurück nach England, um bei seinem alten Lehrer Ramsay zu arbeiten. Durch spektroskopische Untersuchungen bewies Soddy, daß das Edelgas Helium im Verlauf des radioaktiven Zerfalls von Radium gebildet wird. 1908 bestätigte Rutherford die Identität des gemessenen Heliums mit den beim radioaktiven Zerfall auftretenden «Alphastrahlen».

In der folgenden Zeit widmete sich Soddy einem anderen Problem: Bei der Untersuchung des radioaktiven Zerfalls waren mittlerweile über 40 verschiedene Elemente mit unterschiedlichen radioaktiven Eigenschaften gefunden worden. In dem von dem russischen Chemiker Dimitri Mendelejew 1869 aufgestellten Periodensystem standen jedoch für diese Elemente nur rund ein Dutzend Plätze zur Verfügung. Es war also erforderlich, entweder das Periodensystem zu verwerfen – wozu niemand bereit war – oder den Widerspruch aufzuklären. Soddy ent-

deckte, daß verschiedene Elemente, die aus radioaktivem Zerfall entstanden sind, dennoch ein und denselben Platz im Periodensystem einnehmen können, da ihre chemischen Eigenschaften gleich sind. 1913 bezeichnete er diese Elemente als Isotope, was im Griechischen «gleicher Ort» bedeutet.
Außerdem gab er die Positionen an, an denen die verschiedenen Isotope ins Periodensystem eingebaut werden mußten. Soddy schlug vor, bei Abgabe der von Rutherford mit «Alpha» bezeichneten Strahlen die Ordnungszahl des zerfallenden Elements um zwei zu vermindern, während bei Abgabe von Betastrahlen die Ordnungszahl um eins erhöht wird. Mit diesen Prämissen war es fortan möglich, alle auftretenden Zerfallsprodukte in das Periodensystem einzuordnen und somit zu identifizieren.
In den nächsten Jahren wurde deutlich, daß das Isotopiekonzept tatsächlich nicht mit dem Periodensystem der Elemente im Widerspruch stand: Isotope unterschieden sich nur in der Masse ihrer Atomkerne, nicht aber in ihrer Elektronenhülle. Somit waren sowohl die unterschiedlichen radioaktiven als auch die gleichen (oder, wie man heute weiß, sehr ähnlichen) chemischen Eigenschaften der Isotope erklärbar. Insbesondere die massenspektrographischen Arbeiten des britischen Chemikers und Physikers Francis William Aston lieferten entscheidende Beweise für Soddys Isotopiekonzept.

Frederick Soddy

1921: Chemie-Nobelpreis Bis 1914 vollendete Soddy die Ableitung, daß das Element Blei das stabile Endprodukt der radioaktiven Zerfallsreihe von Uran und Thorium ist. 1919 erhielt er einen Lehrstuhl für Chemie in Oxford, scheiterte jedoch mit seinem Vorhaben, ein eigenes Institut für Radiochemie aufzubauen, und kümmerte sich fortan um verbesserte Lehre und modernere Labore. 1921 erhielt Soddy den Chemie-Nobelpreis für die Entwicklung des Isotopiekonzepts. Nach dem Tod seiner Frau (1936) ging der 59jährige in vorzeitigen Ruhestand. In den folgenden Jahren kritisierte er das Konzept der freien Forschung, die keinerlei Verantwortung für die Nutzung ihrer Erfindungen übernimmt. Insbesondere die Verwendung wissenschaftlicher Resultate zu militärischen Zwecken bestärkte ihn in seinem politischen Engagement. Mit 79 Jahren starb Soddy in Brighton.

Arnold Sommerfeld

(5.12.1868–26.4.1951)

▸ Ein Mathematiker verändert die Physik ◂

Der deutsche Mathematiker verhalf der theoretischen Physik mit seinen mathematischen Fähigkeiten zum Durchbruch. Er wandte die Quantentheorie Max Plancks und die Relativitätstheorie Albert Einsteins auf den Aufbau der Atome an. 1915/16 erweiterte er das Atommodell von Niels Bohr.

Der Sohn einer protestantischen Arztfamilie wurde in Königsberg geboren. Ab 1886 studierte der strebsame Schüler in seiner Heimatstadt Mathematik. Als erste Hochschule Deutschlands bot die Universität Königsberg einen Schwerpunkt Mathematische Physik an. 1891 promovierte Sommerfeld und schloß zur finanziellen Absicherung ein Lehramtsexamen an. 1893 wechselte er nach Göttingen, habilitierte dort drei Jahre später und erhielt 1897 eine Professur an der Bergakademie in Clausthal/Harz.

1900–06: Mathematiker als Ingenieur 1900 erhielt Sommerfeld an der TH Aachen eine Professur für Technische Mathematik. Das Mißtrauen, das dem Mathematiker von Studenten und Kollegen entgegengebracht wurde, verschwand bald, denn Sommerfeld bewies ihnen, daß auch klassische Ingenieursdisziplinen konsequent auf mathematischer Grundlage entwickelt werden können. Bald war er ein gefragter Gutachter und Mitarbeiter im Ingenieurverein. Mit Problemen des Brückenbaus und der Schiffskonstruktion setzte er sich ebenso auseinander wie mit Fragestellungen des Lokomotivenbaus.

1911: Quantenansatz 1906 folgte Sommerfeld dem Ruf auf den Lehrstuhl für Theoretische Physik in München, wo er zum Vorkämpfer für die 1905 von Albert Einstein formulierte Relativitätstheorie wurde. Mit seiner ausgefeilten mathematischen Darstellungsweise konnte Sommerfeld die Theorie auf die unterschiedlichsten physikalischen Phänomene anwenden und trug so wesentlich zu ihrer schnellen Anerkennung bei.
Bei einer Begegnung in Zürich im September 1910 befaßten sich Einstein und Sommerfeld mit den Planckschen Quantensätzen. In langen Diskussionen ließ sich Sommerfeld, der ihnen zunächst ablehnend gegenüberstand, von Einstein überzeugen und präsentierte ein Jahr später auf dem ersten Solvay-Kongreß (nach dem Finanzier der Veranstaltung, dem belgischen Chemie-Industriellen Ernest Solvay) in Brüssel seinen Quantenansatz. Er drehte die bisherigen Erklärungsversuche, die das Plancksche Wirkungsquantum h (Konstante, die den Wert aus dem Verhältnis von Energiebetrag und Strahlungsfrequenz angibt) aus dem Aufbau der Atome erklärt hatten, um: Mathematisch wies er nach, daß «die Existenz der Moleküle als eine Funktion und Folge der Existenz

eines elementaren Wirkungsquantums anzusehen» ist. Das Plancksche Wirkungsquantum stellt somit die Grundlage für die Beschreibung von Atomen dar.

1915/16: Bohr-Sommerfeld-Atommodell 1913 setzte der dänische Physiker Niels Bohr in seinem Atommodell Sommerfelds Annahme theoretisch um. 1915/16 erweiterte Sommerfeld das Bohrsche Atommodell, indem er den Elektronen ellipsenförmige Bahnen zuordnete (Bohr-Sommerfeld-Atommodell). Im selben Jahr gelang ihm als erstem die Berechnung der universellen Feinstrukturkonstanten. Mit seiner Formel konnte er u. a. die Feinstruktur der Spektrallinien des Wasserstoffs erklären. 1919 faßte er die Entwicklung der Atomphysik im ersten Band seines Werks «Atombau und Spektrallinien» zusammen (zweiter Band 1929 erschienen).

Ab 1920: Wellenmechanik In den 20er Jahren widmete sich Sommerfeld der Wellenmechanik von Erwin Schrödinger und beschrieb damit u. a. den Photoeffekt, d. h. das Herauslösen von Elektronen aus freien Atomen durch die Zuführung von Strahlen. Des weiteren beschäftigte er sich mit der Ausbreitung von Wellen in Telegraphie und Akustik (Theorie der metallischen Leitung auf wellenmechanischer Basis) und der mathematisch-statistischen Berechnung der Atomhülle. 1929 analysierte er das Verhalten von Elektronen in Metallen.

Ab 1933: Anfeindung Mit Beginn der 30er Jahre wurde Sommerfeld

Arnold Sommerfeld, 1906

von den Nationalsozialisten wegen seiner Kontakte zu Einstein und seiner Reisen in die Vereinigten Staaten angefeindet. Dennoch hatte er weiterhin großen Einfluß auf die Besetzung von Lehrstühlen und versuchte das Aufkommen der nationalsozialistischen «Deutschen Physik» zu verhindern. Dafür mußte er sich öffentlich als «Agent des Judentums» beschimpfen lassen. Auch beim Erreichen der Pensionsgrenze 1935 war Sommerfeld nicht bereit, seinen Lehrstuhl einem linientreuen Nachfolger zu räumen. Vier Jahre gelang es ihm, seinen Posten kommissarisch weiterzuführen, dann wurde er seines Amtes enthoben.

Nach dem Krieg nahm der fast 80jährige eine Professur in München an. Dort verursachte er 1951 durch seine zunehmende Hörschwäche einen Verkehrsunfall, an dessen Folgen er im Alter von 83 Jahren starb.

Hans Spemann

(27.6.1869–12.9.1941)

▸ Genetischer Organisator beschert Nobelpreis ◂

Der deutsche Biologe wies nach, daß komplette Organismen auch aus halbierten befruchteten Eizellen entstehen können. Damit hatte er die gleichmäßige Verteilung des gesamten genetischen Codes eines Organismus auf jede einzelne seiner Zellen belegt. 1935 erhielt Spemann für seine Entdeckung den Medizin-Nobelpreis.

Der in Stuttgart geborene Spemann sollte als ältester Sohn nach dem Willen seines Vaters das Verlagshaus der Familie übernehmen. Nach einem Jahr hatte sich jedoch die geringe kaufmännische Begabung Spemanns erwiesen, und er studierte statt dessen ab 1893 Zoologie, Botanik und Physik in Heidelberg, München und Würzburg. Von 1894 bis 1898 war er zunächst Assistent, später Privatdozent am Zoologischen Institut der Universiät Würzburg.

Um 1900: Beginn mit Embryoforschung 1898 wurde Spemann außerordentlicher Professor in Würzburg. Angeregt durch ein Buch des deutschen Zoologen August Weismann, der sich mit der Frage befaßte, wie die Zelldifferenzierung in einer befruchteten Eizelle genetisch gesteuert wird, startete Spemann eigene Untersuchungen zur Embryonalentwicklung. Die gleichartige genetische Ausstattung der Zellen eines Organismus war noch nicht bekannt. Weismann stellte zwei weitreichende Vermutungen auf: In der frühen Entwicklungsphase wird bei der Zellteilung das vorhandene genetische Material in unterschiedlichen Anteilen auf die Zellen verteilt; je nach Ausstattung der Zellen mit genetischem Material ist die weitere Entwicklung vorgegeben. Als alternative Hypothese formulierte Weismann, daß alle Zellen während der Zellteilung mit dem gleichen genetischen Material ausgestattet sind, die Differenzierung wird durch die jeweils unterschiedliche Nutzung des genetischen Materials verursacht.

Nach 1900: Untersuchungen zur Genverteilung In Experimenten mit befruchteten Eizellen von Amphibien bestätigte Spemann die Alternativhypothese Weismanns: Wurden die zwei Zellen der ersten Zellteilung (Zweizellenstadium) mit Haaren von Kleinkindern abgeschnürt und getrennt, so entwickelten sich zwei vollständige Embryos; folglich waren die Zellen identisch mit genetischem Material ausgestattet.
Nach diesem Erfolg beschäftigte sich Spemann mit der Transplantation von embryonalem Gewebe. 1908 verließ er die Universität Würzburg und ging für sechs Jahre als Ordinarius nach Rostock, ehe er kurz vor Beginn des 1. Weltkriegs als stellvertretender Leiter an das Kaiser-Wilhelm-Institut für Biologie nach Berlin wechselte.

Ab 1914: Entdeckung der Organisatoren Mit Hilfe der sog. Kreuztransplantationen bewies Spemann, daß sich die Transplantate je nach Entwicklungsstadium des Amphibienembryos entweder orts- oder herkunftsabhängig entwickeln: Wurde einem Embryo in einem frühen Entwicklungsstadium ein Gewebestück der Bauchhaut entnommen und in den späteren Gehirnbereich eines anderen Embryos transplantiert, so fügte sich das Transplantat in die neue Umgebung vollständig ein. Fand die Verpflanzung jedoch in einer späteren Entwicklungsphase statt, so wuchs das Transplantat zwar mit seiner Umgebung zusammen, aber entwickelte sich herkunftsabhängig als Bauchhaut am Gehirn weiter. Spemann hatte für diese Experimente neue und preiswerte, noch heute angewandte Hilfsmittel entwickelt (z. B. feine Glaspipetten und Glasnadeln, Haarschlingen aus Babyhaar).
Bei Transplantationen von Zellmaterial aus einem bestimmten Bereich des Amphibienembryos – der sogenannten dorsalen Urmundlippe – in einem beliebigen Teil des Keimes beobachtete Spemann, daß das implantierte Gewebestück die Entwicklung von Organen in der jeweiligen Umgebung so mitbestimmt, daß in den meisten Fällen die Entwicklung eines sekundären Embryos bewirkt wurde. Für Keimmaterial mit der Fähigkeit, gleichzeitig einen solchen sekundären Embryo hervorzurufen, führte Spemann den Begriff «Organisator» ein. Für die Aufklärung der Funktion des Organisators bei Amphibien erhielt Spemann 1935 den Medizin-Nobelpreis.

Hans Spemann

Nach der Entdeckung des Organisators setzte in Forschungslabors überall auf der Welt eine intensive Suche nach dessen Wirkungsmechanismen ein. Spemann selber beteiligte sich an diesen Untersuchungen durch Transplantationsexperimente mit Frosch- und Salamanderembryos.

1936: «Theorie der Entwicklung» Nach dem 1. Weltkrieg verließ Spemann Berlin und wurde Direktor des Zoologischen Instituts der Universität Freiburg / Breisgau, wo er fast 20 Jahre tätig war. 1936 erschien sein teilautobiographisches Hauptwerk «Experimentelle Beiträge zu einer Theorie der Entwicklung». Er beschrieb darin nicht nur seine Erfolge, sondern forderte interdisziplinäre Anstrengungen aus Biochemie, Genetik und Molekularbiologie, um Fortschritte in der Entwicklungsforschung zu erreichen. Mit 72 Jahren starb Spemann in Freiburg.

Wendell Meredith Stanley

(16.8.1904–15.6.1971)

▸ Erste Isolierung eines Virus ◂

Der amerikanische Biochemiker isolierte 1935 Kristalle, die er als Viren identifizierte, und schuf damit die Möglichkeit, Krankheitserreger unter dem Mikroskop zu untersuchen.

Großes Ziel des begeisterten Footballspielers, der in Ridgeville/Indiana geboren wurde, war es, Footballtrainer zu werden. Stanley besuchte das Earlham College, wo er sich fast ausschließlich auf seine sportlichen Aktivitäten konzentrierte.

1925: Umstieg auf Chemie Als er seine Ambitionen im Football nicht verwirklichen konnte, suchte Stanley nach anderen Betätigungsfeldern. Der Besuch einer Informationsveranstaltung an der Universität von Illinois brachte eine Neuorientierung: Ein Professor für Chemie weckte Stanleys Interesse an dieser Wissenschaft. Stanley wechselte an die Hochschule, studierte Chemie und promovierte 1929. Ein einjähriger Forschungsaufenthalt führte ihn nach München zu dem deutschen Biochemiker Heinrich Otto Wieland, der die Gallensäure erforscht und dafür 1927 den Nobelpreis erhalten hatte. Ende 1931 fand Stanley eine Anstellung am Rockefeller Institute for Medical Research in Princeton/New Jersey.

Ab 1932: Suche nach Proteinen Ausgangspunkt für Stanleys Arbeiten waren die Erkenntnisse des amerikanischen Biochemikers John H. Northrop, der in der ersten Hälfte der 30er Jahre Enzyme in reiner Form kristallisiert und sie als Proteinmoleküle identifiziert hatte. Allerdings befaßte sich Stanley nicht mit Enzymen, sondern mit Viren, von denen er vermutete, daß sie ebenfalls aus Proteinmolekülen bestehen. Um diese Hypothese zu beweisen, kultivierte er eine größere Menge Tabakmosaikviren und infizierte damit einige Tabakblätter, die er zusätzlich mit chemischen Mitteln behandelte. Sein erklärtes Ziel war es, daraus Proteine zu kristallisieren, d. h. Eiweißkörper, die aus Aminosäuren aufgebaut sind.

John Howard Northrop (1891–1987)

Der amerikanische Biochemiker, 1924–61 Professor am Rockefeller Institute of Medical Research in New York, stellte drei Enzyme in kristalliner Form her – das Verdauungsenzym Pepsin (1930) sowie die Enzyme der Bauspeicheldrüse Trypsin (1932) und Chimotrypsin (1935). Im Gegensatz zur herrschenden Lehrmeinung rechnete er die Enzyme zu den Proteinen.

1935: Isolierung von Virus-Protein Nach drei Jahren hatte Stanley endlich Erfolg: Er konnte nadelförmige Kristalle isolieren und an ihnen die infektiösen Eigenschaften der Viren

James Batcheller Sumner (19. 11. 1887 – 12. 8. 1955)

Der amerikanische Biochemiker entdeckte 1926 die Kristallisierbarkeit von Enzymen. In seinen weiteren Arbeiten wies er nach, daß Enzyme Proteine sind. 1937 gelang ihm die kristalline Darstellung der Katalase.

feststellen. Nachdem Stanley erstmals Viren sichtbar gemacht hatte, waren sie keine mysteriösen Partikel mehr, deren Existenz lediglich indirekt bestätigt war, sondern faßbare Naturobjekte. In Fachkreisen stieß Stanley mit seiner Entdeckung zunächst auf große Skepsis. Viren galten bis dahin als eine Art Lebewesen, denn es war bekannt, daß sie sich in lebenden Zellen vermehrten. Hingegen deutete der von Stanley festgestellte kristalline Aufbau auf eine biochemische und damit nicht lebende Substanz hin.
Schon bald wurden weitere Viren isoliert und Stanleys Untersuchungsergebnisse bestätigt. Alle Viren bestanden aus Nukleoproteiden (Eiweißverbindungen des Zellkerns). 1956 wies der deutsch-amerikanische Biochemiker Heinz Fraenkel-Conrat schließlich nach, daß Nukleoproteide die Schlüsselsubstanz aller Virusaktivitäten sind, denn sie lösen im befallenen Organismus eine Infektion aus.

Viren

Gruppe kleinster, sehr verschiedenartiger Krankheitserreger. Die kristallisierbaren Viren haben weder Atmung noch Stoffwechsel, sind also keine Lebewesen. Für ihre Vermehrung sind sie ganz auf chemische Bausteine, Energie und Enzyme lebender Zellen angewiesen. Als virenähnliche Kleinstlebewesen gelten die Bakteriophagen, die einen einfachen Stoffwechsel besitzen.

Wendell Stanley

1946: Chemie-Nobelpreis Während des 2. Weltkriegs beschäftigte sich Stanley mit Grippeviren, gegen die er zahlreiche Impfstoffe entwickelte. 1946 erhielt er gemeinsam mit Northrop und Sumner den Chemie-Nobelpreis. Zwei Jahre später übernahm Stanley eine Professur an der University of California in Berkeley und wurde Direktor des dortigen Labors für Virusforschung. Seine Arbeiten galten der Suche nach Heilmitteln gegen Lepra; zudem erforschte er die Chemie der Sterole. 1971 starb Stanley im Alter von 66 Jahren im spanischen Salamanca an einem Herzinfarkt.

Hermann Staudinger

(23.3.1881–8.9.1965)

Der deutsche Chemiker entschlüsselte die Struktur von Makromolekülen (hochmolekulare Verbindungen) und legte so die Basis für den Aufschwung der Kunststoffchemie, die durch Staudingers Leistung zahlreiche neue Patente entwickelte. 1953 erhielt Staudinger den Chemie-Nobelpreis.

Der Sohn eines Gymnasiallehrers wurde in Worms geboren und begann 1899 nach dem Abitur ein Botanikstudium in Halle. Seinen Lebensunterhalt verdiente sich Staudinger gleichzeitig mit der Analyse und Synthese chemischer Verbindungen in einem Chemie-Institut. Da ihm diese Arbeit gefiel, entschloß er sich schließlich, das Studienfach zu wechseln, und belegte Chemie in Darmstadt, München und Halle, wo er 1902 promovierte.

1905: Keton-Synthese Im Anschluß wurde Staudinger Assistent bei dem Chemiker Johannes Thiele in Straßburg und entwickelte dort eher zufällig das erste Keton (neue Stoffklasse sehr reaktionsfähiger organischer Verbindungen). Nach seiner Habilitierung über die Ketone (1907) ging er als Professor an die Technische Hochschule in Karlsruhe, fünf Jahre später übernahm er als Nachfolger des deutschen Chemikers Richard Willstätter die Leitung des chemischen Fachbereich an der ETH Zürich (bis 1926). Den 1. Weltkrieg lehnte der überzeugte Pazifist konsequent ab; besonders kritisierte Staudinger den Einsatz chemischer Waffen und die Verwicklung vieler seiner Kollegen in deren Produktion.

Ab 1922: Makromoleküle Zum wissenschaftlichen Außenseiter machte ihn seine Theorie über den makromolekularen Aufbau der natürlichen und synthetischen Polymeren (Verbindungen von Riesenmolekülen). Staudinger bezeichnete die hochpolymeren Substanzen ab 1922 als Makromoleküle. Bis zu dieser Zeit galten Cellulose oder Kautschuk als Stoffe, die aus Molekülen mit niedriger Molekülmasse zusammengesetzt waren und die ihre elastische Form durch Verbindung mit Kolloidteilen, den sog. Micellen, erhielten.

Staudinger behauptete hingegen, daß bei der Polymerisation zahlreiche Grundmoleküle direkt (über sog. Hauptvalenzen) miteinander verbunden seien, wie die Atome in kleinen Molekülen. In den neugebildeten Riesenmolekülen, die aus mehr als 1000 Einzelmolekülen zusammengesetzt sind, seien die einzelnen Kohlenstoffatome in genau derselben Weise miteinander verknüpft wie in niedermolekularen organischen Stoffen.

Trotz harscher Kritik hielt Staudinger, der 1926 eine Professur an der Universität Freiburg erhielt, an seiner Behauptung fest. Erst in den 30er Jahren zeigten zahlreiche Untersuchungen in aller Welt sowie wei-

Entwicklung der Kunststoffe

Ende des 19. Jahrhunderts lösten Kunststoffe die Naturprodukte allmählich ab. Um 1840 war vulkanisierter Kautschuk als erster technisch verwertbarer Kunststoff entdeckt worden. 1908 stellte der amerikanische Chemiker und Industrielle Leo Hendrik Baekeland erstmals Phenolfomaldehydharze (Handelsbezeichnung: Bakelite) her. Ihren eigentlichen Siegeszug traten die polymeren Stoffe erst an, nachdem ihr Aufbau entschlüsselt worden war. Die Erkenntnis über diesen grundsätzlichen Aufbau polymerer Substanzen ist den Arbeiten von Hermann Staudinger zu verdanken.

tere Forschungsbeiträge Staudingers, daß seine Strukturerklärung der Makromoleküle richtig war: Die Neuartigkeit der Makromoleküle, ihre Größe und ihre besonderen Eigenschaften ließen sich mit der klassischen Micellenauffassung nicht länger in Einklang bringen.

Ab 1933: Behinderung in Nazi-Deutschland Die chemische Industrie brachte bereits zu Beginn der 30er Jahre eine Vielzahl von Kunststoffverbindungen auf den Markt (z. B. Polyacryl- und Polyvinylverbindungen sowie Polyamid), ohne daß deren molekularen Grundlagen bekannt waren. Staudingers wissenschaftliche Klärung verhalf der Industrie zur schnellen Entwicklung etlicher neuer Kunststoffe mit jeweils maßgeschneiderten Eigenschaften. Nach 1933 versuchten die Nationalsozialisten, den überzeugten Kriegsgegner Staudinger aller Ämter zu entheben, was nicht zuletzt an der

Hermann Staudinger

Intervention der Chemieindustrie scheiterte. Staudinger blieb in Deutschland, seine Arbeit wurde jedoch immer wieder durch Störaktionen behindert.

1953: Nobelpreis für Chemie Nach Staudingers Emeritierung 1951 wurde der Fachbereich an der Universität Freiburg zu einem eigenständigen Forschungsinstitut für Makromolekulare Chemie umgewandelt, dessen ehrenamtlicher Leiter Staudinger noch fünf weitere Jahre war. 1953 erhielt er den Nobelpreis für Chemie – gut 30 Jahre, nachdem er mit seiner Theorie über die Makromoleküle erstmals an die Öffentlichkeit getreten war. Der deutsche Wissenschaftler starb 1965 im Alter von 85 Jahren in seinem Wohnort Freiburg.

Albert Szent-Györgyi von Nagyrapolt

(16. 9. 1893 – 22. 10. 1986)

Der Biochemiker ungarischer Herkunft isolierte 1928 die Ascorbinsäure und identifizierte sie als Vitamin C. Szent-Györgyi emigrierte nach 1945 in die USA, wo er sich der Muskelforschung widmete.

Szent-Györgyi wurde in Budapest als Sohn eines adeligen Großgrundbesitzers geboren. Ab 1911 studierte er Medizin an der Universität seiner Heimatstadt. Durch verwandtschaftliche Beziehungen zu einem Anatomieprofessor, einem Bruder seiner Mutter, durfte er bereits als Student eigene Forschungsarbeiten durchführen. Der 1. Weltkrieg unterbrach Szent-Györgyis Ausbildung. Er kam zur Armee, mußte an die Front, wurde verwundet und konnte 1917 sein Studium beenden.

1928: Isolierung der Ascorbinsäure

Die Tätigkeit in der Anatomie befriedigte Szent-Györgyi bald nicht mehr. Zu vieles war erforscht, er fühlte sich unterfordert. Nach dem Ende des Krieges studierte er daher zunächst Pharmazie, dann Elektrophysiologie. 1927 kam er als Rockefeller-Stipendiat nach Cambridge, wo er promovierte.

Bei seinen Forschungen in England isolierte Szent-Györgyi 1928 aus den Nebennieren von Ochsen eine Substanz, die er aufgrund ihrer Zusammensetzung aus sechs Kohlenstoffatomen zunächst als «Hexuronsäure» bezeichnete. Bei weiteren Experimenten gewann er die Substanz auch aus Kohl und Orangen: Er hatte das Vitamin C entdeckt. Auf seinen Vorschlag hin wurde es «Ascorbinsäure» genannt, weil es der Vitaminmangelkrankheit Skorbut vorbeugte (Ascorbin = ohne Skorbut).

Vitamin C

Vitamine sind Nahrungsbestandteile, die im Gegensatz zu den Nährstoffen wie Eiweiß, Fett und Kohlenhydrate keine Energie liefern, aber für den Ablauf des Stoffwechsels unentbehrlich sind. Das Vitamin C, das z. B. an der Aktivierung von Enzymen beteiligt ist, gehört zu den sog. wasserlöslichen Vitaminen. Es kommt u. a. in Obst, Paprika, Hagebutten und Gladiolen vor. Vitamin-C-Mangel bewirkt eine Minderung der Abwehrkräfte und führt zu Infektanfälligkeit und Müdigkeit. Der Tagesbedarf beträgt 100 bis 400 Milligramm.

1930 kehrte Szent-Györgyi nach Ungarn zurück und übernahm den Lehrstuhl für Medizinische Chemie an der Universität in Szeged. Dort widmete er sich weiterhin der Vitaminforschung und untersuchte den Vitaminhaushalt des Körpers. 1932 erkannte er Paprika als eine der reichsten Vitamin-C-Quellen. Diese Entdeckung verdankte er den landwirtschaftlich strukturierten Gegend um Szeged: Bei einem Spaziergang im dortigen Paprika-Anbaugebiet hatte er einige der Früchte mitgenommen und analysiert.

30er Jahre: Grundlagen für Krebs-Zyklus Ab Mitte der 30er Jahre befaßte sich Szent-Györgyi mit biologischen Verbrennungsvorgängen und dem Sauerstoffverbrauch von Muskelgewebe. Dabei stellte er fest, daß der Sauerstoffverbrauch bei der Aufnahme von Energie allmählich sank. Daraus schloß er auf eine noch unbekannte Substanz, die die Sauerstoffumwandlung regelt und nach und nach verbraucht wird. In langwierigen Experimenten fand er vier miteinander verwandte Verbindungen aus je vier Kohlenstoffatomen, die jede für sich die Sauerstoffumwandlung wieder aktivieren konnten. Dies führte Szent-Györgyi zu der Vermutung, daß der Körper diese Verbindungen untereinander austauscht und sie alle in den Reaktionsweg einbaut.
Diesen Gedankengang machte sich der deutsche Biochemiker Hans Adolf Krebs zu eigen und entwickelte daraus den Zitronensäurezyklus. Dieser beschreibt den Umwandlungsprozeß, der beim Abbau der aufgenommenen Nahrungs- und Nährstoffe für Energie im lebenden Organismus sorgt.
1937 erhielt Szent-Györgyi für seine Entdeckungen auf dem Gebiet der biologischen Verbrennungsprozesse den Medizin-Nobelpreis.

1945: Emigration Während des 2. Weltkriegs engagierte sich Szent-Györgyi, der sich stets gegen Krieg und Unterdrückung gewandt hatte, in der Widerstandsbewegung gegen

Albert Szent-Györgyi

Hitler-Deutschland. Als die Sowjetunion Ungarn 1945 besetzte, emigrierte er in die USA (ab 1955 US-Staatsbürger). 1947 wurde er Direktor des Instituts für Muskelforschung am Biologischen Laboratorium der US-Marine in Woods Hole/Massachusetts. Seine Forschungsarbeiten galten der Immunabwehr des Körpers sowie Herzmuskelerkrankungen und Muskelschwund.
In zahlreichen Vorträgen und Veröffentlichungen warnte Szent-Györgyi vor den Gefahren der modernen Welt. Zutiefst pessimistisch zog er 1971 in dem Buch «Der fehlentwickelte Affe oder Die Unfähigkeit des Menschen, mit seinen Problemen fertig zu werden» Bilanz. In den 70er Jahren wandte er sich der Erforschung von Krebserkrankungen zu; ab 1975 bis zu seinem Tod in Woods Hole war er Direktor der amerikanischen Stiftung für Krebsforschung.

Edward Teller

(*15. 1. 1908)

▸ Suche nach Waffen zur Massenvernichtung ◂

Der amerikanische Physiker war 1942–45 an der Entwicklung der Atombombe beteiligt. Sein eigentliches Ziel war jedoch die Konstruktion einer Wasserstoffbombe, die ihm 1952 gelang.

Der in Budapest geborene Teller entstammt einer wohlhabenden jüdischen Familie, sein Vater war Rechtsanwalt. Nach dem Abschluß des Gymnasiums emigrierte Teller 1926 nach Deutschland, da das in Ungarn regierende Horthy-Regime Juden den Zugang zu den Universitäten verweigerte. Zunächst studierte Teller in Karlsruhe Mathematik und Chemie, wechselte aber nach vier Semestern zur Physik. Nach einem Zwischenaufenthalt in München (1929) promovierte er 1930 in Leipzig bei Werner Heisenberg zum Dr. phil. Ein Jahr später ging er als Assistent an das Kernphysikalische Institut der Universität Göttingen.

Ab 1942: Manhattan-Projekt Nach der Machtübernahme der Nationalsozialisten in Deutschland mußte Teller erneut emigrieren. Über Kopenhagen (Rockefeller-Stipendiat bei Niels Bohr) und London kam er 1935 in die USA. An der George-Washington-Universität übernahm er eine Professur für Theoretische Molekular- und Atomphysik.

Nachdem britische Physiker die US-Regierung darauf hingewiesen hatten, daß in Deutschland vermutlich an der Entwicklung einer Atombombe gearbeitet werde, rief US-Präsident Franklin D. Roosevelt das sog. Manhattan-Projekt ins Leben. Ziel war der Bau einer Atombombe, um den Deutschen zuvorzukommen. Leiter des Projekts wurde der Amerikaner J. Robert Oppenheimer.

1942 stieß Teller zum Stab der beteiligten Wissenschaftler. Seine theoretischen Überlegungen gingen allerdings in eine andere Richtung als die von Oppenheimer. Teller griff eine Idee des ebenfalls am Projekt mitwirkenden Enrico Fermi auf, die Atomkerne nicht nur zu spalten. Er schlug eine Waffe vor, in der die Spaltung der Atomkerne eine noch stärkere Reaktion durch Verschmelzung mit den Molekülen eines Deuteriummantels (Deuterium = schwerer Wasserstoff) auslöste. Oppenheimer ordnete eine Überprüfung von Tellers Berechnungen durch den Physiker Hans Bethe an. Der stellte fest, daß Teller bei seinen mathematischen Operationen ein Fehler unterlaufen und somit eine Fusion nicht sicher war.

1943–45: Los Alamos Trotz dieser wissenschaftlichen Niederlage blieb Teller bei der Projektgruppe und wechselte Anfang 1943 in deren Labor in der Wüste bei Los Alamos/New Mexico. Dort erlebte er mehrere Enttäuschungen: Weder erhielt er die hervorgehobene Stellung im Team, die er sich erhofft hatte, noch konnte er selbständig arbeiten und seine Idee einer Vernichtungswaffe weiterentwickeln. Mehrfach geriet er in Konflikt mit Oppenheimer, dessen rechthaberische Art er mißbilligte. Dennoch galt Teller als starke Triebkraft beim Bau der Atombombe, da er alles daransetzte, die ethischen und moralischen Bedenken seiner Kollegen zu zerstreuen. Den Abwurf der Atombomben über Hiroshima und Nagasaki lehnte Teller ab. Seiner Meinung nach hätte es gereicht, sie in der Atmosphäre über der Bucht von Tokio zu zünden. Allerdings gab es damals keine Flugzeuge, die die Bombe in die entsprechende Höhe (30–35 km) hätten transportieren können.

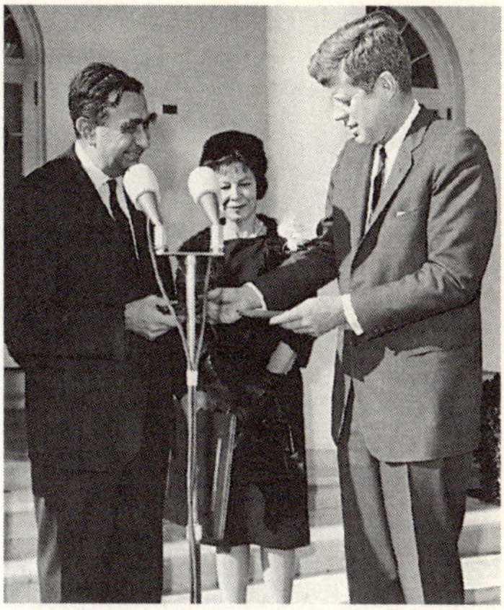
Edward Teller (links) erhält den Fermi-Preis vom US-Präsidenten John F. Kennedy, 1962

1952: Wasserstoffbombe Nach dem Kriegsende leitete Teller das Institute for Nuclear Studies in Chicago und lehrte 1946–49 als Professor für Physik an der dortigen Universität. Seine Forschungsarbeit galt der Entwicklung der Wasserstoffbombe. Im Oktober 1949 legte er seine Ergebnisse vor, worauf die US-Regierung den Bau der Waffe beschloß. Hintergrund der Entscheidung war das Ende des Atomwaffenmonopols der USA durch den ersten erfolgreichen Kernwaffentest der UdSSR. Noch im selben Jahr kehrte Teller nach Los Alamos zurück. 1952 entwickelte er die Formel für den Bau der H-Bombe, am 1. November fand der erste Test auf dem Eniwetok-Atoll (Marshall-Inseln) statt.

Ab Mitte der 50er Jahre: Hardliner der Aufrüstung 1953 wurde Teller Professor an der University of California in Berkeley. Als Mitglied des Beratungsausschusses der Atomenergiebehörde forderte er uneingeschränkte Kernwaffenversuche. Studien, die bei einem Atomkrieg eine globale Katastrophe prognostizierten, nannte er «blanken Unsinn».
In den Hearings des US-Senats zum Atomwaffensperrvertrag trat er als Gegner einer Unterzeichnung (1968) auf. Auch die späteren Abrüstungsabkommen lehnte Teller, der aus seiner Abneigung gegenüber der UdSSR nie einen Hehl machte, ab. In den 80er Jahren bestätigte er den amerikanischen Präsidenten Ronald Reagan in seinen Plänen, ein lasergestütztes Satellitensystem zur Raketenabwehr im Weltall (SDI) zu installieren. Dabei argumentierte er nicht uneigennützig, denn die «New York Times» deckte auf, daß Teller Geschäftsanteile an einem auf Waffentechnologie spezialisierten Laserunternehmen besaß.

Pawel Alexejewitsch Tscherenkow

(* 28. 7. 1904)

▸ Entdecker des Tscherenkow-Effekts ◂

Der sowjetische Physiker beobachtete 1934 die nach ihm benannte Strahlung. Sie wird von hochenergetischen Teilchen hervorgerufen, die sich in transparenten Medien mit einer größeren Geschwindigkeit als Licht ausbreiten. Tscherenkow nutzte die Strahlung zur Entwicklung eines Teilchenzählers.

Tscherenkow wurde in Nowa Chigla nahe der russischen Stadt Woronesch geboren. Der Junge, dessen Eltern einfache Landarbeiter waren, wuchs in ärmlichen Verhältnissen auf. Nach dem Schulbesuch erhielt er einen Studienplatz für Physik an der Staatlichen Universität seiner Heimatstadt und machte 1928 seinen Abschluß. Nachdem er ein Jahr als wissenschaftlicher Mitarbeiter überbrücken mußte, fand er 1930 eine Anstellung am Physikalischen Institut der Akademie der Wissenschaften der UdSSR in Moskau.

1934: Tscherenkow-Effekt: Tscherenkow, der als Meister der technischen Anordnung physikalischer Experimente gilt, konzentrierte sich auf die Untersuchung des Verhaltens von hochenergetischen Teilchen. 1934 beobachtete er die Lumineszenz von Salzlösungen unter dem Einfluß von Gammastrahlen. Lumineszenz bezeichnet das Leuchten eines Stoffes ohne Temperaturerhöhung (sog. kaltes Leuchten). Allerdings ließ sich das von ihm entdeckte schwache bläulichweiße Leuchten nicht auf die bekannten Lumineszenzerscheinungen zurückführen.
Weitere Versuche zeigten Tscherenkow, daß die Strahlung anscheinend nicht mit der chemischen Beschaffenheit des Mediums in Zusammenhang stand. Auch Temperaturveränderungen beeinflußten das Leuchten nicht. Tscherenkow nahm an, es handle sich um die Bremsstrahlung der Elektronen, mußte diese Vermutung jedoch bald verwerfen.

1936: Erklärung des Effekts Zwei Jahre später lieferten die sowjetischen Physiker Igor Tamm und Ilja Frank auf der Grundlage der klassischen Thermodynamik die theoretische Erklärung für den sog. Tscherenkow-Effekt: Die Geschwindigkeit hochenergetischer Teilchen ist um so höher, je größer die Energie der Teilchen ist. Allerdings können die Teilchen nie schneller als das Licht im Vakuum werden. In durchsichtigen Stoffen wie Glas, Wasser und anderen Flüssigkeiten, mit denen Tscherenkow experimentiert hatte, breitet sich das Licht jedoch langsamer aus als im Vakuum. Folglich können die Teilchen hier schneller sein als Licht. Bei dem bläulichweißen Leuchten, das Tscherenkow beobachtet hatte, handelt es sich um elektromagnetische Kopfwellen des Teilchens, das sich im Medium schnell bewegt. Die Theorie von Tamm und Frank bestätigte Tscherenkow, seit 1936 Professor am Moskauer Ingenieur-Physikalischen Institut, experimentell (1937).

Igor Jewgenjewitsch Tamm (8. 7. 1895 – 12. 4. 1971)

In den 20er und 30er Jahren untersuchte der sowjetische Physiker auf der Grundlage der Quantenmechanik die Lichtstreuung in Festkörpern. 1937 veröffentlichte er gemeinsam mit Ilja Frank seine theoretische Arbeit über den Tscherenkow-Effekt. Nach dem 2. Weltkrieg arbeitete Tamm an der kontrollierten Kernfusion für die Herstellung der Wasserstoffbombe. Gemeinsam mit dem Physiker Andrej Sacharow entwickelte er 1950 die Theorie, daß heißes Plasma durch ein Magnetfeld zusammengehalten werden kann.

Ab 1947: Tscherenkow-Zähler Im 2. Weltkrieg arbeitete Tscherenkow in einem militärischen Forschungslabor an kerntechnischen Fragestellungen. 1947 entstand die Idee, den Tscherenkow-Effekt zum Nachweis schneller geladener Teilchen zu verwenden. Als Direktor des Laboratoriums für Neutronenphysik am Vereinigten Institut für Kernforschung bei Moskau entwickelte Tscherenkow in der Folgezeit gemeinsam mit einigen Kollegen ein Meßgerät, mit dem die Geschwindigkeit von Teilchen unabhängig von ihrer Masse registriert werden kann. Dieser sog. Tscherenkow-Zähler fand schnell Anwendung in der Hochenergiephysik und spielte 1955 eine mitentscheidende Rolle bei der Entdeckung des Antiprotons (Elementarteilchen mit den entgegengesetzten Eigenschaften des Protons).

Pawel Tscherenkow

50er Jahre: Elektronensynchroton Die hochenergetischen Teilchen, die für weiterführende Untersuchungen vonnöten waren, kommen nur in der kosmischen Strahlung vor. Daher mußten technische Möglichkeiten geschaffen werden, um Teilchen auf vorgegebene Geschwindigkeiten zu beschleunigen und zu untersuchen. Dies leisten die sog. Elektronensynchrotone, eine Form der Teilchenbeschleuniger, an deren Aufbau in der UdSSR Tscherenkow in den 50er Jahren wesentlichen Anteil hatte. 1958 erhielt er mit Tamm und Frank «für die Entdeckung und Interpretation des Tscherenkow-Effekts» den Physik-Nobelpreis. 1964 wurde er zunächst zum korrespondierenden, sechs Jahre später zum ordentlichen Mitglied der Akademie der Wissenschaften der UdSSR gewählt. An seinem Wohnort Moskau führt er seine wissenschaftlichen Arbeiten fort.

Alan Mathison Turing

(23.6.1912–7.6.1954)

▸ Der Vater der Computertechnik ◂

Der englische Mathematiker legte durch seine theoretischen Überlegungen zur Turingmaschine, durch die algorithmische Probleme gelöst werden konnten, den Grundstein für die Computertechnik. Turing baute nach dem 2. Weltkrieg erfolgreich Großrechner, ab 1948 auf digitaler Basis.

Turing wurde in London geboren und ging in Sherborne zur Schule, wo er seinen Lehrern bald als Rechentalent auffiel. Ab 1931 belegte Turing Mathematik am King's College in Cambridge. Vier Jahre später fertigte er seine Abschlußarbeit über Grenzwertsätze in der Wahrscheinlichkeitsrechnung an. 1936 wechselte er nach Princeton/USA und promovierte 1938 mit einer Arbeit über die Logik von Ordnungszahlen.

1936–38: Konzept für Rechenmaschine 1937 veröffentlichte Turing sein Hauptwerk über berechenbare Zahlen und ihre Anwendung auf das Entscheidungsproblem. Dahinter verbarg sich die Konzeption für eine später nach ihm benannte abstrakte Rechenmaschine, die sich nach Turings Theorie aus einem Schaltsystem, einem Schreib-Lese-Kopf und einem unbegrenzten Bandspeicher zusammensetzte. Mit dieser Turing-Rechenmaschine wurde es möglich, die algorithmische Lösbarkeit mathematischer Probleme zu beschreiben. Die Frage, ob eine Funktion berechenbar ist, konnte durch die Maschine, die ihre Ergebnisse mit den Ziffern 0 und 1 darstellte, geklärt werden. Umgekehrt erstellte Turing auch Rechenbeispiele für arithmetische Funktionen, die nicht berechnet werden konnten.

Ab 1938: Philosophische Fragen Mit seinem Ansatz legte Turing die Grundlage für die Automatentheorie und die spätere Computertechnik. Die Beschreibung komplexer Zusammenhänge konnte nun durch schrittweise Abläufe einzelner, aufeinander aufbauender Zustände algorithmisch vorgenommen werden.
Bei der Erarbeitung der theoretischen Basis für den Bau von Rechenanlagen kamen Turing die Erkenntnisse des amerikanischen Mathematikers Norbert Wiener, dem Begründer der Kybernetik, sowie von Claude E. Shannon, der die Einheit «bit» zur Informationsmessung festlegte, zugute.
In der Folgezeit beschäftigte sich Turing immer wieder mit den philosophischen Aspekten der Kybernetik und seiner eigenen Arbeiten.

2. Weltkrieg: Decodierung von Geheimnachrichten 1938 kehrte der überzeugte Junggeselle nach Cambridge an das King's College zurück. Nach dem Ausbruch des 2. Weltkriegs setzte er seine Kenntnisse und Fähigkeiten für das Informationsbüro des britischen Außenministeriums ein. Er wirkte bei der Entwicklung erster Rechenanlagen mit. Während des Kriegs gelang es ihm, geheime Nachrichten, die die Deutschen mit Hilfe ihrer Enigmamaschine codiert hatten, mit einer eigenen Apparatur zu entschlüsseln. Damit besaß er großen Anteil am Kriegserfolg der Alliierten.

Konrad Zuse (*22.6.1910)

Neben Turing und dem Amerikaner Howard Aiken (konstruierte 1939–44 den Computer Mark I) zählt der deutsche Ingenieur zu den Pionieren des Rechnerbaus. 1941 entwickelte er den ersten programmgesteuerten elektromechanischen Computer («Z3»). Das Konzept hatte er 1934 erstellt und vier Jahre später das erste Rechengerät («Z1») konstruiert.

Alan Turing

Ab 1945: Bau von ACE-Rechnern Nach Kriegsende arbeitete Turing am National Physical Laboratory in Teddington, wo er seine theoretischen Kenntnisse in die Praxis umsetzen konnte und großen Anteil an der Konstruktion des sog. ACE-Rechners (Automatic Computing Engine) besaß. Für diesen Großrechner entwickelte er etliche Programme, die er aus zahlreichen Einzelprogrammen zusammengebaut hatte. 1948 wechselte er an die Universität nach Manchester, wo er die mathematischen Aufgaben für die Konstruktion eines digitalen Großrechners, des sog. MADAM (Manchester Automatic Digital Machine) koordinierte, der damals die größte Speicherkapazität besaß. In der Folgezeit versuchte er – allerdings vergeblich –, Wege zu finden, um «intelligente» (d.h. lernfähige) Computer zu konzipieren.

50er Jahre: Theoretische Biologie In seinen letzten Lebensjahren nahm sich Turing der Biologie an und entwickelte eine Theorie der Morphogenese (Entwicklung von Geweben und Organen bei Tieren und Pflanzen): Nach Turing ist das Wachstum der Organe eine mathematisch bestimmbare Folge von chemischen Prozessen. Seinen Ansatz konnte er jedoch nicht mehr zu Ende führen. Im Alter von 41 Jahren nahm sich Turing 1954 in Wilmslow/Cheshire, seinem Wohnsitz, wo er sich durch Gartenarbeit und lange Waldläufe entspannt und erholt hatte, das Leben, nachdem er wegen eines angeblichen homosexuellen Vergehens angeklagt worden war.

Otto Heinrich Warburg

(8.10.1883–1.8.1970)

▸ Kreative Experimente mit Zellen ◂

Der deutsche Biochemiker gilt als Pionier bei der Erforschung des Zell- und Gewebestoffwechsels: Mit neuartigen Methoden klärte Warburg sowohl die Zellatmung als auch die Gärungsprozesse auf. Der Medizin-Nobelpreisträger von 1931 zeichnete zudem für bedeutsame Erkenntnisse der Krebs- und Photosyntheseforschung verantwortlich.

Warburg, in Freiburg/Breisgau geboren, entwickelte seine naturwissenschaftlichen Neigungen schon früh durch Einfluß seines Vaters – des Präsidenten der Physikalisch-Technischen Reichsanstalt in Berlin – sowie durch Freunde der Familie (z.B. Walther Nernst, Albert Einstein und Max Planck). Warburg studierte Chemie in Freiburg (bis 1903) und Berlin, wo er 1906 bei Emil Fischer, dem Nobelpreisträger von 1902, über die Derivate der Aminosäuren Alanin, Glycin und Leucin promovierte. Er schloß ein Medizinstudium in Berlin, München und Heidelberg an (Promotion 1911 «Über die Oxidation in lebenden Zellen nach Versuchen am Seeigelei»; Habilitationsschrift 1912 «Über die energieliefernden Reaktionen in lebenden Zellen»).

Um 1900: Anleihe bei Maxwell Die Biochemie steckte um die Jahrhundertwende noch in den Kinderschuhen. Über die Voraussetzungen des Lebens, z.B. Stoffwechsel bei Atmungs- und Gärprozessen, war nur wenig bekannt. Die Biologen standen der experimentellen Erforschung des Lebens zumeist ratlos gegenüber: Quantitativ präzise Messungen und Berechnungen galten als unmöglich. Dieser Auffassung widersprach Warburg mit einer These des britischen Physikers James Maxwell, die er zu seinem eigenen wissenschaftlichen Grundsatz erhob: Der wichtigste Schritt für die Weiterentwicklung jeder Wissenschaft ist das Messen von Größen. Warburg vereinigte physikalische und chemische Methoden und entwickelte völlig neuartige Geräte und Verfahren, mit denen er physiologische Messungen – vor allem zur Zellatmung – durchführen konnte. Mit Hilfe der von Warburg entwickelten und nach ihm benannten Manometer (1900/1919) ließ sich u.a. die Geschwindigkeit energieliefernder Vorgänge in lebenden Zellen messen.

Warburgs Karriere verlief schnell: Mit 30 Jahren trat er nach Fürsprache von Fischer und Paul Ehrlich der Gesellschaft zur Förderung der Wissenschaften bei und wurde Leiter der Abteilung für Physiologie am Kaiser-Wilhelm-Institut für Biologie in Berlin – eine Tätigkeit, die er als Freiwilliger des 1. Weltkriegs erst nach Kriegsende beginnen konnte. Mit einer neuartigen Gewebeschnitt-Technik (1923) sowie seinen phantasievollen spektroskopischen Verfahren, die bald weltweit Nachahmer fanden, gelangen ihm weitere wichtige Entdeckungen, die er in insgesamt mehr als 500 Veröffentlichungen darstellte.

1931: Nobelpreis für Medizin Aufgrund seiner wissenschaftlichen Leistungen wurde Warburg dreimal (1926, 1931 und 1944) für den Nobelpreis vorgeschlagen, den er 1931 auch erhielt. Bei einer seiner zahlreichen Vortragsreisen in die USA gab ihm ein Mitglied der Rockefeller-Familie die Zusage, in Berlin ein Institut nach Warburgs Wünschen zu bauen und zu finanzieren. 1931 wurde Warburg Präsident des neuen Kaiser-Wilhelm-Instituts für Zellphysiologie in Berlin. Diese Funktion behielt er auch, als das Institut 1952 in die Max-Planck-Gesellschaft integriert wurde.

Bis 60er Jahre: Krebsforschung Obwohl Warburg auf vielen Gebieten forschte, kam er immer wieder auf sein ehrgeizigstes Projekt, die Untersuchung von Krebserkrankungen, zurück. Er analysierte den Metabolismus (Stoffwechsel) von Krebszellen und stellte fest, daß sie weniger Sauerstoff verbrauchen als gesunde Zellen. Er erkannte die Bedeutung einer ausgewogenen, eisenhaltigen, vitaminreichen Ernährung für die Krebsvorsorge. In einigen seiner Publikationen entwickelte Warburg erste – inzwischen widerlegte – Thesen über die Entstehung von Krebserkrankungen und deren Bekämpfung. Seine optimistische Einschätzung über die Entwicklung der Krebsforschung haben sich jedoch nicht bestätigt. Im Alter von 86 Jahren starb Warburg 1970 in Berlin.

Otto Warburg

Bedeutende Entdeckungen Warburgs zur Zellatmung und -gärung

1923	Aerobe Glykolyse (Sauerstoffaufnahme) der Krebszellen
1923	Ermittlung des Quantenbedarfs bei der Photosynthese
1928	Eisenhaltiges Atmungsferment Zytochrom-Oxidase (sauerstoffübertragend)
1932–38	Flavoproteine (gelbes Atmungsferment)
1935–37	Pyridinnukleotide und Identifizierung des Nikotinamids
1937	Kupferproteine
1939–44	Isolierung von Gärungsenzymen

Norbert Wiener

(26.11.1894–18.3.1964)

▸ Begründer der Kybernetik ◂

Der amerikanische Mathematiker gilt als Begründer der Kybernetik, der Wissenschaft von den Steuerungs- und Regelungsvorgängen in Systemen. Darüber hinaus leistete Wiener wichtige Beiträge zur Lösung fundamentaler mathematischer Probleme.

Die überragenden intellektuellen Fähigkeiten des in Columbia/Missouri geborenen Sohnes eines Harvard-Professors für Slawistik zeigten sich schon früh: Mit neun Jahren ging Wiener auf die High-School, zwei Jahre später wechselte er auf das College und bestand 1909 – gerade 15jährig – die Abschlußprüfung in Mathematik mit Auszeichnung. Der belesene Teenager studierte zunächst an der Harvard University Biologie. Da sich Wiener allerdings in praktischen Dingen als äußerst ungeschickt erwies, wurde das Studium zum Mißerfolg. Schon nach einem Jahr wechselte er auf die School of Philosophy der Cornell University, um schließlich Mathematik und formale Logik an der Harvard University zu belegen. 1913 schloß er das Studium als 18jähriger mit einer Promotion über ein Thema der formalen Logik ab.

Ab 1913: Aufenthalt in Europa Anschließend ging er mit einem einjährigen Stipendium zu dem walisischen Mathematiker und Philosophen Bertrand Russell nach Cambridge. Nach einem Jahr in Göttingen (Vorlesungen bei den Physikern David Hilbert und Lew Landau) zwang ihn der Ausbruch des 1. Weltkriegs zur Rückkehr in die USA. Zunächst Privatdozent für Philosophie, Mathematik und Ingenieurwissenschaften, trat er nach dem Krieg eine Lebensstellung am berühmten Massachusetts Institute of Technology (MIT) an – eine Tätigkeit, die der reiselustige Wiener häufig durch Gastprofessuren in Europa unterbrach. Anfang der 20er Jahre heiratete er seine Freundin Margaret Engemann (zwei Töchter).

30er Jahre: «Information» Am MIT beschäftigte sich Wiener zunächst besonders mit Wahrscheinlichkeitsrechnung und Zufallsprozessen. Die Auseinandersetzung mit der mathematischen Theorie der Brownschen Bewegung und des elektronischen Rauschens führten ihn zu der Erkenntnis, daß Zufallsprozesse bei diversen naturwissenschaftlichen und technischen Problemen eine Rolle spielen. Darüber hinaus befaßte er sich schwerpunktmäßig mit mathematischer Grundlagenforschung und seit den 30er Jahren mit dem Bau von Rechengeräten sowie mathematisch-physikalischen Problemen bei der Konstruktion von Schaltkreisen. Gemeinsam mit seinem Studenten Claude Shannon führte er den Begriff «Information» ein

Claude Shannon (*30.4.1916)

Der amerikanische Mathematiker und Informatiker gilt als Begründer der Informationstheorie, die heute als Teilbereich der Kybernetik angesehen wird. Shannon wies nach, daß die ökonomischste Schaltanordnung in technischen Systemen durch Einsatz der formalen Logik gefunden werden kann. Der Mitarbeiter der Bell Telephone Laboratories und spätere Professor am Massachusetts Institute of Technology schuf eine Möglichkeit, Information in Schaltkreisen zu messen: Durch die 1942 festgelegte Maßeinheit «bit» (Abkürzung aus «binary digit») wurde Information quantifizierbar.

1948: Kybernetik Aufbauend auf seinen und Shannons Erkenntnissen stellte Wiener fest, daß mathematische Modelle auch für Abläufe in anderen wissenschaftlichen Gebieten (z. B. Biologie, Medizin, Soziologie) als Erklärungsgrundlage gelten können. Die Umsetzung dieser Überlegungen war von erheblicher Bedeutung für die Kriegsplanung der Alliierten im 2. Weltkrieg. Sie führte zur Entwicklung von Feuerleitsystemen für die Flugabwehr, wobei alle möglichen Faktoren (z. B. Geschwindigkeit, Flug- und Windrichtung) einbezogen werden mußten. Für derartige Regelsysteme entwickelte Wiener mathematische Modelle.
Eine Zusammenfassung der mathematischen Grundlagen der Informationsvermittlung und der Steuerung eines Systems solcher Vermittlungsvorgänge erschien 1948 in seinem Hauptwerk «Cybernetics», das die Kybernetik als neue Wissenschaft begründete.

Norbert Wiener

Kybernetische Systeme versuchen, stabile Gleichgewichtszustände zu erreichen. Einflüsse von außerhalb des Systems werden als Informationen registriert und setzen Rückkopelungsprozesse in Gang, an deren Ende das System ein neues Gleichgewicht erreicht. Dabei wird der Ist-Zustand einem idealen Soll-Zustand stetig angenähert. (z. B. Heizungsthermostat mit ständigem Abgleich zur Raumtemparatur.
Nach dem 2. Weltkrieg wandte Wiener seine weltweit erfolgreiche Wissenschaft praktisch an und entwickelte z. B. medizintherapeutische Geräte (z. B. Prothesen, Hörapparate) sowie vollautomatische Fabrikationsanlagen und analysierte auch die sozialen Folgen seiner Erfindungen. Wiener starb mit 69 Jahren während einer Reise in Stockholm.

Richard Willstätter

(13.8.1872–3.8.1942)

▸ Pionier der Pflanzenchemie ◂

Der deutsche Chemiker gilt durch seine Strukturaufklärungen und Synthesen auf dem Gebiet pflanzlicher Alkaloide sowie der Blatt- und Blütenfarbstoffe als Mitbegründer der modernen Biochemie. Wegweisend wurden die Arbeiten über Assimilation der Kohlensäure und seine Methodenentwicklungen zur Erforschung der Enzyme.

Willstätter wurde in Karlsruhe geboren. Als er fünf Jahre alt war, wanderte der Vater – ein verarmter jüdischer Tuchhändler – in die USA aus. Mit Mutter und Bruder zog Willstätter nach Nürnberg, wo er das Gymnasium besuchte. 1890 begann er ein Chemiestudium in München (Promotion 1894).

Ab 1896: Beschäftigung mit Rauschmitteln In seiner Habilitationsschrift befaßte sich Willstätter 1896 mit Untersuchungen der Tropingruppe, zu der auch die Rauschmittel Atropin (Gift der Tollkirsche) und Kokain gehören. Bis 1898 klärte der deutsche Chemiker die Strukturformel von Atropin auf, was den wissenschaftlichen Streit um konkurrierende Ansätze beendete. Nach einigen Jahren als Privatdozent übernahm Willstätter 1901 die Leitung der Organischen Abteilung an der Universität München. Vier Jahre später wurde er als ordentlicher Professor an die ETH Zürich berufen.

Ab 1905: Photosyntheseforschung In Zürich begann Willstätter mit der Erforschung des photosynthetischen Assimilationsvorganges (Kohlenhydrat-Bildung aus Kohlensäure der Luft und aus Wasser unter Lichteinwirkung), speziell der Untersuchung des Chlorophylls – des grünen Pflanzenfarbstoffs, der die Photosynthese ermöglicht. Über den chemischen Aufbau des Chlorophylls war damals nur wenig bekannt. Da der Stoff eine komplizierte Struktur aufweist, leicht zersetzlich und daher schwer zu untersuchen war, mußten geeignete Untersuchungsmethoden geschaffen werden. Willstätter entwickelte Gefriervakuumverfahren, mit dem er Zellmaterial schonend konservieren konnte. Bei den folgenden Experimenten stellte er fest, daß das Chlorophyll in allen grünen Pflanzen stets gleich aufgebaut ist, was lange Zeit bezweifelt worden war. Zudem erkannte er, daß Chlorophyll aus zwei Komponenten besteht und im chemischen Aufbau dem Blutfarbstoff Hämoglobin sehr ähnelt. Hauptunterschied: Während im Zentrum des Hämoglobins Eisen gebunden ist, fand er im Chlorophyllmolekül ein Magnesiumatom. Damit schuf Willstätter die Grundlage für die komplette Aufklärung der Photosynthese, womit sich später zahlreiche Forscher weltweit befaßten, unter ihnen Hans Fischer, Melvin Calvin und Robert Woodward.

Der bislang letzte Nobelpreis für Ergebnisse zur Photosyntheseforschung wurde 1988 an die deutschen Chemiker Johann Deisenhofer, Robert Huber und Hartmut Michel verliehen, die die dreidimensionale Struktur eines Photosynthesezentrums aufklärten.

1915: Chemie-Nobelpreis Am neugegründeten Kaiser-Wilhelm-Institut für Chemie in Berlin widmete sich Willstätter ab 1912 der Erforschung von Blütenfarbstoffen, der Anthocyane. Dafür ließ er vor seinem Institut große Blumenfelder anlegen. Akribische Analysen führten zu der überraschenden Erkenntnis, daß die Farbenvielfalt von Blüten und Früchten auf nur wenige Grundtypen zurückzuführen ist.
Bei Ausbruch des 1. Weltkriegs konstruierte Willstätter Filtereinsätze für Gasmasken und erarbeitete eine neue Synthese das Kokains, das als Betäubungsmittel eingesetzt wurde. 1915 kehrte Willstätter nach München zurück und übernahm die Leitung des Chemischen Laboratoriums der Bayerischen Akademie der Wissenschaften. Im selben Jahr erhielt er den Nobelpreis für Chemie aufgrund seiner Erfolge bei der Erforschung von Blatt- und Blütenfarbstoffen.

1922: Enyzm-Träger-Theorie Nach Ende des 1. Weltkriegs wandte sich Willstätter der Enzymforschung zu, deren Bedeutung für Stoffwechselprozesse er erkannte. Dabei gelang ihm die Isolierung und Analyse verschiedener Enzyme. Seine Untersuchungen mündeten in die Formulierung der Enzym-Träger-Theorie

Richard Willstätter

(1922): Die Moleküle von Enzymen sind zweitgeteilt und bestehen aus einem feinstverteilten (kolloiden) Träger und einer chemischen Wirkungskomponente.
Aus Protest gegen den zunehmenden Antisemitismus, unter dem auch Willstätter zu leiden hatte, legte er sein Münchner Amt – trotz Sympathiekundgebungen von Studenten und Mitarbeitern – 1925 nieder. Berufungen aus dem In- und Ausland lehnte er ab und forschte als Privatgelehrter und freier Mitarbeiter der chemischen Industrie weiter.
Auch nach seiner Flucht vor den Nationalsozialisten in die Schweiz (1939) beschäftigte er sich mit der Untersuchung von Enzymen und schrieb seine Memoiren. Mit 69 Jahren starb Willstätter in Muralto bei Locarno (Schweiz).

Robert Burns Woodward

(10.4.1917–8.7.1979)

▸ Medizinischer Fortschritt durch chemische Synthesen ◂

Durch die Synthese zahlreicher Naturstoffe schuf der amerikanische Chemiker wichtige Grundlagen für die pharmazeutische Forschung. 1965 erhielt Woodward den Nobelpreis für Chemie.

Der in Boston geborene Woodward begann schon mit 16 Jahren ein Chemiestudium am Massachusetts Institute of Technology (MIT), wo er vier Jahre später promovierte. Im folgenden Jahr ging er nach Harvard und blieb bis zum Ende seiner Laufbahn an dieser Universität.

1940: Woodward-Regeln Trotz seiner zahlreichen Erfolge bei der Synthese organischer Moleküle galt Woodwards Interesse stets auch der Anwendung moderner Meßmethoden bei der Erkundung chemischer Strukturen. 1940 veröffentlichte er die sog. Woodward-Regeln, eine Arbeit über den Zusammenhang zwischen Ultraviolett-Spektren und der Molekülstruktur. Seine erste bedeutende Synthese gelang ihm 1944, als er das Malariamedikament Chinin aus einfachen Ausgangssubstanzen erzeugte.

Während des 2. Weltkriegs beschäftigte sich Woodward intensiv mit der Struktur des Penicillins, die er 1947 aufklärte. Außerdem gelang es ihm, die Struktur des Strychnins zu erkunden, womit er eines der ältesten und meistbearbeiteten Probleme der organischen Chemie löste.

50er Jahre: Synthese- und Alkaloidforschung In den 50er Jahren widmete sich Woodward den Steroiden (natürliche chemische Verbindungen, z. B. Geschlechtshormone). So gelang ihm mit seinen Mitarbeitern 1951 die Synthese der beiden Hormone Cholesterol und Cortison. Seine Synthese eines vollständig gesättigten Steroids ermöglichte fortan, fast alle bekannten Steroide chemisch zu synthetisieren. Woodwards Verdienst war es zudem, die biologisch wirksamen Stereoisomere der Substanzen gezielt darzustellen.

In der Folge wandte Woodward sich einer anderen Klasse von Naturstoffen zu, den Alkaloiden. Mit einer Arbeitsgruppe in Harvard gelang ihm 1954 die Totalsynthese des toxischen Strychnins und der Lysergsäure, Grundsubstanz des Halluzinogens LSD. Eine der effizientesten Synthesen eines Naturstoffs gelang Woodward zwei Jahre später, als er in nur elf Reaktionsstufen das Alkaloid Reserpin, das als Tranquilizer eingesetzt wird, darstellen konnte. Während dieser Zeit widmete sich Woodward auch der Strukturaufklärung weiterer Naturstoffe, der Antibiotika Terramycin und Magnamycin.

1965: Nobelpreis Im Verlauf seiner Arbeit hatte Woodward sich immer komplexeren Naturstoffen zugewandt. Er blieb dieser Regel treu, indem er sich mit der Totalsynthese des Chlorophylls beschäftigte. Hans Fischer, Chemie-Nobelpreisträger von 1930, hatte die Struktur dieses für die Photosynthese notwendigen grünen Pflanzenfarbstoffs in den 30er Jahren aufgeklärt. Das Gerüst des Chlorophylls besteht aus vier verschiedenen Pyrrolringen, die durch ein Magnesiumatom in ihrer Mitte verbunden sind. Um diese Verbindung korrekt zu erzeugen, entwickelte Woodward eine Methode, mit der er jeweils zwei Pyrrolringe zu Paaren miteinander verknüpfte und diese Teilstückpaare schließlich in der richtigen Anordnung miteinander verband. Die erfolgreich abgeschlossene Untersuchung des Chlorophyllsystems (1960) stellte die erste gelungene – 55stufige – Synthese eines derart komplexen Moleküls dar. Dafür wurde Woodward, der seit 1963 ein Naturstoff-Forschungsinstitut in Basel leitete, 1965 der Chemie-Nobelpreis verliehen.

Robert Woodward

1965: Woodward-Hoffmann-Regeln
Bei seiner Arbeit war Woodward häufiger auf Reaktionen gestoßen, deren exakter Mechanismus immer noch unklar war. Zusammen mit dem polnischstämmigen Chemiker Roald Hoffmann leitete er das Konzept von der «Erhaltung der Orbitalsymmetrie» ab. Sie zeigten, daß die besondere Eigenschaft vieler Reaktionen der synchrone Verlauf von Bindungsabbau und Bindungsneubildung darstellt, was nur möglich ist, wenn die neu gebildeten Orbitale (Bereiche um den Atomkern) vom gleichen Symmetrietyp wie die aufzulösenden Orbitale sind. Mit den sich daraus ergebenden Woodward-Hoffmann-Regeln konnte der Ablauf zahlreicher chemischer Reaktionen erklärt werden. 1970 veröffentlichten Woodward und Hoffmann eine Monographie mit dem Titel «Die Erhaltung der Orbitalsymmetrie», die auch heute noch als Hauptlehrbuch über Synchronreaktionen gilt.
Das nächste große Projekt Woodwards bildete die Totalsynthese des Vitamins B_{12}, das Ähnlichkeiten mit dem Chlorophyll-Molekül aufweist, jedoch komplexer aufgebaut ist. 1972 klärte Woodward auch diese Molekülstruktur. Seine letzte große Synthese war 1973 die Darstellung des Prostaglandins F2A (gefäßerweiternder, wehenauslösender, hormonähnlicher Stoff). Im Alter von 62 Jahren starb Woodward in Cambridge/Massachusetts.

Karl Waldemar Ziegler

(26. 11. 1898 – 11. 8. 1973)

▸ Katalysatoren für Kunststoffe ◂

Der deutsche Chemiker entdeckte die nach ihm benannten metallorganischen Katalysatoren, die sich als wichtig für die Entwicklung der Kunststoffindustrie erwiesen. Ziegler entwickelte 1953 mit dem Prinzip der Ziegler-Natta-Katalysatoren die Grundlage für moderne Polymerisationsverfahren.

Der Sohn eines protestantischen Geistlichen wurde in Helsa bei Kassel geboren. Ziegler studierte Chemie in Marburg und promovierte mit 22 Jahren. Nach fünf Jahren als Dozent in Marburg wechselte er nach Frankfurt a. M. und 1926 nach Heidelberg, wo er zwei Jahre später zum Professor berufen wurde.

Ab 1928: Erste Erfolge Schon früh beschäftigte er sich mit metallorganischen Verbindungen und ihrer Anwendung in der organischen Synthese. 1928 untersuchte er die natriumkatalysierte Polymerisation (chemisches Verfahren zur Produktion von Kunststoffen) von Butadien zu Buna und erklärte als erster den zugrundeliegenden Mechanismus. Außerdem entwickelte Ziegler einen Syntheseweg von Lithiumalkylen aus metallischem Lithium und Halogenkohlenwasserstoffen. Die Lithiumalkyle wurden zu einem ähnlich wichtigen Reagens (Stoff, der mit einem anderen Stoff eine Reaktion auslöst) wie die um 1900 von François Grignard entdeckten Magnesiumalkylhalogenide.

1933: Ruggli-Ziegler-Verdünnungsmethode 1933 erarbeitete Ziegler eine Methode zur Erzeugung großer Kohlenstoffringsysteme. Sie basierte auf einem Vorschlag des Chemikers Paul Ruggli und wird daher als Ruggli-Ziegler-Verdünnungsmethode bezeichnet. Solche vielgliedrigen organischen Ringsysteme wurden bald darauf als Grundstoffe für die Moschussynthese in der Parfümindustrie verwendet.

1936 nahm Ziegler einen Ruf an die Universität Halle/Saale an, wo er zum Direktor des Chemischen Instituts ernannt wurde und 1942 das N-Bromsuccinimid als neues Bromierungsmittel für ungesättigte Kohlenwasserstoffe in die präparative Chemie einführte.

Ein Jahr später ging Ziegler als Direktor des Kaiser-Wilhelm-Instituts für Kohleforschung nach Mülheim/Ruhr. Von 1947 an hatte der Chemiker außerdem eine Honorarprofessur an der Rheinisch-Westfälischen Technischen Hochschule in Aachen inne.

Ab 40er Jahre: Beschäftigung mit Katalysatorenforschung Ziegler befaßte sich fortan intensiv mit organischen Aluminiumverbindungen. Er fand einen Weg, aus Aluminium, Wasserstoff und ungesättigten Kohlenwasserstoffen Aluminiumalkyle herzustellen. Durch Zugabe von

Äthylen (C_2H_4) zu diesen Aluminiumalkylen konnte die Kettenlänge der am Aluminium gebundenen Kohlenwasserstoffe kontinuierlich vergrößert werden. Diese langkettigen Aluminiumalkyle dienten als Ausgangsstoffe für die Synthese von Fettalkoholen bei der Waschmittelproduktion. Die Verwendung von Nickel als Katalysator ermöglichte Ziegler den Austausch der am Aluminium gebundenen Kohlenwasserstoffketten gegen Äthylen, so daß langkettige ungesättigte Kohlenwasserstoffe gewonnen wurden.

Mit Hilfe elektrochemischer Methoden gelang es ihm außerdem, aus den Aluminiumalkylen andere metallorganische Verbindungen zu synthetisieren. Die wirtschaftlich wichtigste Substanz, die er auf diesem Weg erhielt, ist das Bleitetraäthyl, welches lange Zeit als Antiklopfmittel (verhindert das Klopfen eines Kfz-Motors beim Fahren) Fahrzeugkraftstoffen zugesetzt wurde. Mit der Einführung der Katalysatortechnik mußte jedoch auf seine Verwendung verzichtet werden, da Bleiverbindungen die Katalysatoren zerstören.

Karl Ziegler

1953: Natta-Ziegler-Katalysatoren

Seine größte Entdeckung gelang Ziegler 1953: In einem noch mit Spuren von Nickel verschmutzten Reaktionsgefäß erfolgte statt der erwarteten Umsetzung von Aluminiumalkyl und Äthylen zu längerkettigen Aluminiumalkylen eine vollständige Umwandlung des zugesetzten Äthylens zu Buten (C_4H_8). Auf diese Weise wurde es möglich, Polyäthylen zu erzeugen. Der große Vorteil dieser Methode lag darin, daß – im Gegensatz zu den bekannten Techniken – kein hoher Druck notwendig war und keine unerwünschten Verzweigungen der Polymerkette auftraten.

Weitere Arbeiten von Ziegler und Giulio Natta in Mailand führten zur Entwicklung des sog. Ziegler-Natta-Katalysators, einem Gemisch aus Aluminiumtriäthyl und Titan(IV)-chlorid ($TiCl_4$), mit dem es gelang, ein Polymer von Isopren zu bilden, bei dem alle seitlichen Methylgruppen auf der gleichen Seite der Polymerkette («isotaktisch») angeordnet sind. Konsequenz: Der neue Stoff war nahezu identisch mit natürlichem Gummi. Diese Entdeckung bildet die Grundlage für etliche Entwicklungen auf dem Gebiet der Kunststoffproduktion. 1963 erhielten Ziegler und Natta den Nobelpreis für Chemie. Zehn Jahre später starb Ziegler in Mülheim/Ruhr.

Register

Das Register nennt alle im Buch genannten relevanten Personen. Die halbfetten Seitenzahlen verweisen auf Naturwissenschaftler mit eigenem Artikel.